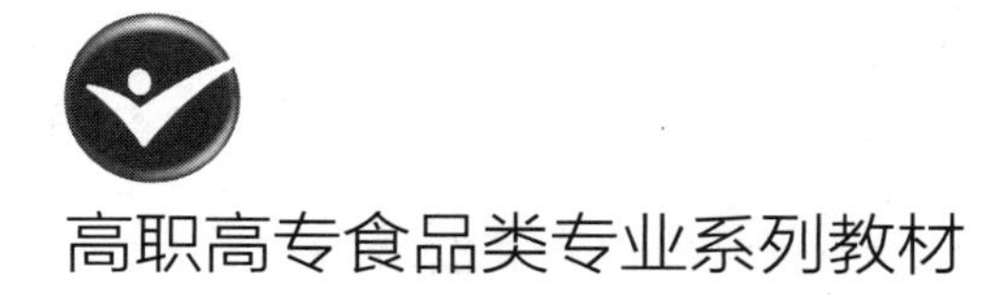

高职高专食品类专业系列教材

发酵食品生产技术

吴秋波　主编

化学工业出版社

·北京·

内 容 简 介

《发酵食品生产技术》理论内容涵盖绪论、食品发酵的原理、酒精发酵与酿酒（酒精发酵、白酒生产技术、啤酒生产技术、葡萄酒生产技术、黄酒生产技术）、酱油生产技术、腐乳生产技术、食醋生产技术、发酵乳制品生产技术、酱制品生产技术、味精生产技术、柠檬酸生产技术，主要介绍发酵食品的生产原料、发酵机理与相关微生物、生产技术、质量标准；实训内容包括啤酒生产工艺、葡萄酒生产工艺、酱油生产工艺、豆腐乳生产工艺、食醋生产工艺、发酵乳制品（酸乳）生产工艺六个部分。本书注重思政与职业素养目标培养，电子课件可从 www. cipedu. com. cn 下载参考。

本书可作为高职高专院校食品类专业的教材，同时可供本科、中职等相关专业的师生参考使用，也可作为企业人员的技术参考书和企业员工技术培训教材。

图书在版编目（CIP）数据

发酵食品生产技术/吴秋波主编.—北京：化学工业出版社，2021.10（2024.9 重印）
高职高专食品类专业系列教材
ISBN 978-7-122-39615-0

Ⅰ.①发… Ⅱ.①吴… Ⅲ.①发酵食品-生产工艺-高等职业教育-教材 Ⅳ.①TS26

中国版本图书馆 CIP 数据核字（2021）第 149399 号

责任编辑：张雨璐 迟 蕾 马 波　　文字编辑：药欣荣 陈小滔
责任校对：宋 夏　　装帧设计：王晓宇

出版发行：化学工业出版社（北京市东城区青年湖南街 13 号 邮政编码 100011）
印 装：河北鑫兆源印刷有限公司
787mm×1092mm 1/16 印张 14 字数 359 千字 2024 年 9 月北京第 1 版第 3 次印刷

购书咨询：010-64518888　　售后服务：010-64518899
网 址：http://www. cip. com. cn
凡购买本书，如有缺损质量问题，本社销售中心负责调换。

定 价：**46.00 元**

《发酵食品生产技术》编写人员

主　　编　吴秋波

副 主 编　张开屏　闫宁环　吕　艳　梁卓然

编写人员　吴秋波　内蒙古化工职业学院

张开屏　内蒙古商贸职业学院

闫宁环　内蒙古化工职业学院

吕　艳　山东药品食品职业学院

梁卓然　哈尔滨职业技术学院

白俊峰　燕京啤酒呼和浩特有限公司

付　勋　重庆三峡职业学院

雷　蕾　内蒙古农业大学职业技术学院

刘　敏　内蒙古农业大学职业技术学院

前言

为深入贯彻落实《国务院关于印发〈国家职业教育改革实施方案〉的通知》(国发〔2019〕4号)、《教育部关于印发〈全国职业院校教师教学创新团队建设方案〉的通知》(教师函〔2019〕4号)、《教育部关于职业院校专业人才培养方案制订与实施工作的指导意见》(教职成〔2019〕13号)等文件要求，全面推进教师、教材、教法“三教”改革，创新人才培养模式，基于岗位职业能力导向的专业课程体系构建要求，本着“知识够用，学以致用”的原则，本书从理论与实践两个层面，详细介绍了常见发酵食品的生产技术，突出职业技能培养的高等职业教育特色。本书主要内容包括绪论、食品发酵的原理、酒精发酵与酿酒（酒精发酵、白酒生产技术、啤酒生产技术、葡萄酒生产技术、黄酒生产技术）、酱油生产技术、腐乳生产技术、食醋生产技术、发酵乳制品生产技术、酱制品生产技术、味精生产技术、柠檬酸生产技术；实验实训包括啤酒生产工艺、葡萄酒生产工艺、酱油生产工艺、豆腐乳生产工艺、食醋生产工艺、发酵乳制品（酸乳）生产工艺。介绍常见发酵食品的原料、发酵机理与相关微生物、生物技术质量标准。

由于编者水平有限，书中难免会有一些疏漏之处，敬请广大读者们批评指正，以便进一步修改、完善。

编者

2022年1月

目录

绪 论

知识目标

了解食品发酵的发展历程与发展趋势；能陈述食品发酵过程及其特点；掌握发酵食品的分类、特点、发酵食品的安全性评价与品质控制，发酵技术在现代生物技术中的地位。

能力目标

能够运用基本概念对部分发酵食品生产进行分析说明。

思政与职业素养目标

我国在发酵工程方面悠久的历史及巨大的成就，可激起学生强烈的民族自豪感和爱国主义热情，但我国是发酵大国却不是发酵强国，培养学生专业生产能力的同时应激发学生的民族责任感和紧迫感。

人类利用微生物进行发酵食品生产已有数千年的历史，然而认识到发酵的原因是近几百年的事。传统发酵食品起源于食品保藏，大多是以促进自然保护、防腐、延长食品保存期、拓展其在不同季节的可食性为目的，是保证食品安全性的手段之一。1857年法国微生物学家、化学家路易·巴斯德提出了著名的发酵理论“一切发酵过程都是微生物作用的结果”。不同种类的微生物可引起不同的发酵过程。巴斯德的理论给发酵技术带来了巨大的影响。此后，发酵从单一的保存食物的技术逐渐发展成为一种独特的食品加工方法。

一、发酵食品生产技术的有关概念

1. 发酵

发酵是生物氧化的一种方式，一切生物体内都有发酵过程存在。广义的发酵是指微生物进行的一切活动；狭义的发酵是指微生物在厌氧条件下，有机物进行彻底的分解代谢释放能量的过程。在工业生产上，发酵是指在人工控制条件下，微生物通过自身代谢活动，将所吸收的营养物质进行分解、合成，产生各种产品的生产工艺过程。这样定义的发酵就是“工业发酵”。工业发酵应该包括微生物生理学中生物氧化的所有方式：有氧呼吸、无氧呼吸和发酵。

2. 发酵技术

发酵技术是指人们利用微生物的发酵作用，运用一些技术手段控制发酵过程，生产发酵产品的技术。

3. 发酵食品

发酵食品是原料经微生物发酵作用或经过生物酶催化，发生生物化学变化及物理变化后制成的食品。就广义而言，凡是利用微生物的作用制取的食品都可称为发酵食品。它是人类巧妙利用有益微生物加工制造的一类食品。

4. 发酵工艺

通过微生物群体的生命活动（工业发酵）来加工或制作产品，其对应的加工或制作工艺被称为发酵工艺。

5. 发酵工程

发酵工程又称微生物工程，是指传统的发酵技术与DNA重组、细胞融合、分子修饰等新技术结合并发展起来的现代发酵技术。

发酵工程的分类：

- 厌氧发酵
  - 酿酒业（啤酒、葡萄酒、白酒……）
  - 调味品（酱油、醋）
- 好氧发酵
  - 酵母工业——自然发酵
  - 氨基酸发酵——典型的代谢控制发酵
  - 抗生素发酵——次级代谢控制发酵
  - 酶制剂工业——具有重要的意义，是工业发展的基础、科学研究的基础
  - 有机酸工业——柠檬酸、葡萄酸、乳酸、琥珀酸等
  - 石油发酵——降低石油熔点（石油脱蜡）
  - 有机溶剂工业——乙醇、丙醇等
  - 维生素发酵——维生素C、维生素B_2
  - 环境工业——废水的生物处理，废弃物的生物降解

二、发酵食品的种类

食品发酵工业与国民经济各部分密切相关，产品种类众多，有多种分类方法，下面介绍两种分类方法。

1. 根据发酵微生物的种类分类

（1）单用酵母菌进行发酵的制品 如啤酒、葡萄酒及其他果酒；蒸馏酒如威士忌、白兰地、朗姆酒等。

（2）单用霉菌进行发酵的制品 如糖化酶、蛋白酶、果胶酶、富马酸、苹果酸、柠檬酸、葡萄糖酸、豆腐乳等。

（3）单用细菌进行发酵的制品 如谷氨酸、赖氨酸等氨基酸产品；酸乳及乳酪等发酵乳制品；其他如蛋白酶、淀粉酶等酶制剂。

（4）酵母菌与霉菌混合使用的发酵制品 如酒酿、日本清酒等。

（5）酵母菌与细菌混合使用的发酵制品 如腌菜、奶酒、酸面包、果醋等。

（6）酵母菌、霉菌、细菌混合使用的发酵制品 如食醋、白酒、酱油及酱类发酵制

品等。

2. 根据产品性质分类

(1) 代谢产物发酵 以代谢产物为产品的发酵是数量最多、产量最大，也是最重要的部分，产品包括初级代谢产物、中间代谢产物和次级代谢产物。各种氨基酸、核苷酸、蛋白质、核酸、脂类、糖类、醇类和酸类等为初级代谢产物或中间代谢产物。次级代谢产物是由初级代谢的中间体或产品合成的，有些次级代谢产物具有抑制或杀灭微生物的作用（如抗生素），有些是特殊的酶抑制剂，有些是生长促进剂。

(2) 酶制剂发酵 利用发酵法制备并提取微生物产生的各种酶，已是当今发酵工业的重要组成部分。目前，工业用酶大多来自微生物发酵生产的酶。例如，淀粉酶、葡萄糖异构酶、纤维素酶、蛋白酶、果胶酶、脂肪酶、凝乳酶、过氧化氢酶、葡萄糖氧化酶、氨基酰化酶等。另外，酿酒工业、传统酿造工业等生产中应用的各种曲的生产也可以看成是复合酶制剂的生产。

(3) 生物转化发酵 生物转化是指利用生物细胞中的一种或多种酶，作用于一些化合物的特定部位（基团），使其转变成结构类似但具有更大经济价值的化合物的生物化学反应。生物转化的最终产物并不是生物细胞利用营养物质经代谢而产生的，生长细胞、休止细胞、孢子或干细胞均能进行转化反应。为提高转化效率、降低成本并减少产物中的杂质，现在越来越多地采用固定化细胞或固定化酶。在转化反应中，生物细胞的作用仅仅相当于一种特殊的生物催化剂，只引起特定部位发生反应。其可进行的转化反应包括脱氢、氧化、脱水、缩合、脱羧、羟化、氨化、脱氨、异构化等。生物转化反应与化学反应相比具有许多优点，如反应的特异性强、工艺简单、操作方便、反应条件温和、对环境污染小等。

(4) 菌体制造产品 以获得具有特定用途的微生物菌体细胞为目的的发酵，产品包括藻类、酵母、食用菌等。

三、发酵食品的特点

1. 有利于保藏食品

发酵保藏是食品保藏的方法之一，经过发酵改变了食品的渗透压、酸度等，从而可以抑制微生物的生长，有利于延长食品保存的时间。

2. 提高营养价值

某些食品经发酵后，可以提高其营养成分的含量，如蛋白质等，并可提高其吸收率。有些食品通过微生物的发酵作用，可产生维生素 B_1、维生素 B_2、维生素 B_{12}，其营养价值大大提高。

3. 易于消化吸收

某些食品在发酵后期，营养成分（蛋白质、碳水化合物、脂肪）经过发酵作用可以降解为氨基酸、有机酸、单糖等小分子物质，一些不能被人体利用的物质（如乳糖、棉子糖、水苏糖等）经发酵后也转变成能被人体利用的形式，易于消化吸收。

4. 提高食品的安全性

某些食品（如薯类）含有对人体有害的氰基化合物，经发酵后使其转化成安全无毒的物质，提高了其食用安全性。

5. 改善食品的风味和结构

例如，木薯经发酵后产生甘露醇和双乙酰因而改善风味；酸奶发酵生成乙醛、双乙酰和

3-羟基丁酮，可得到愉快的口感；蛋白酶水解酪蛋白，使奶酪具有理想的柔软结构等。

6. 保健作用

某些食品经发酵后，不仅能产生酸类和醇类等，还可产生抗生素（如嗜酸乳酸菌、乳酸菌素等），对于一般致病菌有抑制作用。发酵食品如酸奶等，除可抑制致病菌外，对肠内腐败菌的抑制力也很强，有些发酵食品还有助于防治心血管疾病、调节肠道菌群平衡、改善便秘、降低胆固醇、提高免疫功能和抗癌。

四、发酵工业的特点

发酵过程一般是在常温常压下进行的生化反应，反应安全，要求条件较简单；可用较廉价原料生产较高价值的产品；反应专一性强；能够专一性和高度选择性地对某些较为复杂的化合物进行特定部位的生物转化修饰。发酵过程中对杂菌污染的防治至关重要，菌种是关键。发酵生产不受地理、气候、季节等自然条件的限制。

五、发酵食品的安全性与质量控制

1. 发酵食品的安全性

发酵食品的安全性是伴随食品安全性的提出而产生和发展起来的。发酵食品中危害人体健康和安全的有毒有害物质有三大类，即生物性有毒有害物质，主要包括病原微生物、微生物毒素及其他生物毒素；化学性有毒有害物质，主要包括残留农药、过敏物质及其他有害物质等；物理性有害物质，主要包括毛发、沙石、金属和放射性残留。有毒有害物质的来源主要涉及生产过程中所用的菌种、食品原辅料、环境污染、生产工艺、生产设备等。

2. 发酵食品的质量控制

发酵食品的质量控制体系目前运用广泛且十分有效的主要是 HACCP、ISO 9000 和 GMP 三种食品安全生产控制体系。

与发酵食品安全生产与品质控制相关的国际组织主要有：食品法典委员会、世界卫生组织、世界粮食计划署、联合国粮食与农业组织等。我国也完善了相关食品法规，推行了各种食品安全现代控制体系，以科学的办法强化食品及发酵食品的安全控制与管理。《中华人民共和国食品卫生法》由第八届全国人民代表大会常务委员会第十六次会议修订通过，自1995年10月30日起施行。2009年2月28日第十一届全国人民代表大会常务委员会第七次会议通过了《中华人民共和国食品安全法》，《中华人民共和国食品卫生法》自2009年6月1日起废止。2015年4月24日第十二届全国人民代表大会常务委员会第十四次会议修订《中华人民共和国食品安全法》，自2015年10月1日起施行，并于2021年4月29日第十三届全国人民代表大会常务委员会第二十八次会议《关于修改〈中华人民共和国道路交通安全法〉等八部法律的决定》第二次修正。

六、发酵食品工业的发展趋势

发酵食品工业有着悠久的历史，在国民经济中占有重要的地位。现代化生物技术的突飞猛进，促进了发酵食品工业的发展。由发酵工程贡献的产品占食品工业总销售额的15%以上，目前利用微生物发酵法可以生产近20种氨基酸。该法较蛋白质水解和化学合成法生产成本低，工艺简单。

发酵食品工业未来的发展趋势主要有以下几个大方面：

① 基因工程的发展为食品发酵工业带来新的活力；

② 新型发酵设备的研制为发酵食品工业提供了先进的工具；

③ 大型化、连续化、自动化控制技术的应用为发酵食品工业的发展拓展了新空间；

④ 强调代谢机理与调控研究，使微生物的发酵机能得到进一步开发；

⑤ 生态型发酵食品工业的兴起开拓了发酵的新领域。

【复习题】

1. 简述发酵的含义。

2. 试述发酵技术、发酵工程与现代生物技术三者的关系。

3. 根据目前国内外发酵食品的生产现状，你认为应如何对发酵食品进行安全性评价与品质控制？

4. 试述发酵工业的历史、现状与发展趋势。

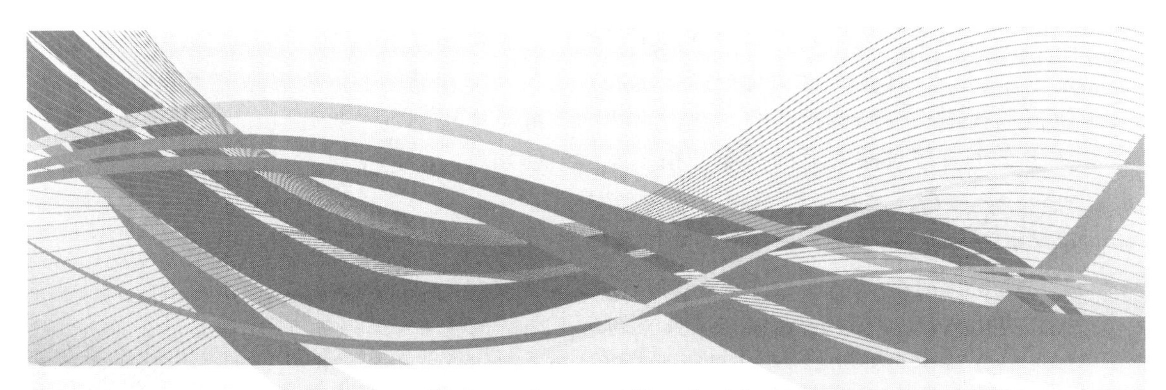

第一章　食品发酵的原理

知识目标

了解各种发酵食品及其相关微生物的种类；掌握发酵食品生产加工过程中发酵条件的控制方法。

能力目标

熟悉发酵食品生产过程中的发酵条件；能在发酵食品生产加工过程中针对异常发酵条件进行控制。

思政与职业素养目标

培养学生科学的思维，强化科学素养、严谨治学；在技术传承的同时能独立思考，认识到微生物是我们的敌人更是我们的朋友，人与自然要和谐共生。

第一节　发酵食品与微生物

发酵食品是指经过微生物（细菌、酵母菌和霉菌等）的作用，使原料发生理想的生物化学变化及物理变化后制成的食品。自然界存在数以万计的微生物，有些是发酵食品生产中的有益菌；有些是发酵食品生产中的有害菌。本节主要介绍与发酵密切相关的几种微生物。

一、发酵食品与酵母菌

酵母菌广泛分布于自然界中，已知有几百种，是食品生产中应用较早和较为重要的一类微生物，主要用于面包发酵和酿酒中。在酱油、腐乳等生产过程中，有些酵母菌和乳酸菌协同作用，使产品产生特有的香味。在发酵食品生产中主要使用的酵母菌有以下几种。

1. 面包酵母

面包酵母亦称压榨酵母、新鲜酵母、活性干酵母，是使面包发酵的酵母。面包酵母的主要特性是利用发酵糖类产生大量二氧化碳和少量乙醇、醛类及有机酸，提高面包风味。发酵麦芽糖速度快，所以制成的酵母菌耐久性强。

2. 酿酒酵母

酿酒酵母广泛应用于啤酒、白酒、果酒的酿造和面包生产中，由于菌体的维生素、蛋白质含量高，亦可作药用和饲料用，具有较高的经济价值。啤酒酵母分布广泛，主要在各种水果的表面、发酵的果汁、土壤和酒曲中。按照细胞长和宽的比例可分为 3 种。

（1）德国 2 号和德国 12 号 是啤酒酵母种中常用的品种，因其不耐高浓度盐类，除了用作饮料酒酿造和面包制造的菌种外，只适用于糖化淀粉原料生产酒精和白酒。

（2）葡萄酒酵母 主要用途为酿造葡萄酒和果酒，也有用于啤酒生产、蒸馏酒生产和酵母生产。

（3）台湾 396 号酵母 常用它发酵甘蔗糖蜜生产酒精，因为它耐高渗透压，可以经受高浓度的盐。

3. 球拟酵母

球拟酵母能使葡萄糖转化为多元醇。有的菌种具有酒精发酵力，如在工业上利用糖蜜生产甘油；有的菌种比较耐高渗透压，如酱油生产中的易变球拟酵母及埃契球拟酵母。

4. 卡尔斯伯酵母

卡尔斯伯酵母因产于丹麦卡尔斯伯而得名，是啤酒酿造中典型的下面酵母，能发酵葡萄糖、半乳糖、蔗糖、麦芽糖及全部棉子糖。它与啤酒酵母的主要区别是全发酵棉子糖，不同化硝酸盐，稍能利用乙醇。供啤酒酿造底层发酵或作药用和饲料用。此外，它还是维生素测定菌，可用于测定泛酸、维生素 B_1（又称硫胺素）、吡哆醇、肌醇。

5. 汉逊酵母属

汉逊酵母属酵母菌多产生乙酸乙酯，并可从葡萄糖产生甘露聚糖，应用于纺织工业及食品工业。它有降解核酸的能力，并能微弱利用十六烷烃。它是饮料酒类的常见污染菌，在其表面生成菌醭。由于此属酵母菌的大部分种能利用乙醇为碳源，因此是酒精发酵工业的有害菌，如异常汉逊酵母。异常汉逊酵母可产生乙酸乙酯，故常对食品的风味起一定的作用，如可用于无盐发酵酱油的增香，参与薯干为原料的白酒酿造，经浸香和串香法可酿造出比一般薯干白酒味道醇厚的白酒。

二、发酵食品与细菌

1. 醋酸杆菌属

醋酸杆菌属细菌有较强的氧化能力，能将乙醇氧化为醋酸。虽然对食醋生产有利，但是对酒类及饮料生产有害。一般在发酵的粮食、腐败的水果、蔬菜及变酸的酒类和果汁中常出现该属细菌。在食醋生产中常用的菌种如下。

（1）中科 AS1.41 醋酸杆菌 这是我国食醋生产中常用的菌种之一。生理特性为好气性，最适培养温度为 28～30℃，最适生酸温度为 28～33℃，最适 pH 为 3.5～6.0。在含乙醇 8%的发酵醪中尚能很好生长，最高产酸量为 7%～9%（以醋酸计）。

（2）沪酿 1.01 醋酸杆菌 此菌为我国食醋生产常用的菌种之一。生理特性为好气性，在含乙醇的培养液中，常在表面生长，形成淡青灰色薄膜，能利用乙醇氧化为醋酸所释放出的能量而生存，或利用各种醇类及二糖类的氧化能而生存。

（3）醋化醋杆菌 此菌是食醋生产的优良菌种，能使黄酒等低度酒酸败。

(4) 许氏醋酸杆菌 此菌是国外有名的速酿醋菌种，也是目前食醋生产中较重要的菌种之一。在液体中生长的最适温度为25～27.5℃；固体培养的最适温度为28～30℃，最高温度为37℃。此菌产酸可高达11.5%。

2. 乳酸杆菌属

乳酸杆菌属为革兰氏阳性菌，通常为细长的杆菌，根据它利用葡萄糖进行同型发酵或异型发酵的特性，该属分为两群，即同型发酵群和异型发酵群。在乳酸、酸乳、干酪等制品的生产中常用的菌种如下。

(1) 乳酸乳杆菌 它是微好氧或厌氧的细菌，对营养的要求高，最适生长温度为40～43℃，同型发酵，分解葡萄糖产生D-(－)-乳酸，能凝固牛乳，产酸度约为1.6%，用于制造干酪。

(2) 德氏乳杆菌 微好氧性，最适生长温度为45℃。对牛乳无作用，能发酵葡萄糖、麦芽糖、蔗糖、果糖、半乳糖、糊精，不发酵乳糖等。能产生1.6%的左旋乳糖。此菌在乳酸制造和乳酸钙制造工业中应用很广。

(3) 植物乳杆菌 它是植物和乳制品中常见的乳酸杆菌，产酸能达1.2%，最适生长温度为30℃。在干酪、奶酒、发酵面团及泡菜中均有这种乳酸杆菌。

(4) 保加利亚乳杆菌 此菌是酸乳生产的知名菌。该菌与乳酸杆菌关系密切，形态上无区别，只是对糖类发酵比乳酸杆菌差，是乳酸乳杆菌的变种。由于其是从保加利亚的酸乳中分离出来，因此而得名。

3. 芽孢杆菌属

芽孢杆菌属为革兰氏阳性菌，需氧，能产生芽孢。在自然界分布很广，在土壤及空气中尤为常见。其中枯草芽孢杆菌是著名的分解蛋白酶及淀粉酶的菌种；纳豆杆菌是豆豉的生产菌；多黏芽孢杆菌是生产多黏菌素的菌种。有的菌株也会引起米饭及面包的腐败变质。

4. 链球菌属

链球菌属细菌为革兰氏阳性菌，呈短链或长链状排列，其中有些是发酵食品生产中有益的发酵菌种。

(1) 乳链球菌 可发酵多种糖类，在葡萄糖肉汤培养基中能使pH下降到4.5～5。适宜生长温度为10～40℃，高于45℃不生长。应用于乳制品生产及我国传统食品工业。

(2) 嗜热链球菌 最适生长温度为40～45℃，高于53℃不生长，低于20℃不生长，在65℃下加热30min菌种仍可存活，常存于牛乳、酸乳等乳制品中。

5. 明串珠菌属

明串珠菌属为革兰氏阳性菌。菌种呈圆形或卵圆形，菌体排列成链状，能在含高浓度糖的食物中生长，常存在于水果、蔬菜中。

三、发酵食品与霉菌

霉菌属于真菌，在自然界分布极广，已知的有5000种以上，在发酵食品生产中经常使用的有以下几种。

1. 曲霉属

(1) 米曲霉 菌落初期为白色，质地疏松，继而变为黄褐色至淡绿色，反面无色。生产淀粉酶、蛋白酶的能力很强，应用于酿酒、酱油的生产，一般情况下不产生黄曲霉毒素。

(2) 黑曲霉 菌落初期为白色，常出现鲜黄色区域，厚绒状，黑色，反面无色。这类菌在自然界分布极广，能生长于各种基质上产生糖化酶、果胶酶。可广泛用于酒及酒精工业生产中作为糖化剂，也是生产柠檬酸的优良菌种。

（3）黄曲霉 在生长培养基上，菌落生长的速度较快，早期为黄色，然后变为黄绿色，老熟后呈褐绿色。培养的最适温度为37℃。产生液化型淀粉酶的能力比黑曲霉强，蛋白质分解能力仅次于米曲霉。黄曲霉的某些菌系可产生黄曲霉毒素，特别在花生或花生饼粕上易形成，能引起家禽、家畜严重中毒以至死亡，还能致癌。为了防止其污染食品，现已停止在食品生产中使用黄曲霉3.870号，改用不产生毒素的3.951号。

2. 红曲霉属

红曲霉菌属散囊菌目、红曲菌科。红曲霉菌在培养基上生长时，菌丝体初期为白色，以后呈淡粉色、紫红色或灰黑色等，通常都能形成红色素。生长温度为26～42℃，最适温度为32～35℃，最适pH为2.5，耐10%（体积分数）的乙醇浓度。

红曲霉能产生淀粉酶、麦芽糖酶、蛋白酶、柠檬酸、琥珀酸、乙醇等。由于能产生红色素，可作为食品加工中天然红色色素的来源。例如，在红腐乳、饮料、肉类加工中用的红曲米，就是用红曲霉制作的。红曲霉的用途很多，它可用于酿酒、制醋，并可用作食品染色剂和调味剂，还可用作中药。

3. 根霉属

根霉的形态结构与毛霉类似，能产生淀粉酶，使淀粉转化为葡萄糖、麦芽糖、含有6个葡萄糖单位的寡糖和带有支链的寡糖等，是酿酒工业常用的发酵菌，但根霉常会引起粮食及其制品霉变。其代表菌种有：黑根霉、米根霉、无根根霉。

4. 毛霉属

毛霉的外形呈毛状，菌丝细胞无横隔、为单细胞组成，出现多核，菌丝呈分枝状。

毛霉具有分解蛋白质的功能，如用来制造腐乳，可使腐乳产生芳香物质和蛋白质分解物。某些菌种具有较强的糖化力，也可用于酒精和有机酸工业原料的糖化和发酵。另外，毛霉还常在水果、果酱、蔬菜、糕点、乳制品、肉类等食品上生长，引起食品腐败变质。

第二节　发酵培养基

一、发酵培养基的作用及类型

专门用于微生物积累大量代谢产物的培养基，称为发酵培养基。发酵培养基可以满足菌体的生长并且促进产物的形成。根据培养基的成分来源，发酵培养基可分为合成培养基、天然培养基和半合成培养基；根据培养基的物理状态，可分为固体培养基、液体培养基和半固体培养基。

二、发酵培养基的要求

① 培养基能够满足合成产物最经济。

② 发酵后所形成的副产物尽可能的少。

③ 培养基的原料应因地制宜、价格低廉；性能稳定、资源丰富，便于采购运输；适合大规模贮藏，能保证生产上的供应。

④ 所选用的培养基应能满足总体生产工艺的要求，如不影响通气、提取、纯化及废物处理等。

三、发酵培养基的配制原则

培养基制备是发酵成功与否的第一个关键，制备一个完整而科学的培养基是很重要的，也是非常艰巨的任务。通常制备培养基需要考虑以下几个方面的问题。

1. 合适的C/N

不同的微生物、同一种微生物不同的菌株，其对培养基中的C/N要求是不一样的，同一菌株在不同的发酵阶段，其对C/N的要求也不一样。

例如，黄原胶发酵，前期较低的C/N，目的是强化菌体的生长和增殖，但是，在黄原胶的生物合成期，则需要较高的C/N，假如在这一时期，培养基中氮源仍然很高，其导致的发酵结果是，底物消耗了但产物的产率却很低。

不同的微生物要求不同的C/N，如细菌和酵母菌培养基中的C/N约为5/1，霉菌培养基中的C/N约为10/1。同种微生物在不同生理阶段要求不同的C/N。例如，在利用微生物发酵生产谷氨酸的过程中，培养基C/N为4/1时，菌体大量繁殖，谷氨酸积累少；当培养基C/N为3/1时，菌体繁殖受到抑制，谷氨酸产量则大量增加。

2. 氮的来源

虽然C/N确定，但是氮源的利用本质是：蛋白质分解→肽→氨基酸，通过氨基酸而被利用。不同的氮源，其氨基酸的组成与比例也不相同，对其发酵结果的影响也不相同。

3. 生物素

玉米浆内含有生物素，它是菌体生长和代谢所必需的一种辅酶。通常玉米浆内生物素与菌体的增殖速度和菌体细胞膜的合成有关，从而影响细胞膜的通透性，对于某些菌体，与其代谢途径和代谢机制有关。

4. 生长因子

维生素：大多数维生素是微生物生长的辅酶，需要量很小，1～50μg/L。氨基酸：凡是微生物自身不能合成的氨基酸则必须由游离的氨基酸或者小分子肽提供，通常由小分子肽提供，微生物更易通过细胞膜进入菌体内部，如果提供外源氨基酸，需要注意的是各种氨基酸的平衡。

四、发酵培养基的组分及设计步骤

1. 发酵培养基的组分

(1) 碳源 糖类、油脂、有机酸、正烷烃。

(2) 氮源 有机类包括玉米浆、鱼粉、酵母膏、花生饼粉、黄豆饼粉、棉籽饼粉、玉米蛋白粉、蛋白胨、蚕蛹粉、尿素、废菌丝体和酒糟；无机类包括硫酸铵、硝酸铵、硝酸钠。

(3) 无机盐 无机氮源被菌体作为氮源利用后，培养液中就留下了酸性或碱性物质。这种经微生物生理作用（代谢）后能形成酸性物质的无机氮源叫生理酸性物质，如硫酸铵；若菌体代谢后能产生碱性物质的，则此种无机氮源称为生理碱性物质，如硝酸钠。正确利用生理酸碱性物质，对稳定和调节发酵过程的pH有积极作用。

(4) 微量元素 包括生长因子和前体。生长因子：凡是微生物生长不可缺少的微量有机物质，如氨基酸、嘌呤、嘧啶、维生素等均称为生长因子。前体：某些化合物加入发酵培养基中，能在生物合成过程中直接被微生物合成到产物分子中去，而其自身的结构并没有多大变化，但是产物的产量却因加入前体而有较大的提高。

2. 发酵培养基设计步骤

① 根据经验在配制发酵培养基时要初步确定可能的培养基成分；

② 通过单因子实验最终确定出最为适宜的发酵培养基成分；

③ 当发酵培养基成分确定后，剩下的问题就是各成分最适的浓度，由于发酵培养基成分很多，为减少实验次数常采用一些合理的实验设计方法。

五、发酵培养基灭菌

1. 灭菌原理

灭菌就是杀死一切微生物，包括微生物的营养体和芽孢。灭菌的方法很多，在实验室可以使用干热灭菌。对于环境允许的可以使用化学试剂灭菌，但化学试剂的灭菌方法有很大的限制。

在工业生产中，对于培养基、管道、设备的灭菌，通常采用蒸汽加热到一定的温度，并保温一段时间的灭菌方法，称为湿热灭菌。湿热灭菌的显著优点是使用方便、无污染，而且其冷凝水可以直接冷凝在培养基中，也可以通过管道排出。

2. 影响因素

灭菌影响因素包括培养基被污染程度、灭菌温度、灭菌时间、培养基灭菌所要达到的程度，其他因素包括培养基成分、培养基物理状态、pH。

3. 灭菌方法

(1) 分批灭菌 将配制好的发酵培养基放入发酵罐或其他装置中，用蒸汽加热达到预定温度后，维持一定时间。

(2) 连续灭菌 将配制好的发酵培养基向发酵罐等培养装置输送的同时进行加热、保温和冷却等灭菌操作过程，又称连消。优点：①可采用高温短时灭菌，营养成分破坏少，蒸汽平稳，有利于提高发酵产率；②发酵罐利用率高；③蒸汽负荷均衡；④采用板式换热器，可节约大量能量；⑤适宜采用自动控制，劳动强度小；⑥可实现耐热性物料和不耐热性物料在不同温度下分别灭菌，减少营养成分的破坏。缺点：①对小型罐无优势，不方便，对设备要求高；②蒸汽波动时对灭菌不彻底；③培养基会有固体颗粒或较多泡沫，灭菌不彻底。

目前，我国发酵食品生产中仍然以分批灭菌为主。

六、发酵培养方式

发酵培养方式分为分批培养、连续培养和补料分批培养。

1. 分批培养

分批培养又称为分批发酵，是指在一个密闭系统内投入有限数量的营养物质后，接入少量的微生物菌种进行培养，使微生物生长繁殖，在特定条件下只完成一个生长周期的微生物培养方法。

优点：① 操作简单、投资少；

② 运行周期短；

③ 染菌概率减少；

④ 生产过程、产品质量较易控制。

缺点：① 不利于测定过程动力学，存在底物限制或抑制问题，会出现底物分解阻遏效应及二次生长现象；

② 对底物类型及初始高浓度敏感的次级代谢物，如一些抗生素等，就不适合用分批发酵（生长与合成条件差别大）；

③ 养分消耗快，无法维持微生物继续生长和生产；

④ 非生产时间长，生产率较低 。

2. 连续培养

连续培养是指在发酵过程中，连续向发酵罐流加培养基，同时以相同流量从发酵罐中取出培养液。优点：添加新鲜培养基，克服养分不足所导致的发酵过程过早结束，延长对数生长期，增加生物量等。缺点：长时间发酵中，菌种易于发生变异，并容易染菌；操作不当，新加入培养基与原有培养基不易完全混合。

3. 补料分批培养

补料分批培养是在发酵过程中，补充培养基，而不从发酵体系中排出发酵液，使发酵液体积不断增加的培养方法。

优点：① 可解除底物抑制、产物反馈抑制和葡萄糖分解阻遏效应；

② 避免在分批发酵中因一次性投糖过多造成细胞大量生长，耗氧过多，以至通风搅拌设备不能匹配；

③ 菌体可被控制在一系列连续的过渡态阶段，可作为控制细胞质量的手段；

④ 与连续发酵相比，补料分批培养的优点在于无菌要求低；菌种变异、退化少；适应范围较广。

缺点：由于没有物料取出，产物的积累最终导致比生长速率的下降；由于新物料的加入增加了染菌机会。

第三节　发酵条件及过程控制

为了控制整个发酵过程，必须了解微生物在发酵过程中的代谢规律。通过各种检测方法，测定各种发酵参数（如细胞浓度、碳氮源等物质的消耗、产物浓度等）随时间变化的情况，以便能够控制发酵过程，使生产菌种的生产能力得到充分发挥。目前生产中常见的参数主要包括温度、pH、溶解氧、基质浓度、泡沫、搅拌速率等。

一、温度对发酵过程的影响及其控制

对微生物发酵来说，温度的影响是多方面的，可以影响各种发酵条件，最终影响微生物的生长和产物形成。

1. 温度对发酵过程的影响

(1) 影响酶促反应动力学　微生物的发酵过程实际上就是一个酶促反应的过程，根据酶促反应动力学，温度越高，酶促反应速率越快，菌体增殖、产物合成的时间均可提前；但是温度越高，酶越易失活，表现在外观上，则是菌体易衰老，整个发酵周期缩短，影响发酵的最终产量，对于发酵是不利的。

因此，温度对死亡的影响远比对生长的影响要大，从这个意义上讲，在发酵过程中，对于温度的控制应该是严格的，不能任意地、没有任何根据地升温，否则，可能导致菌体过早衰老，发酵周期缩短，产物产量、产率下降。

（2）影响发酵液的性质 温度影响了发酵液的许多性质，包括营养物质的电离状态、发酵液的黏度等。发酵液黏度的改变，影响了发酵过程中各种物质的传递，特别是氧和热量的传递，进而影响了微生物的发酵。

（3）影响菌体代谢调节机制 近几年来的研究表明，温度对于菌体的调节机制有着重要的影响。

例如，当20℃以下时，氨基酸合成的最终产物对其合成链的第一个酶的反馈抑制作用比在正常发酵温度37℃时更大。

根据这个原理，有专家提出对于次级代谢发酵，当菌体生长完成后，可以考虑降低发酵液的温度以强化上述这种抑制作用，使菌体的氨基酸合成受阻，进而抑制蛋白质的合成。菌体停止生长，有利于促进菌体由生长型到产物积累型的转变，当菌体完成了这种转变后，再升高发酵液的温度。

（4）温度影响发酵方向 四环素生产菌金色链霉菌同时产生金霉素和四环素，当温度低于30℃时，这种菌合成金霉素能力较强；温度升高，合成四环素的比例也提高，温度达到35℃时，金霉素的合成几乎停止，只产生四环素。

2. 影响发酵温度的因素

（1）发酵热 发酵热即发酵过程中释放出来的净热量，单位为J/(m³·h)，它是由产热因素和散热因素两方面决定的。

$$Q_{发酵}=Q_{生物}+Q_{搅拌}-Q_{蒸发}-Q_{辐射}$$

（2）生物热（$Q_{生物}$） 微生物在生长过程中，由于培养基中的营养性物质糖类、蛋白质、脂肪等被氧化，同时产生大量的热量，即微生物在生长繁殖中释放出的热量。这些热量一部分用于合成高能物质（ATP/GTP）等，用于菌体自身的生长、繁殖；另一部分则以热量的形式散发出来，其表现就是使培养基的温度升高。

影响生物热的因素：发酵类型、生长阶段、营养条件。

（3）搅拌热（$Q_{搅拌}$） 在机械搅拌通气发酵罐中，由于机械搅拌带动发酵液做机械运动，引起液体之间、液体与搅拌器等设备之间的摩擦，产生可观的热量。

搅拌热可用下式计算：

$$Q_{搅拌}=\frac{P}{V}\times 3600$$

式中 $\frac{P}{V}$——通气条件下，单位体积发酵液所消耗的功率，kW/m³；

3600——热功当量，kJ/(kW·h)。

（4）蒸发热（$Q_{蒸发}$） 生物反应器在运行过程中，空气进入反应器与发酵液进行长时间的气、液接触，除部分氧被利用以外，大部分气体（称为尾气）仍旧从反应器排放，由于尾气与发酵液接触的过程中实际上在进行质量的传递，使进入空气的相对湿度增加，水分随着尾气一起被排出，同时伴随热量传递，这一部分热量，称之为蒸发热。

（5）辐射热（$Q_{辐射}$） 辐射热指反应器内部温度与反应器环境温度的差别造成的热量传递。

通常按照$Q_{发酵}$的5%～10%计算。

3. 发酵过程的温度控制

一般来说，接种后应适当提高培养温度，以利于孢子的萌发或加快微生物的生长、繁殖，而此时发酵液的温度大多数是下降的；当发酵液的温度表现为上升时，发酵液的温度应控制在微生物生长的最适温度；当发酵旺盛阶段，温度应控制在低于生长最适温度的水平上，即应该与微生物代谢产物合成的最适温度相一致；发酵后期，温度会出现下降的趋势，直到发酵成熟即可放罐。

所谓发酵最适温度，是指在该温度下最适于微生物的生长或发酵产物的生成。不同种类的微生物、不同的培养条件以及不同的生长阶段，最适温度也应有所不同。

发酵温度的选择还要参考其他发酵条件灵活掌握。例如，在通气条件较差时，发酵温度应低一些，因为温度较低可以提高培养液的氧溶解度，同时减缓微生物的生长速度，从而能克服通气不足所造成的代谢异常问题。

二、pH 对发酵过程的影响及其控制

发酵过程中 pH 的变化，是菌体在一定的环境条件下代谢活动的综合性指标，它集中反映了菌体的生长代谢和产物合成的情况。由于不同的菌体在不同的发酵过程中 pH 的变化规律相差是较大，这既取决于菌体的生理代谢，又与环境条件的控制有关。因此，pH 能准确反映出环境条件的变化。

1. pH 对菌体生长和产物合成的影响

(1) pH 影响酶的活性　不同的酶有其最适合的 pH，当菌体中的酶系处于不适合的 pH 环境时，会影响其代谢活动。

(2) pH 影响物质的代谢　pH 影响菌体细胞膜的带电状态，从而影响细胞膜的渗透性，进而影响营养物质的吸收与代谢产物的排泄。

(3) pH 影响物质的利用　pH 变化，培养基中的营养成分和中间代谢产物的电离状态会受到影响，不利于生产菌对这些物质的正常利用。

(4) pH 影响菌体的代谢途径　pH 发生变化后，菌体的代谢途径也会发生变化，代谢产物也不同。

例如，在黑曲霉的柠檬酸发酵过程中，pH 为 2～3 时，菌体合成并分泌柠檬酸，当 pH 接近中性时（pH＝6～7）则合成积累草酸；谷氨酸发酵，在中性和微碱性条件下积累谷氨酸，在酸性条件下则容易形成谷氨酰胺和 *N*-乙酰谷氨酰胺。

(5) pH 影响细胞的形态　这实际上是 pH 对细胞生长和代谢途径影响的外部表现。在谷氨酸发酵过程中，pH 不同，代谢途径不同，菌体形态也不同。

2. 影响发酵液 pH 变化的因素

菌体在发酵过程中 pH 的变化与其生理代谢有着直接的关系，不同的菌系在发酵过程中 pH 的变化规律是不同的，但是导致其变化的因素基本相同。

(1) 酸性产物的积累　酸性产物柠檬酸、某些酸性氨基酸积累的原因：降糖速率过快；供氧不足，有氧氧化途径受阻，使乳酸等酸性物质积累。

(2) 生理酸性物质被利用　生理酸性物质 $(NH_4)_2SO_4$、$(NH_4)_2HPO_4$、$NH_4H_2PO_4$ 等，当 NH_4^+ 被利用后，引起 pH 的下降。

(3) 杂菌感染　杂菌感染可引起 pH 的下降或者上升，醋酸杆菌、乳酸杆菌、野生酵母菌等易引起 pH 的下降或者上升。

(4) 发酵后期的菌体自溶　发酵液 pH 的上升，特别是发酵后期，大部分是由于菌体死亡并产生菌体自溶造成的。

(5) 培养基中氮源过高造成 pH 上升　当菌体生长到一定的阶段后，由于自身分泌的胞

外蛋白酶对培养基中蛋白质的水解，使得大量的氨基酸产生，这些氨基酸使得菌体本身的氨基酸合成受阻，则 NH_4^+ 的浓度增加，导致发酵液的 pH 上升。

3. 发酵过程中 pH 的控制

① 调节基础料的 pH；

② 在基础料中加调节 pH 的物质，如 $CaCO_3$；或具有缓冲能力的试剂，如磷酸缓冲液等；

③ 在发酵过程中根据糖氮消耗需要进行补料，在补料与调节 pH 没有矛盾时采用补料调节 pH；

④ 补料与调节 pH 矛盾时，可加入稀酸、稀碱调节 pH；

⑤ 选择合适的 pH 调节剂；

⑥ 发酵不同的阶段采取不同的 pH。

三、溶解氧对发酵过程的影响及其控制

好氧微生物生长和代谢均需要氧气，因此供氧必须满足微生物在不同阶段的需要。在不同环境条件下，不同微生物的吸氧量或呼吸强度是不同的。

1. 溶解氧对发酵过程的影响

只有溶解状态的氧才能被微生物利用。不影响菌体呼吸所允许的最低溶氧浓度称为临界溶氧浓度。溶解氧对微生物自身生长的影响体现在多个方面，其中对微生物酶的影响是不可忽略的重要因素。对于好氧发酵来说，溶解氧通常既是营养因素，又是环境因素。特别是对于具有一定氧化还原性的代谢产物的生产来说，溶解氧会影响菌株培养体系的氧化还原电位，同时也会对细胞生长和产物的形成产生影响。

2. 发酵过程中溶解氧的控制

对溶解氧进行控制的目的是把溶解氧浓度值稳定控制在一定的期望值或范围内。在微生物发酵过程中，溶解氧浓度与其他过程参数的关系极为复杂，受到生物反应器中多种物理、化学和微生物因素的影响和制约。从氧的传递速率方程也可看出，对溶解氧值的控制主要集中在氧的溶解和传递两个方面。

(1) 控制溶氧量 高密度培养往往采用通入纯氧的方式提高氧分压，厌氧发酵则采用各种方式将氧分压控制在较低水平。例如，啤酒发酵中麦芽汁充氧和酵母菌接种阶段，一般要求氧含量为 8～10mg/L；而啤酒发酵阶段，一般啤酒中的含氧量不得超过 2mg/L。此外，由于氧是难溶气体，在一定温度和压力下，溶氧值有一个上限，为此，向发酵液中加入氧载体是提高溶氧值的有效方法。

(2) 控制氧传递速率 发酵液中供氧能力的基本限制因素是氧的传递速率。氧由空气溶解到水中，再传递到菌体细胞表面，最终进入细胞内被利用。在此过程中，氧的传递阻力主要有气膜阻力、液膜阻力、细胞膜传质阻力等。

四、基质浓度对发酵过程的影响及其控制

1. 基质浓度对发酵的影响

(1) 基质浓度对菌体生长的影响 基质的组成和浓度与发酵代谢有密切关系，选择适当的基质和控制适当的浓度，是提高代谢产物产量的重要方法。发酵过程中，最初菌体比生长速率与基质浓度成正比，后面比生长速率达到最大，最后保持不变。

(2) 基质浓度对产物形成和发酵液特性的影响 基质浓度过高引起阻遏现象，菌体生长旺盛，传质或溶氧传递差，从而影响菌体生长等。

2. 基质浓度的控制

工业发酵中，常采用中间补料的方法来控制基质的浓度。选择合适的补料内容、补料方式、反馈控制参数。

五、泡沫对发酵过程的影响及其控制

1. 发酵过程泡沫产生的原因

① 通气搅拌的强烈程度。

② 培养基配比与原料组成。

③ 菌种、种子质量和接种量。

④ 灭菌质量。

2. 泡沫的危害

① 使发酵罐的装填系数减少。发酵罐的装填系数（料液体积/发酵罐容积）一般取0.7左右，通常充满余下空间的泡沫约占所需培养基的10%，且配比也不完全与主体培养基相同。

② 造成大量逃液，导致产物的损失。

③ 泡沫“顶罐”，有可能使培养基从搅拌轴处渗出，增加了染菌的机会。

④ 影响通气搅拌的正常进行，妨碍微生物的呼吸，造成发酵异常，导致最终产物产量下降。

⑤ 使微生物菌体提早自溶，这一过程的发展又会促使更多的泡沫生成。

因此控制发酵过程中产生的泡沫，是发酵过程顺利进行和稳产、高产的重要保障。

3. 消泡剂

在溶液中，溶解状态的溶质是稳泡剂；不溶状态的溶质，当浸入系数与铺展系数均为正值时即是消泡剂。消泡剂可分为破泡剂和抑泡剂。

破泡剂是加到已形成的泡沫中，使泡沫破灭的添加剂，如低级醇、天然油脂。一般来说，破泡剂是其分子的亲液端与起泡液亲和性较强，在起泡液中分散较快的物质。这类消泡剂随着时间的延续，迅速降低效率，并且当温度上升时，因溶解度增加，消泡效率会下降。

抑泡剂是发泡前预先添加而阻止发泡的添加剂。聚醚及有机硅等属于抑泡剂。一般是分子与气泡液亲和性很弱的难溶或不溶的液体。

常用消泡剂的种类：

① 天然油脂。

② 聚醚类消泡剂。GP型的消泡剂亲水性差，在发泡介质中的溶解度小，所以宜在稀薄的发酵液中使用。它的抑泡能力比消泡能力优越，适宜在基础培养基中加入，以抑制整个发酵过程的泡沫产生。

GPE型消泡剂亲水性较好，在发泡介质中易铺展，消泡能力强，但溶解度也较大，消泡活性维持时间短，因此用在黏稠发酵液中效果较好。

③ 高碳醇。

④ 硅酮类。

【复习题】

1. 什么是发酵食品？
2. 试述细菌发酵食品基本种类及其相关微生物种类。
3. 连续灭菌工艺和分批灭菌相比，存在哪些优缺点？
4. 试述发酵热、生物热的概念。
5. pH 对微生物生长的影响主要表现在哪几个方面？
6. 溶解氧对微生物生长的影响及控制。

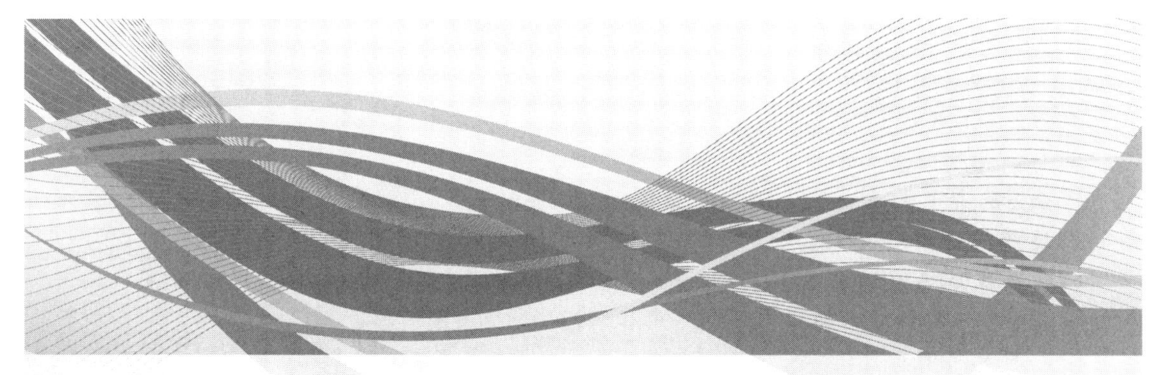

第二章 酒精发酵与酿酒

知识目标

1. 掌握酒精发酵常用的原料、发酵原理及相关微生物。
2. 熟悉白酒按香型分类的方法。
3. 掌握大曲酒的生产工艺及操作。
4. 熟悉啤酒生产的基本理论和方法。
5. 掌握葡萄酒的种类、营养价值。
6. 熟悉黄酒生产中酒药、酒母的制备过程。

能力目标

1. 能准确陈述白酒的制备工艺与工艺要点。
2. 会操作啤酒酿造中常见的设备。
3. 能够进行啤酒质量的基本检验与鉴定。
4. 能够完成葡萄酒生产中原料处理、成分调整、发酵控制等基本操作。
5. 掌握黄酒酿造的发酵工艺流程及操作要点。

思政与职业素养目标

我国酒文化源远流长，酿酒者匠心酿酒，心纯酒醇。使学生了解肩负生产美酒和传播优秀酒文化的责任，不断强化酒文化自信心和社会责任感。

第一节 酒精发酵

酒精生产方法可分为微生物发酵法和化学合成法两大类。微生物发酵法是利用合适的原料（淀粉质、糖质或纤维质等）在微生物作用下生成酒精。化学合成法是利用炼焦或裂解石油的废气为原料，经化学合成反应制成酒精。本书仅介绍微生物发酵方法生产酒精。

一、酒精发酵的原料

酒精发酵常用的或具有潜在能力的原料有淀粉质原料、糖质原料、纤维质原料等。

1. 淀粉质原料

淀粉质原料是生产酒精的主要原料。我国生产发酵乙醇80%是采用淀粉质原料，其中以甘薯等薯类为原料的约占45%，玉米等谷物为原料的约占35%。

（1）薯类原料 薯类原料包括甘薯、木薯和马铃薯等。

① 甘薯，北方俗称红薯、地瓜，南方俗称山芋、番薯，是主要薯类原料。新鲜甘薯可以直接作为酒精生产原料，但一般将鲜甘薯制成薯干，这样便于保存，并能供工厂全年使用。

② 木薯产于热带和亚热带地区。乙醇生产用的是木薯的块根，呈纺锤状或柱状。木薯块根中固形物的主要成分是淀粉，鲜木薯淀粉含量为25%～30%，木薯干淀粉含量可达70%左右。除淀粉外，还含有少量蛋白质、脂肪和果胶质等。

③ 马铃薯俗称土豆，有许多品种，分别适合食用、饲料用和工业用。马铃薯的块茎中含有约25%的干物质，其中糖类12%～35%、蛋白质1.5%～2.3%、脂肪0.1%～1.1%。乙醇生产用的马铃薯品种要求产量高、淀粉含量高和耐贮藏等。马铃薯目前仅在我国西北少数地区、东欧各国作为生产乙醇的主要原料之一。

（2）谷物原料（粮食原料） 谷物原料包括玉米、小麦、高粱、大米等。谷物原料也是很好的酒精生产原料。国际上常用的谷物原料是玉米和小麦。我国由于人多地少，粮食珍贵，以往除玉米外，其他粮食一般较少用于生产酒精，只有当原料不足或玉米受潮发热霉变的情况下才用其他粮食。随着我国粮食生产的发展，用于乙醇生产的谷物数量逐渐增加。

2. 糖质原料

常用的糖质原料有糖蜜、甘蔗、甜菜和甜高粱等。

（1）糖蜜 又称废糖蜜，是甘蔗或甜菜厂制糖过程中形成的一种副产物，又分别称为甘蔗糖蜜和甜菜糖蜜，其产量分别为加工甘蔗的3%和加工甜菜量的3.5%～5%。糖蜜含糖量较高，一级甘蔗糖蜜含糖量为50%以上，甜菜糖蜜含糖量为50%左右，所含主要糖分为蔗糖。

（2）甘蔗 一种良好的制糖原料。20世纪70年代起，国外开始直接利用甘蔗生产酒精，即利用甘蔗压榨或萃取后的蔗汁进行酒精发酵。甘蔗汁中可发酵固形物包括蔗糖、淀粉及其他碳水化合物。

（3）甜菜 和甘蔗一样是主要的制糖原料。甜菜所含主要糖分是蔗糖，此外还含有少量其他碳水化合物。

（4）甜高粱 一种高秆作物，其秆中含糖量为10%～12%，所结的高粱米富含淀粉，均可用于酒精发酵，是具有潜在发展前途的糖质原料。

3. 纤维质原料

纤维类物质是自然界中的可再生资源，其含量十分丰富。天然纤维质原料由纤维素、半纤维素和木质素三大成分组成，它们较难被降解，长期以来人们都在研究如何利用纤维质原料生产酒精及其他化工产品。近年来，纤维素和半纤维素生产乙醇的研究有了突破性的进展，纤维素和半纤维素已成为很有潜力的乙醇生产原料。

可用于乙醇生产的纤维素原料包括农作物纤维素下脚料（稻草、麦草、玉米秆、玉米芯、花生壳、稻壳、棉籽壳等)、森林和木材加工工业的下脚料(树枝、木屑等)、工厂纤维素和半纤维素下脚料(甘蔗渣、废甜菜丝、废纸浆等)、城市废纤维素垃圾等四类。

二、酒精发酵的相关微生物

与酒精发酵有关的微生物主要有糖化菌和酒精酵母两大类。

1. 糖化及糖化剂的概念

(1) 糖化 淀粉质原料生产酒精时，在进行乙醇发酵前要将淀粉全部或部分转化为葡萄糖等可发酵性糖，这个过程称为糖化。

(2) 糖化剂 糖化过程中所用的催化剂称为糖化剂。糖化剂可以是由微生物制成的糖化曲，也可以是商品酶制剂。

2. 糖化菌

能产生淀粉酶等水解淀粉的微生物种类很多，但它们不是都能作为糖化菌用于生产糖化曲，实际生产中主要用的是曲霉和根霉。

历史上曾用过的曲霉包括黑曲霉、白曲霉、黄曲霉、米曲霉等。黑曲霉中以宇佐美氏曲霉、泡盛曲霉和甘薯曲霉应用最广。白曲霉以河内白曲霉、轻研二号最为著名。乙醇和白酒生产中，不断更新菌种是改进生产、提高淀粉利用率的有效途径之一。我国的糖化菌种经历了从米曲霉到黄曲霉，进而发展到用黑曲霉的过程。20 世纪 70 年代选育出黑曲霉新菌株 AS 3.4309(俗称 UV-11)，该菌株性能优良，目前我国很多乙醇厂和酶制剂厂都以该菌种或它的变异菌株生产麸曲、液体曲及糖化酶等。

根霉和毛霉也是常用的糖化菌。

3. 酒精酵母

许多微生物都能利用己糖进行酒精发酵，但在实际生产中用于酒精发酵的几乎全是酒精酵母，俗称酒母。利用淀粉质原料的酒母在分类上叫啤酒酵母，属于子囊菌亚门酵母属的一种单细胞微生物。该种酵母菌繁殖速率快，发酵能力即产乙醇能力强，并具有较强的耐乙醇能力。常用的酵母菌株有南阳酵母(1300 和 1308)、拉斯 2 号酵母(RasseⅡ)、拉斯 12 号酵母(RasseⅫ)、K 字酵母、M 酵母(Hefe M)、日本发研 1 号、卡尔斯伯酵母等。利用糖质原料的酒母除啤酒酵母外，还有粟酒裂殖酵母和克鲁维酵母。

除上述酵母菌外，一些细菌如林奈假单胞菌和嗜糖假单胞菌可以利用葡萄糖进行发酵生产乙醇。总状毛霉深层培养时也可产生乙醇，利用细菌发酵乙醇早在 20 世纪 80 年代初就已萌芽，但此方法还未达到工业化，其中许多问题还有待研究。

三、酒精发酵的机理

酒精发酵的基本机理是酵母菌的糖代谢过程，酵母菌消耗还原性糖，一部分通过异化和同化作用，合成酵母菌本身物质，绝大部分通过代谢作用释放出能量，产生乙醇等代谢产物，并释放出二氧化碳。生产原料的不同，酒精发酵生化的过程也不同。对于糖质原料，可直接利用酵母菌将糖转化成乙醇。对于淀粉质和纤维质原料，首先要进行淀粉质和纤维质的水解(糖化)，再由酒精发酵菌将糖发酵成乙醇。

1. 淀粉原料分解

淀粉是多糖中最易分解的一种，由许多葡萄糖基团聚合而成。天然淀粉具有直链淀粉和支链淀粉两种结构，它们在性质上和结构上有所差异。含淀粉质的谷物原料等，由于酵母菌本身不含糖化酶，所以采用含淀粉质的谷物生产乙醇时，还需将淀粉糊化，使之变为糊精、低聚糖和可发酵性糖的糖化剂。糖化剂中不仅含有能分解淀粉的酶类，而且含有一些能分解原料中脂肪、蛋白质、果胶等的其他酶类。糖化剂中起糖化作用的酶主要有淀粉-1,4-葡萄糖苷酶、淀粉-1,6-糊精酶、淀粉-1,6-葡萄糖苷酶和α-淀粉酶等。

2. 酒精发酵

酒精发酵是酵母菌在厌氧条件下经过菌体内一系列酶的作用，将可发酵性糖转化成乙醇和二氧化碳，然后通过细胞膜将产物排出菌体外的过程。参与酒精发酵的酶包括糖酵解途径的各种酶，以及丙酮酸脱羧酶、乙醇脱氢酶等。

在酒精发酵过程中，大部分的葡萄糖被转化为乙醇和二氧化碳，酵母菌的增殖也消耗一部分糖，同时生成醛类、高级醇、有机酸及微量酯类等副产物。

第二节 白酒生产技术

一、白酒的种类、成分及营养价值

白酒是以谷物、薯类或糖分等为原料，经糖化发酵、蒸馏、陈酿和勾兑制成的酒精浓度大于20%（体积分数）的一种蒸馏酒。它澄清透明，具有独特的芳香和风味。中国白酒生产历史悠久，工艺独特，与国外的白兰地（Brandy）、威士忌（Whisky）、伏特加（Vodka）、朗姆酒（Rum）和金酒（Gin）并称为世界六大蒸馏酒，许多名优白酒在国际上享有盛誉。

1. 白酒的种类

(1) 按用曲种类分类

① 大曲白酒：以大曲为糖化发酵剂，进行多次发酵，然后蒸馏、勾兑、贮存而成的酒。

特点：周期长（15～120d或更长），贮酒期为3个月至3年。质量较好，但淀粉出酒率较低、成本高。产量约为全国白酒总产量的20%。

② 小曲白酒：以小曲为糖化发酵剂，进行多次发酵，然后进行蒸馏、勾兑、贮存而成的酒。

特点：用曲量少（＜3%），大多采用半固态发酵法，淀粉出酒率较高（60%～80%）。

③ 麸曲白酒：以纯种培养的曲霉菌及酵母制成的散麸曲和酒母为糖化发酵剂，进行多次发酵，然后进行蒸馏、勾兑、贮存而成的酒。

特点：发酵期短（3～9d），淀粉出酒率高（＞70%）。这类酒产量最大。

(2) 按香型分类

① 酱香型：又称茅香型，以贵州茅台酒为代表，采用高温制曲、晾堂堆积、清蒸回酒等工艺，用石壁泥底窖发酵，酱香柔润为其特点，主体香气比较复杂，以“酱”香为主，“焦”“煳”香气协调一致。

② 浓香型：又称窖香型，以泸州老窖、五粮液、洋河大曲、古井贡酒等为代表。发酵原料为以高粱为主的多种原料，采用混蒸续渣等工艺，利用陈年老窖或人工老窖发酵，其以浓香甘爽为特点，主要香气成分是乙酸乙酯和适量丁酸乙酯。

③ 清香型：也称汾香型，以山西杏花村汾酒为代表，采用清蒸清渣等工艺及地缸发酵，具有清香纯正的特点，主要香气成分为乙酸乙酯和乳酸乙酯。

④ 米香型：也称蜜香型，以广西桂林三花酒为代表。酿造特点是以大米为原料、小曲固态糖化、液态发酵蒸馏。米香纯正为其特点。

⑤ 凤香型：以陕西西凤酒为代表，酿造特点是续渣配料、新窖泥发酵、发酵期短、酒海贮存。

⑥ 其他五小香型：药香型（贵州董酒为代表）、兼香型（酱中带浓香型，湖北白云边酒为代表；浓中带酱香型，黑龙江的玉泉酒为代表）、芝麻香型（山东景芝神酿酒为代表）、特香型（江西四特酒为代表）和豉香型（广东佛山玉冰烧酒为代表）。此外还涌现出具有特殊风格的白酒品种，如混合香型和老白干香型等。

(3) 按原料分类

① 粮谷酒：如高粱酒、玉米酒、大米酒等。粮谷酒的风味优于薯干酒，但淀粉出酒率低于薯干酒。

② 薯干酒：鲜薯或薯干酒，这类酒的甲醇含量高于粮谷酒。

③ 代粮酒：以含糖类较多的野生植物制成的酒，如甜菜、金刚头、木薯、高粱糖、糖蜜酒等。

(4) 按生产方法分类

① 固态发酵法白酒：酒醅含水量60%左右，发酵物料处于固体状态，如大曲酒、麸曲酒及部分小曲酒。

② 半固态发酵法白酒：有先固态糖化后液态发酵和先液态糖化后固态发酵两种，大部分小曲酒属于此类。

(5) 按乙醇含量分类

① 高度白酒：酒精度50%vol～65%vol 的白酒。

② 中度白酒：酒精度40%vol～49%vol 的白酒。

③ 低度白酒：酒精度40%vol 以下的白酒，一般不低于20%vol。

2. 白酒的成分

白酒由乙醇、水和微量成分组成，主要成分是乙醇和水，微量成分总量不超过2%。微量成分虽不足2%，但十分重要，它是使白酒呈香、呈味及形成白酒特有风格的物质，由于这些物质的含量和比例不同，构成了白酒不同的香型和风格。经检测，白酒中微量成分有130多种，主要有醇类、酯类、有机酸类、醛类、酮类及极少量的含硫有机化合物等。

(1) 醇类 白酒中醇类很多，一般含有三个碳以上的醇，称为高级醇，主要以异戊醇和异丁醇为主，其次为正丙醇、仲丁醇、正丁醇和正己醇，还有2,3-丁二醇、β-苯乙醇和丙三醇等。适量的高级醇是白酒中不可缺少的香气和风味物质，也是形成香味物质的前驱体。

(2) 酯类 是白酒中含量最多的香味成分之一，种类较多，大多以乙酯形式存在，具有水果芳香和口味，使人产生喜悦感，中国名优产品中以乙酸乙酯、己酸乙酯和乳酸乙酯等为主，统称为三大酯，其次是丁酸乙酯、戊酸乙酯和乙酸异戊酯等，其含量与白酒的品种和香型有关。

(3) 酸类 白酒中的有机酸分为挥发酸和不挥发酸。挥发酸有甲酸、乙酸、丙酸、丁酸、己酸、辛酸；不挥发酸有乳酸、苹果酸、葡萄糖酸、酒石酸、琥珀酸等。乙酸和乳酸是白酒中含量最高的两种酸。含有适量的有机酸能使酒体丰满、醇厚，回味悠长。

(4) 羰基化合物 白酒中的羰基化合物种类很多，包括醛类和酮类，各具有不同的香气和口味，对形成酒的主体香味有一定的作用。醛类的香味最为强烈，与醛相应的酸、醇和酯的香味仅有醛的数十分之一到数百分之一，而且它们的极限浓度大致相同。白酒中主要醛类为乙醛和乙缩醛。酒中的醛类含量应适当，才能对酒的口味有好处。

3. 白酒的营养价值

适量饮用白酒，可使全身组织特别是动脉血管平滑肌松弛和扩张，从而感到兴奋舒适，能消除疲劳，加速血液循环，使身体发热，有利于驱寒，具有舒筋活血的功效。此外，有利于血压降低和保护心肌组织，防止心脏动脉粥样硬化沉淀物的形成，不易发生动脉硬化。

二、白酒生产的原辅料及处理

白酒发酵原料主要采用淀粉质原料、糖质原料和纤维素原料。原料要先进行适度粉碎，目的是使淀粉颗粒暴露出来，增加原料表面积，有利于淀粉颗粒的吸水膨胀和蒸煮糊化，糖化时增加与酶的接触，为糖化发酵创造良好的条件。

1. 主要原料

(1) 高粱 高粱按其所含的淀粉性质分为粳高粱和糯高粱。粳高粱含直链淀粉较多，结构紧密，较难溶于水，蛋白质含量高于糯高粱。糯高粱中的淀粉几乎完全是支链淀粉，淀粉含量虽较粳高粱低，但具有吸水性强、容易糊化的特点，出酒率高，是传统酿酒原料。

(2) 玉米 玉米淀粉主要集中在胚乳中，颗粒结构紧密，质地坚硬，蒸煮时间要很久才能充分糊化，玉米胚芽中含有占原料5%左右的脂肪，容易在发酵过程中氧化而产生异味，所以玉米作原料酿酒不如高粱酿出的酒纯净。

(3) 大米 大米淀粉含量为70%以上，质地纯正，结构疏松，利于糊化，蛋白质、脂肪及纤维素含量较少。在混蒸式蒸馏中，可将饭味带入酒中，酿出的酒具有爽净的特点，故有“大米酿酒净”之说。

(4) 小麦 小麦不但是制曲的主要原料，而且还是酿酒的原料之一。小麦中含有丰富的糖类，主要是淀粉及其他成分，钾、铁、磷、硫、镁等含量也适当。小麦的黏着力强，营养丰富，在发酵中产热量较大，所以生产中单独使用应慎重。

(5) 豌豆 豌豆含蛋白质20%～25%，富含糖分及维生素A、维生素B_1、维生素B_2和维生素C，制曲时一般与大麦混用，可弥补大麦蛋白质的不足，但用量不宜过多。

(6) 薯干 薯干原料质地疏松，吸水能力强，糊化温度为53～64℃，容易糊化，出酒率高，但成品酒中带有不愉快的薯干味，采用固态法酿制的白酒比液态法酿制的白酒薯干味更重。甘薯中含有果胶质，影响蒸煮的黏度。蒸煮过程中，果胶质受热分解成果胶酸，进一步分解产生甲醛，所以使用薯干作酿酒原料时，应尽量降低白酒中甲醛的含量。

2. 主要辅料

白酒中使用的辅料，主要用于调整酒醅的淀粉浓度、酸度、水分含量、发酵温度，使酒醅疏松，有一定的含氧量，保证正常发酵和提供蒸馏效率。

(1) 稻壳 稻壳是酿制大曲酒的主要辅料，也是麸曲酒的上等辅料，是一种优良的填充剂，生产中用量的多少和质量的优劣对产品的产量、质量影响较大。稻壳中含有多缩戊糖和果胶质，在酿酒过程中生成糠醛和甲醛等物质，使用前必须清蒸20～30min，以除去异杂味，减少在酿酒中可能产生的有害物质。

(2) 谷糠 谷糠是指小米或黍米的外壳，酿酒中用的是粗谷糠。粗谷糠的疏松度和吸水性均较好，作酿酒生产辅料比其他辅料用量少，疏松酒醅的性能好，发酵界面大。在小米产区酿制的优质白酒多选用谷糠为辅料。用清蒸的谷糠酿酒，能赋予白酒特有的醇香和糟香。

(3) 高粱壳 高粱壳质地疏松，仅次于稻壳，吸水性差，入窖水分含量不宜过大。高粱壳中的单宁含量较高，会给酒带来涩味。

(4) 玉米芯 玉米芯的吸水性强，疏松度也好，但含多缩戊糖较高，酿酒过程中易产生糠醛，给成品酒风味带来不良影响。

3. 生产用水

白酒的生产用水是指与原料、半成品、成品直接接触的水，通常包括三部分：一是制曲时搅拌各种粮食原料，微生物的培养、生长，制酒原料的浸泡，淀粉原料的糊化，稀释等工艺过程使用的酿造用水；二是用于设备、工具清洗等的洗涤用水；三是白酒在降度、勾兑时用水。对白酒品质影响较大的是酿造用水和降度用水。

(1) 水源的选择 水源地要求水量充沛稳定，水质优良、清洁，水温较低。自来水、河川水、湖沼水、井水和泉水都能作为白酒生产水源，但需经过处理后使用。

(2) 水质的要求 白酒用水要求无色透明，无悬浮物，无沉淀，凡是呈现微黄、浑浊、悬浮小颗粒的水，必须经过处理才能使用。

水的硬度是指水中所含钙离子、镁离子和水中存在的碳酸根离子、硫酸根离子、氯离子、硝酸根离子所形成盐类的总量，采用德国度表示水的硬度（°dH)，一般分为 6 个等级：硬度 0～4 为最软水，硬度 4.1～8.0 为软水，硬度 8.1～12 为中等硬水，硬度 12.1～18 为较硬水，硬度 18.1～30 为硬水，硬度 30 以上为最硬水。白酒酿造用水以中等硬水较为适宜，但勾兑用水要求硬度在 8 以下。

(3) 水质的处理 水的硬度过高会对白酒生产产生影响，一般生产中采用离子交换法、硅藻土过滤机等进行降度处理。

三、白酒生产的基本原理及相关微生物

1. 白酒生产的基本原理

白酒生产的基本原理是利用酵母菌的糖代谢过程，酵母菌通过分解还原性糖，一小部分通过异化和同化作用，合成酵母菌自身物质，大部分通过代谢作用释放出能量，产生乙醇等代谢产物，同时释放二氧化碳。

2. 白酒生产的相关微生物

与白酒生产相关的微生物主要是霉菌、酵母菌和细菌，它们在白酒生产中对酒的质量、产量起到重要的作用。

(1) 霉菌 白酒生产中常见的霉菌菌种有曲霉、根霉、青霉、毛霉、拟内孢霉等。

① 曲霉：曲霉是酿酒业所用的糖化菌种，是与制酒关系最密切的一类菌。菌种的好坏与出酒率和产品的质量密切相关。白酒生产中常见的曲霉有：黑霉菌、黄曲霉、米曲霉、红曲霉。

② 根霉：根霉在自然界分布很广，它们常生长在淀粉基质上，空气中也有大量的根霉孢子。根霉是小曲酒的糖化菌。

(2) 酵母菌 白酒生产中常见的酵母菌菌种有酒精酵母、产酯酵母、假丝酵母、汉逊酵母、毕赤酵母和球拟酵母等。

① 酒精酵母：产酒精能力强的酒精酵母，其形态以椭圆形、卵形、球形为最多，一般以出芽的方式进行繁殖。

② 产酯酵母：产酯酵母具有产酯能力，它能使酒醅中含酯量增加，并呈现独特的香气，也称为生香酵母。

(3)细菌 白酒生产中常见的细菌菌种有乳酸菌、醋酸菌、丁酸菌、己酸菌等。

① 乳酸菌：自然界中数量最多的菌种之一。大曲和酒醅中都存在乳酸菌。乳酸菌能使发酵糖类产生乳酸。它在酒醅内产生大量的乳酸，乳酸通过酯化产生乳酸乙酯，乳酸乙酯使白酒具有独特的香味，因此白酒生产需要适量的乳酸菌。但乳酸过量会使酒醅酸度过大，影响出酒率和酒质，酒中含乳酸乙酯过多，会造成酒主体香不突出。

② 醋酸菌：白酒生产中不可避免的菌类。固态法白酒是开放式的，操作中易感染一些醋酸菌，成为白酒中醋酸的主要来源。醋酸是白酒主要香味成分之一，但醋酸含量过多会使白酒呈刺激性酸味。

③ 丁酸菌、己酸菌：一种梭状芽孢杆菌，生长在浓香型大曲生产使用的窖泥中，它利用酒醅浸润到窖泥中的营养物质产生丁酸和己酸。正是这些窖泥中功能菌的作用，才生产出了窖香浓郁、回味悠长的曲酒。

四、大曲白酒生产技术

大曲白酒采用大曲作为糖化发酵剂，以含淀粉物质为原料，经固态发酵和蒸馏而成。大曲白酒生产分为清渣和续渣两种方法，清香型酒大多采用清渣法，而浓香型酒和酱香型酒则采用续渣法。在大曲白酒生产中一般将原料蒸煮称为“蒸”；将酒醅的蒸馏称为“烧”；粉碎的生原料一般称为“渣”。酒醅，是指经固态发酵后含有一定量乙醇的固体醅子。根据生产中原料蒸煮和酒醅蒸馏时配料的不同，又可分为清蒸清渣、清蒸续渣、混蒸续渣等工艺，这些工艺方法的选用，要根据所生产产品的香型和风格来决定。

1. 高温大曲生产工艺

(1)工艺流程 见图2-1。

曲母、水
↓
小麦→润料→磨碎→粗麦粉→拌料→踩曲→曲坯→堆积培养→风干→贮存→成品曲

图2-1 高温大曲工艺流程

(2)操作要点

① 选料和润料：要求麦粒干燥、无霉变、无农药污染。麦粒经除杂后，加入5%～10%的水，搅拌均匀后，润料3～4h。

② 磨碎：用钢磨将麦粒粉碎，要求麦皮呈薄片状，麦芯呈粗粉和细粉状，且粗细粉比例为1∶1。

③ 拌料：将水、曲母和麦粉按一定比例混合（曲母用量为4%～8%），配成曲料，使含水量为37%～40%。

若用水量过大，曲砖易被压得过紧，微生物不利于从表及里生长，且曲砖升温快，容易引起腐败细菌繁殖。但用水量过少，曲砖不易黏合，不利于微生物生长繁殖。

④ 踩曲：踩曲的季节是春末夏初到中秋节前后。因为春秋季节，空气中的酵母菌较多，夏季霉菌较多，冬季细菌较多，通常采用人工踩曲或踩曲机。

⑤ 曲的堆积培养：包括堆曲、盖草和洒水、翻曲、拆曲4个工序。

a. 堆曲：曲室的准备。在地面铺上一层约15cm厚的稻草。堆积是将曲砖3横3竖相间排列构成第一行，曲砖间距为2cm。排满第一层后，在曲砖上铺一层7cm厚的稻草或一层谷秆，然后以相同方式排列第二层，如此重复，堆4～5层。

b. 盖草和洒水：曲砖堆好后，用稻草盖上，起保温作用。以后不时在草层上洒水，以水滴不流入草下的曲砖为宜。

c. 翻曲：洒水后，将曲室门窗关闭，使微生物在曲砖上生长繁殖。一周左右，曲砖表面长有霉菌斑点，口尝曲砖有香甜味时，进行第一次翻曲。再过一周左右时间，进行第二次翻曲。翻曲的目的是调节曲砖的温度、相对湿度。

d. 拆曲：第二次翻曲后 15d 左右，可打开门窗进行换气。夏季再过 25d，冬季再过 35d 后曲砖大部分已干燥，品温接近室温。此时可拆曲出房。

⑥ 贮存：拆曲后的成品曲应贮存 3～4 个月后才可使用。

(3) 高温大曲中的主要微生物

① 细菌：主要是一些耐热性的细菌，例如，枯草芽孢杆菌、地衣芽孢杆菌、凝结芽孢杆菌。

② 霉菌：毛霉属、曲霉属、红曲霉属、地霉属、青霉属、梨头霉属等。

③ 酵母菌：由于酵母菌不耐热，故含量较少。主要有酵母属、汉逊酵母属、假丝酵母属等。

2. 中温大曲生产工艺

(1) 工艺流程 见图 2-2。

大麦、豌豆（6∶4）→粉碎→高温润糁→粗麦粉→拌料→踩曲→曲坯→堆积培养→风干→贮存→成品

图 2-2 中温大曲工艺流程

(2) 操作要点

① 原料粉碎：要求通过 20 目孔筛的细粉占 20%～30%。

② 踩曲：将粗细粉与一定量的水拌和，使用踩曲机将曲料压制成砖块，曲砖含水量为 36%～38%，每块曲砖重 3.3～3.5kg。

③ 曲的培养：入房排列→长霉→晾霉→起潮火阶段→大火阶段→后火阶段→养曲→出室→成品。

入房排列：在曲室地面上铺上一层稻壳，然后将曲砖排列好，曲间距为 2～3cm，行距为 3～4cm。每层曲砖间用苇秆隔开，共堆放三层。曲砖排成“品”字形，便于散热。

长霉：曲砖堆放完毕后，盖上草席或麻袋，关闭门窗。夏季约 36h，冬季约 72h，曲砖表面开始长霉点。曲坯温度开始上升。

晾霉：当品温达 38～39℃时，打开曲室门窗，并进行翻曲，每天翻曲一次，每翻一次曲层高度增加一层。晾霉期为 2～3d。

作用：a. 避免曲砖表面霉菌层过厚，阻止菌丝向曲内部生长以及曲内部水分向外扩散；b. 调节温度、相对湿度。

起潮火阶段：晾霉后，待品温升至 36～38℃时进行翻曲，此时曲室内的温度、湿度很高，需要每天翻曲一次。

大火阶段：通过开启门窗大小来调节品温，在 7～8d 时间内，品温维持在 44～46℃，此阶段需每天翻曲一次。

后火阶段：大火阶段过后品温逐渐下降至 32℃左右，维持此温度 3～5d，让微生物在曲砖内繁殖充分。

养曲：后火阶段过后，曲砖自身已不再发热，此时需维持室温在 32℃左右，以使曲砖内水分蒸发完。

出室：将曲砖搬出曲室贮存，曲间距保持 1cm。

(3) 中温大曲中的主要微生物 以汾酒大曲为例。

① 酵母菌：主要为酵母属、汉逊酵母属、假丝酵母属和拟内孢霉属等。

作用：酵母属主要起酒精发酵作用；汉逊酵母属的多数种产生香味。

② 霉菌：主要有根霉属、毛霉属、曲霉属（黄曲霉、黑曲霉、米曲霉等）、红曲霉属、梨头霉属和白地霉等。

作用：主要起分解蛋白质和糖化的作用。

③ 细菌：乳酸杆菌、乳链球菌、醋酸杆菌属、芽孢杆菌及产气杆菌属等。

作用：分解蛋白质并产酸，有利于酯的形成。

3. 曲的感官鉴定

(1) 香味 曲折断后用鼻嗅之，应具有特殊的曲香味，无酸臭味或其他异味。

(2) 外表颜色 应有灰白的斑点或菌丝，不应光滑无衣或成絮状的灰黑色的菌丛。

(3) 曲皮厚度 曲皮越薄越好。

(4) 断面颜色 曲的截面要有菌丝生长，且全为白色，不应掺杂其他颜色。

4. 大曲白酒的生产

(1) 工艺流程 以续渣法大曲白酒生产工艺为例，见图 2-3。

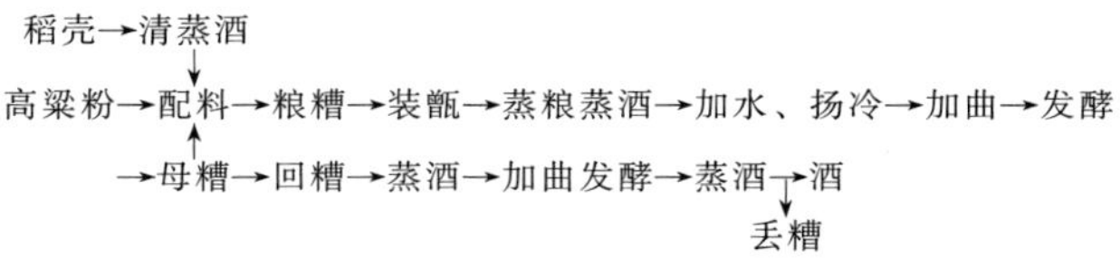

稻壳→清蒸酒
↓
高粱粉→配料→粮糟→装甑→蒸粮蒸酒→加水、扬冷→加曲→发酵
↑
→母糟→回糟→蒸酒→加曲发酵→蒸酒→酒
↓
丢糟

图 2-3 续渣法大曲白酒工艺流程

(2) 操作要点

① 原料要求

a. 高粱：要求颗粒饱满、成熟、淀粉含量高。

b. 大曲：使用高温曲。要求曲块质硬，内部干燥，有浓郁曲香味，截面整齐，内呈灰白色，有较强液化力、糖化力和发酵力。

c. 稻壳：使用新鲜干燥不带霉味的金黄色稻壳。

d. 水：无色透明，呈微酸性，金属离子及有机物含量均较低。

② 原料处理

a. 高粱：需要粉碎，且要求不能通过 20 目筛孔的粗粉占 28%，细粉占 72%。

b. 大曲：用钢磨磨成曲粉。

c. 稻壳：使用前需要清蒸。

③ 出窖配料：粮糟和回糟要分别处理。

正常生产时，老窖中有六甑（最上面一甑是回糟，下面有五甑粮糟）。

粮糟：加入高粱粉和辅料后，装甑蒸粮和蒸酒，然后加入曲粉再继续发酵。

回糟：不加新料，蒸酒后再经一次发酵后丢糟。

配料比例（以甑为单位）：母糟（成熟酒醅）500kg，高粱粉 120～130kg，稻壳 25～38kg（冬季用量多，夏季用量少）。

④ 蒸料蒸酒：酒醅和新料混合后必须疏松，装料时桶中间堆料要低、四周高，加热蒸汽要缓慢。掌握好蒸汽压、温度和流酒速率是蒸酒的关键。流酒温度：35℃。流酒速率：3～4kg/min。流酒时间：15～20min。注意要掐头去尾。

⑤ 出甑加水撒曲：蒸酒、蒸料完毕后，出甑，加水、撒曲。

水温：80℃，每100kg高粱粉加70～80kg水。

大曲用量：为高粱粉的19%～21%。

加曲温度：冬季为13℃，夏季比冬季气温低2～3℃。

⑥ 入窖发酵：加水、加曲操作结束后，将发酵材料入窖，每装完两甑原料就踩窖，以压紧发酵原料，减少空气，抑制好气性细菌繁殖。入池条件如下所述。

淀粉浓度：夏季14%～16%，冬季16%～17%。

水分含量：夏季57%～58%，冬季53%～54%。

入池温度：夏季16～18℃，冬季18～20℃。

5. 白酒在贮存过程中的变化

(1) 物理变化

① 缔合作用：乙醇分子和水分子都是极性比较强的分子，二者之间有很强的亲和力，发生缔合形成了（乙醇-水）n分子缔合体系，自由乙醇分子减少，酒口味变得柔和。因为只有自由乙醇分子才与味觉、嗅觉器官发生作用。

② 挥发作用：酒中的H_2S、醛、硫醇等物质挥发。

作用：使酒变得柔和、醇厚。

(2) 化学变化

① 氧化还原反应：醇→醛→酸

乙醇被氧化：乙醇被氧化成乙醛，一部分乙醛与醇类形成缩醛，另外一部分乙醛被氧化成乙酸。

② 酯化反应：醇＋酸→酯

酯的形成：醇与酸形成酯，增加白酒的香味。

③ 缩醛化反应：醇＋醛→缩醛

乙缩醛的形成：乙醛与乙醇缩合形成了具有愉快花果清香的乙缩醛，酒精浓度越高，缩醛的形成速度就越快。

五、小曲白酒生产技术

小曲白酒是以大米、高粱、玉米为原料，小曲为糖化发酵剂，采用固态或半固态发酵，再经蒸馏并勾兑而成。桂林三花酒、广西湘山酒、广东长乐烧、广东豉味玉冰烧酒等都是著名的小曲白酒。小曲白酒是一种半固态发酵法白酒。在我国具有悠久的历史，特别是在南方各省，产量相当大。由于各地制曲工艺和糖化发酵工艺的不同，小曲白酒的生产方法也有所不同，概括来说可分为先培菌糖化后发酵和边糖化边发酵两种典型的传统工艺。下面以先培菌糖化后发酵工艺（半固态法）为例介绍小曲白酒生产工艺。

先培菌糖化后发酵的半固态发酵法是小曲白酒生产典型的传统工艺，如广西桂林三花酒，它的特点是采用药小曲半固态发酵法。

1. 工艺流程

该工艺以大米为原料，采用药小曲为糖化剂。前期是固态，先进行扩大培菌与糖化过程，20～24h；后期发酵为半液态，发酵周期为7d，再经液态蒸馏、陈酿而成。工艺流程见图2-4。

大米→加水浸泡→淋干→初蒸→泼水续蒸→二次泼水续蒸→摊晾→加曲粉
↓
陈酿←蒸馏←加水转缸发酵

图2-4 小曲白酒（半固态发酵法）工艺流程

2. 操作要点

(1) 原料大米的淀粉含量为71.4%～72.3%，水分含量为13%～13.5%。碎米的淀粉含量71.3%～71.6%，水分含量13%～13.5%。

(2) 生产用水水质情况为：pH 7.4，钙42.084mg/L，镁1.0mg/L，铁0.1mg/L，氯0.0028mg/L，无砷、锌、铜、铝、铅等。

(3) 蒸饭：大米原料洗净倒入蒸饭甑内，摊平加上甑盖，进行蒸煮，待甑内蒸汽上汽后，蒸15～20min，开盖搅松摊平，再加盖蒸煮。上大汽后蒸约20min，则开盖搅拌，使其松软，此时看到饭粒变色，开始加第一次水。加好后继续盖好蒸至闻到米香，再加第二次水，搅拌均匀，再蒸至饭粒熟透为止。蒸熟后饭粒饱满，含水量为62%～63%。目前不少工厂蒸饭工序已实现机械化生产。

(4) 拌匀蒸熟的饭料，倒入研料机中，将饭团搅散扬冷，再经传送带鼓风摊晾，一般情况在室温22～28℃时，摊晾至品温36～37℃，即加占原料量0.8%～1.0%的药小曲粉拌匀。

(5) 下缸拌料后及时倒入饭缸内，每缸15～20kg（以原料计），饭的厚度为10～13cm，中央挖一空洞，以利用足够的空气进行培菌和糖化。通常待品温下降至32～34℃时，将缸口的簸箕逐渐盖密，使其进行培菌糖化，糖化进行时，温度逐渐上升，经20～22h，品温达到37～39℃为宜，应根据气温，做好保温和降温工作，使品温最高不得超过42℃，糖化总时间为20～24h，糖化达70%～80%即可。

(6) 发酵下缸培菌，糖化约24h后，结合品温和室温情况，加水拌匀，使品温约为36℃（夏季在34～35℃，冬季36～37℃），加水量为原料的120%～125%，泡水后醅料的糖含量应为9%～10%，总酸不超过0.7%，乙醇含量23%～25%（容量）为正常，泡水拌匀后转入醅缸，每个饭缸装入两个醅缸，入醅缸房发酵，适当做好保温和降温工作，发酵时间6～7d。成熟酒醅的残余糖含量接近于0，乙醇含量为11%～12%（容量），总酸含量不超过1.5%为正常。

(7) 传统蒸馏设备多采用土灶蒸馏锅，桂林三花酒除了土灶蒸馏外还有采用卧式或立式蒸馏釜设备，现分述如下。

① 土灶蒸馏锅蒸馏：采用去头截尾间歇蒸馏的工艺。先将待蒸的酒醅倒入蒸馏锅中，每锅装5个醅子，将盖盖好，接好气筒和冷却器即可进行蒸馏。酒初流出时，杂质较多的酒头，一般截去0.25～0.5kg，然后量质摘酒。冷却器上面水温不得超过55℃，以免酒温过高乙醇挥发损失。蒸酒时要求缓火蒸酒，火力均匀。摘酒尾用于下一甑复蒸。流酒时间为40～50min，流酒速度为3～4kg/min。

② 卧式与立式蒸馏釜的蒸馏：立式蒸馏釜设备采用间歇蒸馏工艺，先将待蒸馏的酒醅倒入酒醅贮池中，用泵泵入蒸馏釜中，卧式蒸馏釜装酒醅100个醅子，立式蒸馏釜装酒醅70个醅子。通蒸汽加热进行蒸馏，初蒸时，保持蒸汽压力为39.2266×10^3Pa左右，出酒时保持4.9×10^3～14.7×10^3Pa，蒸酒时火力要均匀，摘酒时的酒温在30℃以下，酒初流出时，低沸点的头级杂质较多。一般应截去5～10kg酒头，如酒头出现黄色和焦杂味等现象时，应接至清酒为止，此后接取中流酒，即为成品酒，酒尾另接取转入下一釜蒸馏。

(8) 陈酿酒中主要组分是乙醇和一定量的酸、酯及高级醇类，成品经质量检查组鉴定其色、香、味后，由化验室取样进行化验，合格后入库陈酿。成品入库指标如下。

① 感官要求：无色透明，味佳美，醇厚，有回甜。

② 理化要求：酒精度 58%vol（体积分数）；总酯 0.12g/100mL 以上；总酸 0.06～0.10g/100mL；甲醇 0.05g/100mL 以下；总醛 0.01g/100mL 以下；总固形物 0.01g/100mL 以下；杂醇油 0.15g/100mL 以下 ；铅 1mg/L 以下。

成品入库陈酿存放一段时间，使酒中的低沸点杂质与高沸点杂质进一步发生化学变化，如醛氧化成酸，酸与醇在一定的条件下生成酯类，构成了小曲酒的特殊芳香，同时使酒质醇厚。

桂林三花酒陈酿独特之处在于一年四季保持恒定较低温的岩洞中贮藏陈酿，合格入库的酒存放于"象鼻山"岩洞里的容量为 500kg 的大瓦缸中，用石炭拌纸筋封好缸口，存放一年以上，经质量检验，勾兑后装瓶即为成品酒。

六、液态法白酒生产技术

1. 液态法白酒的生产工艺

(1) 固液结合法 固液结合法白酒生产，采用液态法蒸酒、酒基除杂脱臭，再复蒸增香（串香或浸煮）的工艺，即用液态法生产酒基，用固态法的酒糟、酒尾或成品酒来调配，以提高成品质量。它综合了固态和液态生产法各自的优点。

(2) 固液勾兑法 固液勾兑法白酒生产采用液态法生产的酒基（5%优质酒或 10%较好的固态法白酒）进行勾兑，最后形成成品，是一种用天然香料或用纯化学药品模仿某一名酒成分进行配制、生产白酒的方法。此法多用于调制"泸州大曲"风味的酒，故又叫"曲香白酒"。

调香白酒的质量取决于酒基是否纯净，调入香料的种类、数量等。

香料要求：必须符合国家允许食用的标准且使用的种类、数量都要有科学依据，否则会造成香型特异、乙醇分离、饮后不协调等弊病。

2. 液态法白酒与固态法白酒风味的分析

(1) 液态法白酒与固态法白酒香味组分的区别

① 液态法白酒中的高级醇含量较高，为固态法白酒的 2 倍多，A/B 值（异戊醇与异丁醇的比值）较大。

② 液态法白酒的酯类在数量上只有固态法白酒的 1/3 左右，且种类少。

③ 液态法白酒的总酸量仅为固态法白酒的 1/10 左右，且种类很少，有人认为这是酒体失去平衡，饮后"上头"的原因。

④ 应用气相色谱分析，液态法白酒的全部香味成分不足 20 种，而固态法白酒却有 40～50 种。

(2) 液态法白酒与固态法白酒风味不同的原因

① 物质基础不同：固态发酵法酒醅中含许多香味物或香味物的前体物质，液态法白酒发酵只有原料和水。

② 界面效应：微生物在界面上的生长及代谢产物与在均一相中有所不同，称为界面效应。

固态发酵法中有固-液、气-液界面。加玻璃丝作界面，加乙酸、乳酸等前体物质。观察前体物质与界面效应的综合影响，发现添加了玻璃丝与前体物质的白酒酯含量大幅度提高。

③ 微生物体系不同：固态法在发酵过程中是多数有益微生物协同作用的结果，而液态法则是纯种发酵，酯的种类和数量很少。发酵液中香味成分来源贫乏，乳酸和乳酸乙酯含量

极少。

④ 发酵方式：由于上述几种差异造成液态法白酒含有较多杂醇油，且异戊醇∶异丁醇（A/B）的比值较大。固态发酵过程中溶解氧量大，则A/B值就小，还有界面效应的影响。

七、白酒的贮存、勾兑与调味

1. 白酒贮存过程中主要成分的变化

（1）物理变化

① 氢键缔合：乙醇分子和水分子氢键缔合，形成乙醇和水的复合物。

② 大分子形成：缔合形成大分子结合群，减少对味觉和嗅觉器官的刺激，酒变得柔和。

③ 挥发作用：硫化氢、硫醇、硫醚、游离氨、烯醛等易挥发性和刺激性物质挥发，香味协调，风味改进，刺激性和辛辣味减少，芳香渐浓、口味柔和、绵甜甘爽、后味增长，老熟陈酿。

（2）化学变化 主要是酒体中的呈香、呈味化合物的变化，如酸、酯、醇、醛等物质的变化。目前，研究得较多的是酸、酯、高级醇、醛等物质在贮存过程中的变化。

浓香型白酒在贮存过程中，酸、酯的变化呈酸增加、酯减少规律，前期变化速率相对较快，后期变化速率相对较慢。贮存3年后，酯减少速率的大小为：乳酸乙酯＞乙酸乙酯＞丁酸乙酯＞己酸乙酯。酯减少速率与酒体的酒精度有很大关系。

2. 白酒的勾兑

（1）勾兑的概念和目的

① 概念：勾兑，主要是将酒中各种微量成分以不同的比例兑加在一起，使分子间重新排列和结合，通过相互补充、平衡，烘托出主体香气和形成独自的风格特点。

② 目的：白酒生产，不同季节、不同班组、不同窖（缸）生产的酒，质量各异。如果不经过勾兑，每坛分别包装出厂，酒质极不稳定，很难做到质量基本一致；同时勾兑还可以达到提高酒质的目的。

液态法白酒，原酒是食用乙醇，酸、酯、醇、醛等风味物质含量甚微，加浆降度后口味单调、淡薄，不符合我国大多数消费者的饮用习惯，因此，勾兑就显得更加重要，必须人为地补充风味物质，常采用串香、固液结合、串调结合等手段，通过细致的勾兑调味来改善液态法白酒的质量。

（2）勾兑方法

① 选酒。

② 小样勾兑：以大宗酒为基础，先以1%的比例，逐渐添加搭酒，边尝边加，直到满意为止，只要不起坏作用，搭酒应尽量多加。搭酒加完后，根据基础酒的情况，确定添加不同香味的带酒。添加比例是3%～5%，边加边尝，直到符合基础酒标准为止。在保证质量的前提下，可尽量少用带酒。勾兑后的小样，加浆调到要求的酒度，再行品尝，认为合格后进行理化检验。

③ 正式勾兑（大罐样勾兑）：将小样勾兑确定的大宗酒用酒泵打入勾兑罐内，搅匀后取样尝评，再取出部分样按小样勾兑的比例分别加入搭酒和带酒，混匀，再尝，若变化不大，即可按小样勾兑比例，将带酒和搭酒泵入勾兑罐中，加浆至所需酒度，搅匀，即成调味的基础酒。

低度白酒的勾兑比高度白酒更复杂，要根据酒种、酒型、酒质的实际情况进行多次勾兑。其难度大的主要原因，就是难以使主体香的含量与其他香味物质在勾兑后获得平衡、谐调、缓冲、烘托的关系。

(3) 勾兑应注意的问题

① 必须先进行小样勾兑。

② 掌握合格酒的各种情况。

③ 做好原始记录。

④ 对杂味酒的处理。

3. 白酒的调味

(1) 调味的原理

① 添加作用。

a. 补充基础酒中没有的芳香物质。调味酒中这类物质在基础酒中得到稀释后，符合它本身的芳香阈值，因而呈现出愉快的香味，使基础酒协调完美，突出了酒体风格。

b. 基础酒中某种芳香物质较少。调味酒在基础酒中增加了该种物质的含量，并达到或超过其芳香阈值，基础酒就会呈现出香味。

② 化学反应。

a. 呈香呈味物质：调味酒中的乙醛与基础酒中的乙醇进行缩合成乙缩醛。

b. 呈香物质：乙醇和有机酸反应生成酯类。

这些反应都是极缓慢的，而且也并不一定同时发生。

③ 平衡作用。

由众多的微量芳香成分相互缓冲、烘托、谐调、平衡复合而成产品典型风格。

加进调味酒就是以需要的气味强度和溶液浓度打破基础酒原有的平衡，重新调整基础酒中微量成分的结构和物质组合，促使平衡向需要方向移动，以排除异杂，增加需要的香味，达到调味的效果。

(2) 调味的方法

① 确定基础酒的优缺点：通过尝评和色谱分析，掌握基础酒的酒质情况。

② 选用调味酒：根据基础酒的质量选定几种调味酒；调味酒性质要与基础酒性质相匹配，并能弥补基础酒的缺陷；调味酒用量少。

③ 小样调味：可分别加入各种调味酒，确定不同用量，也可同时加入数种调味酒。根据基础酒的缺陷和调味经验，选取不同特点的调味酒，按一定比例组合成综合调味酒。

④ 大样调味：根据小样调味实验和基础酒的实际总量，计算出调味酒的用量，将调味酒加入基础酒内，搅匀尝之，如符合小样，调味即完成。若有出入，尚不理想时，则应在已经加了调味酒的基础上，再次调味，直到满意为止。

白酒调好后，充分搅拌，贮存10d以上，再尝评，质量稳定后可包装出厂。

八、白酒生产的质量控制

1. 白酒的感官要求及感官评定

(1) 几种主要香型白酒的感官要求

① 浓香型白酒（GB/T 10781.1—2021）感官要求，见表2-1。

表 2-1 浓香型白酒高度酒感官要求

项目	优级	一级
色泽和外观	无色或微黄，清亮透明，无悬浮物，无沉淀[①]	
香气	具有浓郁窖香为主的复合香气	具有较浓郁窖香为主的复合香气
口味	绵甜醇厚，谐调爽净，余味悠长	较绵甜醇厚，谐调爽净，余味悠长
风格	具有本品典型的风格	具有本品明显的风格

① 当酒的温度低于10℃时，允许出现白色絮状沉淀物质或失光。10℃以上时应逐渐恢复正常

② 酱香型白酒（GB/T 26760—2011）感官要求，见表 2-2。

表 2-2 酱香型白酒低度酒感官要求

项目	优级	一级	二级
色泽和外观	无色或微黄，清亮透明，无悬浮物，无沉淀[①]		
香气	酱香较突出，香气较优雅，空杯留香久	酱香较醇正，空杯留香好	酱香较明显，有空杯香
口味	酒体醇和，谐调，味长	酒体柔和谐调，味较长	酒体较柔和谐调，回味尚长
风格	具有本品典型风格	具有本品明显风格	具有本品风格

① 当酒的温度低于10℃时，允许出现白色絮状沉淀物质或失光。10℃以上时应逐渐恢复正常

③ 清香型白酒（GB/T 10781.2—2006）感官要求，见表 2-3。

表 2-3 清香型白酒感官要求

项目	优级	一级
色泽和外观	无色或微黄，清亮透明，无悬浮物，无沉淀[①]	
香气	清香醇正，具有浓郁的乙酸乙酯为主体的优雅、谐调复合香气	清香较醇正，具有浓郁的乙酸乙酯为主体的复合香气
口味	酒体柔和谐调，绵甜爽净，余味悠长	酒体较柔和谐调，绵甜爽净，有余味
风格	具有本品典型的风格	具有本品明显的风格

① 当酒的温度低于10℃时，允许出现白色絮状沉淀物质或失光。10℃以上时应逐渐恢复正常

（2）白酒的感官评定

① 品酒环境：品酒室要求光线充足、柔和、适宜，温度为20～25℃，相对湿度约为60%，恒温恒湿，空气新鲜，无香气及邪杂味。

② 评酒要求：评酒员要求感官灵敏，受过专门训练与考核，符合感官分析要求，熟悉白酒的感官品评用语，掌握相关香型白酒的特征。评酒杯外形及尺寸符合评定要求。

③ 品评。

2. 白酒的理化要求及检测

（1）浓香型白酒理化要求 见表 2-4，GB/T 10781.1—2021。

表 2-4 浓香型高度酒理化要求

项目			优级	一级
酒精度/(%vol)			40[a]～68	
固形物/(g/L)		≤	0.40[b]	
总酸/(g/L)	产品自生产日期≤一年执行的指标	≥	0.40	0.30
总酯/(g/L)		≥	2.00	1.50
己酸乙酯/(g/L)		≥	1.20	0.60

续表

项目			优级	一级
酸酯总量/(mmol/L)	产品自生产日期>一年执行的指标	≥	35.0	30.0
己酸+己酸乙酯/(g/L)		≥	1.50	1.00

a 不含 40%vol。

b 酒精度在 40%vol～49%vol 的酒，固形物可小于或等于 0.50g/L。

(2) 酱香型白酒理化指标 见表 2-5（GB/T 26760—2011）。

表 2-5 酱香型高度酒理化指标

项目		优级	一级	二级
酒精度(20℃)/(%vol)		45～58①		
总酸(以乙酸计)/(g/L)	≥	1.40	1.40	1.20
总酯(以乙酸乙酯计)/(g/L)	≥	2.20	2.00	1.80
己酸乙酯/(g/L)	≤	0.30	0.40	0.40
固形物/(g/L)	≤	0.70		

① 酒精度实测值与标签标示值允许差为±1.0%vol

(3) 清香型白酒理化指标 见表 2-6（GB/T 10781.2—2021）。

表 2-6 清香型高度酒理化指标

项　　目		优级	一级
酒精度/(%vol)		41～68	
总酸(以乙酸计)/(g/L)	≥	0.40	0.30
总酯(以乙酸乙酯计)/(g/L)	≥	1.00	0.60
己酸乙酯/(g/L)		0.60～2.60	0.30～2.60
固形物/(g/L)	≤	0.40①	

① 酒精度 41%vol～49%vol 的酒，固形物含量可≤0.50g/L。

1. 白酒按香型可分成哪五大类？
2. 白酒酿造的主要原理有哪些？使用制酒原料时有哪些注意事项？
3. 大曲白酒生产有哪些特点？
4. 写出浓香型大曲白酒的工艺流程，并说出主要的工艺条件。

第三节 啤酒生产技术

一、概述

1. 啤酒的历史、现状与发展趋势

啤酒工业的发展与人类的文化和生活有着密切关系，具有悠久的历史。啤酒大约起源于

幼发拉底河、底格里斯河流域，尼罗河下游和九曲黄河之滨，以后传入欧美及东亚等地。最原始的啤酒出自居住于两河流域的苏美尔人之手，在法国巴黎卢浮宫博物馆保存的“蓝色纪念牌”上，记载着苏美尔人在梅斯波塔茵用啤酒祭祈女神的故事，距今至少已有9000多年的历史。最早的啤酒就是以大麦或小麦为原料，以肉桂为香料，利用原始的自然发酵酿制而成，与现在的啤酒有很大差别。随着科学技术和生产实践的进步，啤酒的酿造技术日趋完善，尤其是公元9世纪日耳曼人以酒花代替香料用于啤酒酿造，使啤酒质量向前跨越了一大步。

古代的啤酒生产纯属家庭作坊式，它是微生物工业起源之一。著名的科学家路易斯·巴斯德和汉逊都长期从事过啤酒生产的实践工作，对啤酒工业做出了极大贡献。尤其是路易·巴斯德发明了灭菌技术，为啤酒生产技术工业化奠定了基础。1878年汉逊及耶尔逊确立了酵母菌的纯种培养和分离技术后，对控制啤酒生产的质量和保证工业化生产做出了极大贡献。18世纪后期，因欧洲资产阶级的兴起和受产业革命的影响，科学技术得到了迅速发展，啤酒工业从手工业生产方式跨进了大规模机械化生产的轨道。我国古代的原始啤酒也有4000～5000年的历史，建立最早的啤酒厂是1900年由俄国人在哈尔滨八王子建立的乌卢布列夫斯基啤酒厂，即现在的哈尔滨啤酒有限公司的前身；此后5年中，俄国、德国、捷克分别在哈尔滨建立另外三家啤酒厂；1903年英国和德国商人在青岛开办英德酿酒有限公司，生产能力为2000t，即现在青岛啤酒有限公司的前身；1904年在哈尔滨出现了中国自己开办的啤酒厂——东北三省啤酒厂；1910年在上海建立了啤酒生产厂，即上海啤酒厂的前身；1914年哈尔滨又建立了五洲啤酒汽水厂，同年又在北京建立了双合盛五星啤酒厂；1920年在山东烟台建立了烟台醴泉啤酒工厂（烟台啤酒厂的前身），同年，上海又建立了奈维亚啤酒厂；1934年广州出现了五羊啤酒厂（广州啤酒厂的前身）。1935年，日本人又在沈阳建厂，即现在沈阳华润雪花啤酒有限公司的前身；1941年在北京又建立了北京啤酒厂。

目前我国啤酒厂的企业规模普遍偏小，还存在很多旧厂改制后的中小型啤酒厂。这些厂年均产量均低于10万t，经济效益不理想，企业应向集团化、规模化发展。啤酒企业的品牌意识有待增强，应注重品牌战略的实施，开发出更多特色型、风味型、轻快型、保健型、清爽型的新型产品，以满足不同年龄阶段、不同层次的消费者需要。啤酒今后将向以下几个方向发展：低浓度啤酒、低醇啤酒、低糖啤酒、保健啤酒、花色啤酒等。

2. 啤酒的种类、成分及营养价值

啤酒是指以麦芽为主要原料，以大米或其他谷物为辅助原料，经麦芽（汁）的制备，加酒花煮沸，并经酵母菌酿制而成的，含有二氧化碳、起泡、低酒精度（2.5%vol～7.5%vol）的各类鲜熟啤酒。

(1) 啤酒的种类

① 按生产方法和酵母种类分为上面发酵啤酒和下面发酵啤酒。

② 按啤酒的原麦芽汁浓度分为营养啤酒（麦芽汁浓度2.5%～5%）、佐餐啤酒（麦芽汁浓度4%～9%）、贮藏啤酒（麦芽汁浓度10%～14%）、高浓度啤酒（麦芽汁浓度13%～22%）。

③ 按啤酒的色泽分为浅色啤酒、浓色啤酒、黑色啤酒。

④ 按啤酒是否杀菌分为熟啤酒、纯生啤酒、鲜啤酒。

(2) 啤酒的成分及营养价值 啤酒含有丰富的营养物质，如氨基酸、多种维生素（维生素B_1、维生素B_2、维生素B_6、烟酸和泛酸）、糖类物质，适量的乙醇，还含有较多的无机离子。

二、啤酒酿造的原辅料及处理

1. 啤酒酿造原料——大麦

大麦的种植遍及全球，大麦易于发芽，可产生大量的水解酶类，化学成分适合酿造啤酒，又非人类食用主粮，因此人们最常使用的啤酒酿造原料为大麦。

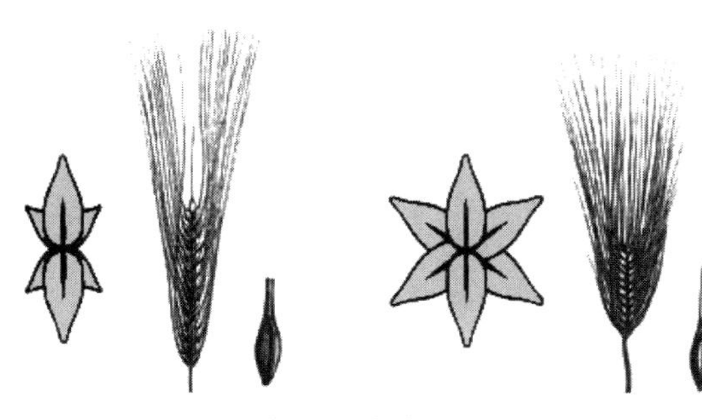

图 2-5　大麦品种

(1) 大麦的种类　用于啤酒酿造的大麦品种很多，分类方法也有多种。根据大麦籽粒生长形态不同，可分为二棱大麦、四棱大麦和六棱大麦三种，见图 2-5。其中二棱大麦的麦穗上只有两行籽粒，籽粒皮薄、大小均匀、饱满整齐，淀粉含量高，蛋白质含量相对较低，浸出物含量高，是啤酒生产的最好原料。

(2) 大麦的结构　大麦由胚、胚乳和谷皮构成。

① 胚：大麦的重要组成部分，是大麦籽粒中有生命力的部分，根、茎、叶就由此生长。胚一旦死亡，大麦就失去发芽力。胚由原始胚芽、胚根、胚轴和上皮层组成，占麦粒质量的2%～5%。胚中含有低分子糖类、脂肪、蛋白质、矿物质和维生素，作为开始发芽的营养物质。

② 胚乳：胚的营养仓库，由淀粉和蛋白质-脂肪构成，占麦粒质量的 80%～85%。在发芽过程中，胚乳成分不断地分解成低分子糖类和氨基酸，部分供给胚部发育和呼吸消耗，造成制麦损失。

③ 谷皮：由麦粒腹部的内皮和背部的外皮组成，两者都是一层细胞。外皮的延长部分为麦芒。谷皮占麦粒总质量的 7%～13%。谷皮内面是果皮，再里面是种皮。谷皮中绝大部分是纤维素等非水溶性的物质，在制麦时基本没有变化，在麦芽汁过滤时是良好的天然滤层。

(3) 大麦的化学成分

① 淀粉：最重要的碳水化合物。大麦淀粉含量占大麦总干物质的 58%～65%，贮藏在胚乳细胞内。大麦的淀粉含量越多，大麦的可浸出物也越多，制备麦芽汁时得率越高。按其颗粒可分为大颗粒淀粉和小颗粒淀粉两种。二棱大麦中的小颗粒淀粉占 90%，但质量只占10%。从化学结构上看，又可将大麦淀粉分为直链淀粉和支链淀粉。直链淀粉在麦芽水解酶的作用下，几乎全部转化为麦芽糖；而支链淀粉除生成麦芽糖和葡萄糖外，还生成大量的糊精和异麦芽糖。糊精是淀粉水解的不完全产物，不能被酵母菌利用而发酵成醇，但它是构成啤酒酒体的成分之一。

② 半纤维素和麦胶物质：胚乳细胞壁的组成部分。胚乳细胞内主要含淀粉，在发芽过程中，只有当半纤维素酶将胚乳细胞壁分解之后，其他水解酶才能进入胚乳细胞分解淀粉等大分子物质。半纤维素和麦胶物质占大麦质量的 10%～11%，均由 β-葡聚糖和戊聚糖组成。

③ 蛋白质：占大麦干物质的 9%～12%，其中一部分是酶类。大麦经过发芽后，酶的种类和活力会有所增加。蛋白质含量及类型直接影响啤酒制麦、酿造工艺及其质量。

a. 清蛋白：溶于水、稀盐溶液和酸碱溶液，52℃开始凝固析出，等电点 pH 为 4.6～5.8，占大麦蛋白质的 3%～4%。

b. 球蛋白：种子的贮藏蛋白，溶于稀盐溶液和酸碱溶液，不溶于水，等电点 pH 为 4.9～5.7，约占大麦蛋白质的 31%。球蛋白 90℃左右开始凝固。球蛋白可分为 α、β、γ、δ 四种类型，其中 β-球蛋白等电点 pH 为 4.9，易氧化，在麦芽汁制备过程中不能完全析出沉淀，是啤酒混浊的主要原因之一。

c. 醇溶蛋白：不溶于水、盐溶液和无水酒精，溶于体积分数 50%～90%的乙醇溶液和酸碱溶液，等电点 pH 为 6.5，约占大麦蛋白质的 36%。醇溶蛋白可分为 α、β、γ、δ、ε 五种类型，其中 δ、ε 型是造成啤酒冷浑浊和氧化浑浊的主要成分。

d. 谷蛋白：麦糟蛋白的主要成分，不溶于中性盐和纯水，溶于稀碱溶液，占大麦蛋白质的 29%。谷蛋白和醇溶蛋白是构成麦糟蛋白质的主要成分。

e. 多酚类物质：多酚类物质主要存在于谷皮中，其含量占大麦干物质的 0.1%～0.3%，其中最重要的是花色苷、儿茶酸等物质。多酚类物质经过缩合和氧化后，具有单宁性质，易和蛋白质发生交联作用而沉淀出来，这是造成啤酒浑浊的主要原因之一。大麦中的多酚类物质含量虽少，但对啤酒的色泽、泡沫、风味和稳定性影响很大。

f. 其他物质：大麦中还含有 2.4%～3.0%的灰分，2%～3%的脂肪以及少量的磷酸盐、维生素等。

（4）啤酒酿造对原料大麦的质量要求

① 外观：优良的大麦呈淡黄色，有光泽，具有新鲜稻草的香味，皮薄而有细密纹理，杂物不超过 2%，麦粒以短胖者为佳。

② 物理指标：按国际通用标准，酿造大麦的腹径分为 2.5mm、2.8mm、3.2mm 三级。2.5mm 以上的麦粒达 85%时属一级大麦。大麦的千粒重应达到 30～40g，胚乳状态为粉状的应达到 80%以上，发芽力≥90%，发芽率≥96%。

③ 化学指标：大麦含水量应为 12%～13%，过高容易发霉，过低不利于大麦的生理活性。淀粉含量应达到 63%～65%，蛋白质含量要求为 9%～13%，总浸出物含量应为 72%～80%（以干物质计）。

2. 啤酒酿造的辅助原料

辅料的作用：啤酒生产成本低；有利于提高啤酒的非生物稳定性和降低啤酒色度；提高设备利用率，简化生产工序。

（1）大米 大米是啤酒酿造中最常用的辅料。大米的淀粉含量高（75%～82%），无水浸出率为 90%～93%，无花色苷，脂肪含量低（0.2%～1.0%），并含有较多的泡沫蛋白。用部分大米代替麦芽，不仅出酒率高，而且可以改善啤酒的风味和色泽。我国酿造啤酒时大米的使用量多在 25%左右。

（2）玉米 我国少数啤酒厂用玉米作为辅料。类型有玉米颗粒、玉米片、玉米淀粉和膨化玉米四种。玉米中淀粉含量比大米低，但比大麦高。玉米胚芽富含油脂，因油脂破坏啤酒的泡持性，降低起泡能力，氧化后还会产生异味，所以在使用时应预先去除胚芽。

（3）小麦 小麦中蛋白质含量为 11.5%～13.8%，糖蛋白含量高，泡沫好，花色苷含量低，有利于啤酒非生物稳定性，风味也很好。麦芽汁中含较多的可溶性氮，发酵较快，啤酒最终的 pH 低。小麦富含 α-淀粉酶和 β-淀粉酶，有利于采用快速糖化法。一般使用比例为 15%～20%。

（4）大麦 采用大麦作为辅助原料，其使用量为 15%～20%，以此制成的麦芽汁黏度稍高，但泡沫较好，啤酒的非生物稳定性较高。

3. 啤酒花和酒花制品

酒花起源于公元前3000～5000年，9世纪开始添加酒花为香料，15世纪后才确定为啤酒的通用香料。其又称为“蛇麻花”或“忽步”，为多年生蔓性攀缘草本植物，雌雄异株，成熟的雌花用于啤酒酿造。啤酒花的功能：赋予啤酒特有的香味和爽口的苦味；增加麦芽汁和啤酒的防腐能力；提高啤酒的起泡性和泡持性；与麦芽汁共沸时促进蛋白凝固，增加啤酒的稳定性。目前我国酒花主要产区在新疆、甘肃、宁夏、青海、辽宁、吉林、黑龙江等地。

(1) 酒花的主要化学成分

① 苦味物质：其赋予啤酒愉快、爽口的苦味，主要包括α-酸（即葎草酸）、β-酸（即蛇麻酮）及一系列氧化、聚合产物。其中α-酸是啤酒苦味的主要来源，也是衡量啤酒花质量优劣的重要指标之一。

② 酒花精油：酒花腺体的另一种分泌组分，含量0.5%～2%，气味芳香，是赋予啤酒香气的主要物质。但酒花精油极易挥发，是啤酒开瓶闻香的主要来源。在煮沸时几乎全部挥发，采用分次添加酒花工艺的目的就是要保留适量的酒花精油。

③ 多酚物质：酒花中多酚物质含量为4%～8%，在啤酒酿造过程中多酚物质有双重作用，在麦芽汁煮沸和冷却时，与蛋白质结合形成热凝固物和冷凝固物，利于麦芽汁的澄清及啤酒的稳定性。但残存于啤酒中的多酚物质又是造成啤酒浑浊的主要因素之一，在啤酒过滤时，可采用PVPP（聚乙烯聚吡咯烷酮）吸附，以除去啤酒中的多酚物质。

(2) 酒花制品

① 酒花粉：在45～55℃下将酒花干燥至水含量为5%～7%，然后进行粉碎，在密封容器中用惰性气体保护贮藏。使用酒花粉利用率可提高10%，不需要酒花分离器，使用方便。

② 酒花浸膏：用有机溶剂或CO_2萃取酒花中的有效成分，将酒花浓缩至1/10～1/5制成酒花浸膏。在煮沸或发酵成熟后添加，有利于提高酒花的使用效率。

③ 酒花油：其主要是香味成分。在煮沸时添加酒花，会使酒花油的成分挥发或氧化，因此人们生产出纯度很高的酒花油制品，直接在成品啤酒中添加。

4. 啤酒酿造用水

啤酒酿造用水是指糖化用水、洗糟用水、啤酒稀释用水，这些水直接参与啤酒酿造，是啤酒的重要原料之一，习惯上称为酿造水。可以使用地表水和地下水，其水质必须符合酿造用水质量要求，见表2-7。

表2-7 酿造用水质量要求

项目	理想要求	最高极限	超过极限时引起的后果
1. 色	无色	无色	有色水是污染的水，不能使用
2. 透明度	透明，无沉淀	透明，无沉淀	影响麦芽汁浊度，啤酒容易浑浊
3. 味	无异味，无异臭	无异味，无异臭	污染啤酒，口味恶劣，有异味水不能用来酿制啤酒
4. 总溶解盐类/(mg/L)	150～200	500以下	含盐过高的水用来酿制啤酒，口味苦涩粗糙
5. pH	6.8～7.2	6.5～7.8	造成糖化困难，啤酒口味不佳
6. 有机物（高锰酸钾耗氧量)/(mg/L)	0～3	10以下	超过极限的水是严重污染的水
7. 碳酸盐硬度/(mol/L)	0～0.71	1.78以下	使麦芽醪降酸，造成糖化困难等一系列缺陷，浓度过高，影响口味
非碳酸盐硬度/(mol/L)	0.71～1.78	2.50以下	
总硬度/(mol/L)	0.71～2.50	4.28以下	过量则引起啤酒口味粗糙
8. 铁盐（以Fe计）/(mg/L)	0.3以下	0.5以下	铁腥味，麦芽汁色度深，影响酵母生长发酵，引起单宁氧化及啤酒浑浊
锰盐（以Mn计）/(mg/L)	0.1以下	0.5以下	

续表

项　目	理想要求	最高极限	超过极限时引起的后果
9. 氨态氮(以N计)/(mg/L)	0	0.5	啤酒缺少光泽，口味粗糙，表明水源受严重污染
10. 硝酸根态氮(以N计)/(mg/L)	0.2以下	0.5	部分硝酸根能还原为亚硝酸根
亚硝酸根态氮(以N计)/(mg/L)	0	0.5	酵母变异，口味改变，并有致癌作用
11. 氯化物(以Cl^-计)/(mg/L)	20～60	80	过量，引起酵母早衰，啤酒有咸味
12. 硅酸盐(以SiO_2计)/(mg/L)	30以下	50以下	麦芽汁不清，影响酵母发酵和啤酒过滤，引起啤酒浑浊，口味粗糙
13. 细菌总数	无	达饮用水标准	有害人体健康
大肠埃希菌和八叠球菌	无		

若酿造用水某些项目达不到要求，必须对酿造用水进行适当处理。水处理方法有机械过滤、活性炭过滤、砂滤、加酸法、煮沸法、添加石膏法、离子交换法、电渗析法、紫外线消毒等。

三、啤酒生产的基本原理及相关微生物

1. 啤酒生产的基本原理

啤酒生产时依靠纯种啤酒酵母，利用麦芽汁中的糖、氨基酸等可发酵性物质，通过一系列的生物化学反应，产生乙醇、二氧化碳及其他代谢副产物，从而得到具有独特风格的低度饮料酒。啤酒发酵过程中主要涉及糖类和含氮物质的转化、啤酒风味物质的形成等相关基本理论。

2. 啤酒生产中的微生物——酵母菌

(1) 用于啤酒酿造的主要酵母菌种

① 啤酒酵母：又称酿酒酵母，是发酵工业中最常用的酵母菌，属酵母属酵母。

② 葡萄汁酵母：也属于酵母属酵母。

③ 卡尔斯伯酵母：啤酒酿造业中典型的下面发酵酵母。

另外还有裂殖酵母、汉逊酵母、假丝酵母等。目前，大型啤酒厂（集团）都有自己专用的酵母菌种。

(2) 啤酒酵母的种类　根据发酵结束后酵母细胞在发酵液中的存在状态不同，将啤酒酵母分为上面啤酒酵母和下面啤酒酵母。

① 上面啤酒酵母：细胞呈圆形；多数酵母集结在一起；容易形成子囊孢子；最适发酵温度为20～25℃；发酵时间为5～7d；可发酵1/3的棉子糖，不能发酵蜜二糖；发酵度较高；发酵结束时，酵母很少下沉到发酵容器底部，大量酵母细胞悬浮于液面。

② 下面啤酒酵母：细胞呈圆形或卵圆形；一般不形成子囊孢子；最适发酵温度为6～10℃，发酵度较低；发酵时间为8～14d；可发酵全部的棉子糖；发酵结束时，大部分酵母很快凝结成块并沉积到发酵容器底部。

下面酵母发酵法虽出现较晚，但较上面酵母更盛行。世界上多数国家采用下面酵母发酵啤酒，我国也是全部采用下面酵母发酵啤酒。

根据凝聚性强弱，啤酒酵母可分为凝聚性酵母和粉状酵母。

① 凝聚性酵母：发酵初期酵母分散在发酵液中；在发酵过程中，酵母比较容易凝聚在

一起，或浮在液面上或沉淀在底部；在发酵结束时，酵母能很快凝聚形成结实的沉淀或在液面形成比较致密的酵母凝聚层；酵母比较容易与发酵液分离，使发酵液的澄清速率加快；发酵度相对较低。

② 粉状酵母：由于凝聚性较弱，在整个发酵阶段酵母都分散在发酵液中，不易发生凝聚现象；即使在发酵结束后，酵母细胞仍然悬浮在发酵液中，很难沉淀；发酵液的澄清比较困难；由于酵母细胞长期悬浮在发酵液中，因此发酵度相对较高。

(3) 啤酒酵母的扩大培养 啤酒酵母纯正与否，对啤酒发酵和啤酒质量有很大影响。生产中使用的酵母来自保存的纯种酵母，在适当的条件下，经扩大培养，达到一定数量和质量后，供生产现场使用。每个啤酒厂都应保存适合本厂使用的纯种酵母，以保证生产的稳定性和产品的风格质量。

啤酒酵母扩大培养是指从斜面种子到生产所用的种子的培养过程，这一过程又分为实验室扩大培养阶段和生产现场扩大培养阶段。

① 实验室扩大培养阶段

a. 斜面试管：一般为工厂保藏的纯种原菌或由科研机构和菌种保藏单位提供。

b. 富氏瓶（或试管）培养：富氏瓶或试管装入 10mL 优级麦芽汁，灭菌、冷却备用。接入纯种酵母在 25～27℃保温箱中培养 2～3d，每天定时摇晃。平行培养 2～4 瓶，供扩大培养时选择。

c. 巴氏瓶培养：取 500～1000mL 的巴氏瓶（也可用大锥形瓶或平底烧瓶），加入 250～500mL 优级麦芽汁，加热煮沸 30min，冷却备用。在无菌室中将富氏瓶中的酵母菌液接入，在 20℃保温箱中培养 2～3d。

d. 卡氏罐培养：卡氏罐容量一般为 10～20L，放入约半量的优级麦芽汁，加热灭菌 30min 后，在麦芽汁中加入 1L 无菌水，补充水分的蒸发，冷却备用。再在卡氏罐中接入 1～2 个巴氏瓶的酵母菌液，摇晃均匀后，置于 15～20℃下保温 3～5d，即可进行扩大培养，或可供 1000L 麦芽汁发酵用。

实验室扩大培养的技术要求主要有：应按无菌操作的要求对培养用具和培养基进行灭菌；每次扩大稀释的倍数为 10～20；每次移植接种后，要镜检酵母菌细胞的发育情况；随着每阶段的扩大培养，培养温度要逐渐降低，以使酵母菌逐步适应低温发酵；每个扩大培养阶段，均应做平行培养（试管 4～5 个，巴氏瓶 2～3 个，卡氏罐 2 个），然后择优进行扩大培养。

卡氏罐培养结束后，酵母菌进入现场扩大培养。啤酒厂一般都用汉生罐、酵母罐等设备来进行生产现场扩大培养。

② 生产现场扩大培养阶段

a. 麦芽汁杀菌：取麦芽汁 200～300L 加入杀菌罐，通入蒸汽，在 0.08～0.10MPa 压力下保温灭菌 60min，然后在夹套和蛇管中通入冰水冷却，并以无菌压缩空气保压。待麦芽汁冷却至 10～12℃时，先从麦芽汁杀菌罐出口排出部分沉淀物，再用无菌压缩空气将麦芽汁压入汉生罐内。

b. 汉生罐空罐灭菌：在麦芽汁杀菌的同时，用高压蒸汽对汉生罐进行空罐灭菌 1h，再通入无菌压缩空气保压，并在夹套内通冷却水冷却备用。

c. 汉生罐初期培养：将卡氏罐内酵母菌培养液以无菌压缩空气压入汉生罐，通无菌空气 5～10min。然后加入杀菌冷却后的麦芽汁，再通无菌空气 10min，保持品温 10～13℃，室温维持 13℃。培养 36～48h，在此期间，每隔数小时通风 10min。

d. 汉生罐旺盛期培养：当汉生罐培养液进入旺盛期时，一边搅拌，一边将 85%左右的酵母培养液移植到已灭菌的一级酵母扩大培养罐，最后逐级扩大到一定数量，供现场发酵使用。

e. 汉生罐留种再扩培：在汉生罐留下的约15%的酵母菌液中，加入灭菌冷却后的麦芽汁，待起发后，准备下次扩大培养用。保存种酵母菌的室温一般控制在2～3℃，罐内保持正压（0.02～0.03MPa），以防空气进入污染。

在下次再扩培时，汉生罐的留种酵母菌最好按上述培养过程先培养一次后再移植，使酵母菌恢复活性。

汉生罐保存的种酵母，应每月换一次麦芽汁，并检查酵母菌是否正常，是否有污染、变异等不正常现象。正常情况下此种酵母菌可连续使用半年左右。

生产现场扩大培养的注意点：每一步扩大后的残留液都应进行有无污染、变异的检查；每扩大一次，温度都应有所降低，但降温幅度不宜太大；每次扩大培养的倍数为5～10倍。

四、麦芽的制备

把原料大麦制成麦芽，称为制麦。制麦工艺流程见图2-6。

大麦→粗选→精选→浸麦→发芽→绿麦芽→烘干、除根→成品麦芽

图2-6 制麦工艺流程

全制麦过程可分为原料准备、浸麦、发芽、干燥、除根五个步骤。发芽后制得的新鲜麦芽叫绿麦芽，经干燥和焙焦后的麦芽称为干麦芽（成品麦芽）。

1. 原料准备

原料大麦含有各种杂质，在投料前需经处理。

（1）粗选和精选 粗选的目的是除去各种杂质和铁屑。大麦粗选使用去杂、集尘、脱芒、除铁等机械处理。精选的目的是除掉与麦粒腹径大小相同的杂质，包括荞麦、野豌豆、草籽和半粒麦等。大麦精选可使用精选机。

（2）分级 大麦的分级是把粗选、精选后的大麦，按颗粒大小分级，目的是得到颗粒整齐的大麦，为发芽整齐、粉碎后获得粗细均匀的麦芽粉以及提高麦芽的浸出率创造条件。大麦分级常使用分级筛。

2. 浸麦

（1）浸麦的目的

① 提高含水量达到发芽的水分要求：麦粒含水量为25%～35%时就可萌发。对酿造用麦芽，还要求胚乳充分溶解，所以含水量必须保持43%～48%。浸麦后的大麦含水率叫浸麦度。

② 除去麦粒表面的灰尘、杂质和微生物。

③ 在浸麦水中适当添加一些化学药剂，可以加速麦皮中有害物质（如酚类等）的浸出。

（2）大麦的吸水过程

① 在正常水温（12～18℃）下浸麦，水的吸收可分三个阶段。

第一阶段：浸麦6～10h，吸水迅速，麦粒中水分质量分数上升至30%～35%。胚部吸水快，胚乳吸水慢。胚中酶活力随着吸水量的增加而上升，但6h后如不换水或不使麦粒与空气接触，则酶活力又下降。

第二阶段：浸麦 10～20h，麦粒吸水很慢，几乎停止。吸入的水分渗入胚乳中使淀粉膨胀。

第三阶段：浸麦 20h 后，麦粒膨胀吸水，在供氧充足的情况下，吸水量与时间呈直线关系上升，麦粒中含水量由 35%增加到 43%～48%。整个麦粒各部分吸水均匀。

② 浸麦与通风：大麦浸渍后，呼吸强度激增，需消耗大量的氧，而水中溶解氧远不能满足正常呼吸的需要。因此，在整个浸麦过程中，必须经常通入空气，以维持大麦正常的生理需要。

③ 浸麦用水及添加剂：浸麦水必须符合饮用水标准。为了有效地浸出麦皮中的有害成分，缩短发芽周期，达到清洗和卫生的要求，常在浸麦用水中添加一些化学药剂，如石灰乳、Na_2CO_3、NaOH、KOH、H_2O_2、甲醛、赤霉素等。

④ 浸麦度：大麦浸渍后含水量一般为 43%～48%。

生产中检查浸麦度的方法是：a. 浸麦度适宜的大麦握在手中软有弹性。如果含水量不够，则硬而弹性小；如果浸麦过度，手感过软无弹性。b. 用手指捻开胚乳，浸渍适中的大麦具有省力、润滑的感觉，中心尚有一白点，皮壳易脱离。浸渍不足的大麦，皮壳不易剥下，胚乳白点过大，咬嚼费力。浸渍过度的大麦，胚乳呈浆泥状、微黄色。c. 观察浸渍大麦的萌芽率又称露点率。萌芽率表示麦粒开始萌发而露出根芽的百分数，检测方法是：在浸麦槽中任取浸渍大麦 200～300 粒，将露点和未露点麦粒分开，计算出露点麦粒的百分数，重复测定 2～3 次，求其平均值。萌芽率 70%以上为浸渍良好，优良大麦一般超过 70%。

⑤ 影响大麦吸水速率的因素

a. 温度：浸麦水温越高，大麦吸水速率越快，达到相同吸水量所需要的时间就越短，但麦粒吸水不均匀，易染菌和发生霉烂。水温过低，浸麦时间延长。浸麦用水温度一般为 10～20℃，适宜温度为 13～18℃。

b. 麦粒大小：麦粒大小不一，吸水速率也不一样。为了保证发芽整齐，麦粒整齐程度很重要。

c. 麦粒性质：粉质粒大麦比玻璃质粒大麦吸水快；含氮量低、皮薄的大麦吸水快。

d. 通风：通风供氧可增强麦粒的呼吸和代谢作用，从而加快吸水速率，促进麦粒提前萌发。

(3) 浸麦方法及控制 浸麦方法很多，常用的方法有间歇浸麦法、喷淋浸麦法等。

① 间歇浸麦法（浸水断水交替法）：大麦每浸渍一定时间后就断水，使麦粒接触空气。浸水和断水交替进行，直至达到要求的浸麦度。在浸水和断水期间需通风供氧。根据大麦的特性、室温、水温的不同，常采用浸二断六、浸四断四、浸六断六、浸三断九等方法。

现以浸四断四法为例介绍操作要点：

a. 浸麦槽先放入 12～16℃清水，将精选大麦称量好，把浸麦度测定器放入浸麦槽，边投麦，边进水，边用压缩空气通风搅拌，使浮麦和杂质浮在水面与污水一道从侧方溢流槽排出。不断通过槽底上清水，待水清为止，然后按每 $1m^3$ 水加入 1.3kg 生石灰的浓度加入石灰乳（也可加入其他化学药剂）。

b. 浸水 4h 后放水，断水 4h，此后浸四断四交替进行。

c. 浸渍时每 1h 通风一次，每次 10～20min。

d. 断水期间每 1h 通风 10～15min，并定时抽吸二氧化碳。

e. 浸麦度达到要求，萌芽率达 70%以上时，浸麦结束，即可下麦至发芽箱。此时应注意浸麦度与萌芽率的一致性，如萌芽率滞后应延长断水时间，反之，应延长浸水时间。

② 喷雾（淋）浸麦法：此法是浸麦断水期间，用水雾对麦粒淋洗，既能提供氧气和水

分，又可带走麦粒呼吸产生的热量和放出的二氧化碳。由于水雾含氧量高，通风供氧效果明显，因此可显著缩短浸麦时间，还可节省浸麦用水（比断水浸麦法省水25%～35%）。

操作方法如下：

a. 洗麦同间歇浸麦法，然后浸水2～4h，每隔1～2h通风10～20min。

b. 断水喷雾8～12h，每隔1～2h通风10～20min（最好每1h通风10min）。

c. 浸水2h，通风一次10min。每次浸水均通风搅拌10～20min。

d. 再断水喷雾8～12h，反复进行，直至达到浸麦度，停止喷淋，控水2h后出槽，全过程约48h。

生产中还有一些其他浸麦方法，如温水浸麦法、快速浸麦法、长断水浸麦法等。

常用的浸麦设备有传统的柱体锥底浸麦槽、新型的平底浸麦槽等。

3. 发芽

大麦发芽的目的是使麦粒生成大量的各种酶类，并使麦粒中一部分非活化酶得到活化和增长。随着酶系统的形成，胚乳中的淀粉、蛋白质、半纤维素等高分子物质得到逐步分解，可溶性的低分子糖类和含氮物质不断增加，整个胚乳结构由坚韧变为疏松，这种现象被称为麦芽溶解。

（1）发芽过程中的物质变化

① 糖类的变化：发芽期间，部分淀粉受淀粉酶类的作用，逐步分解成低分子糊精和麦芽糖、麦芽三糖、葡萄糖，其分解产物一部分供根芽、叶芽生长需要，一部分供麦粒呼吸消耗，剩余的分解不完全糖类仍存在于胚乳中。未被分解的淀粉，也受酶的作用，其支链淀粉的一部分被分解为直链淀粉，直链淀粉的含量有所增加。发芽过程中，淀粉的分解量约为原含量的18%，淀粉的制麦损失为干物质含量的4%～5%。

② 蛋白质的变化：在制麦过程中，蛋白质分解引起的物质变化是最复杂而重要的变化，它直接影响麦芽质量，关系到啤酒的风味、泡沫和稳定性。

发芽过程中，部分蛋白质在蛋白酶的作用下，分解成为低分子的肽类和氨基酸，分解产物又分泌至胚部，合成为新的蛋白质组分。因此，蛋白质分解和合成是同时进行的，总体上以分解为主。蛋白质分解程度，常用库尔巴哈（Kol-bach）值表示，即麦芽中可溶性氮与麦芽总氮之比。一般认为蛋白质分解程度在35%～45%为合格，最好在40%左右。即每100g干麦芽α-氨基氮在120～160mg为合格。

③ 半纤维素和麦胶物质的变化：发芽中，半纤维素和麦胶物质的变化，从组成成分来说，就是β-葡聚糖和戊聚糖的变化。由于半纤维素和麦胶物质是构成细胞壁的成分，所以说半纤维素和麦胶物质的分解通常称为胚乳细胞壁的溶解。

β-葡聚糖是高黏度物质，在发芽过程中，β-葡聚糖受酶的作用被分解为较小分子的β-葡聚糖糊精、昆布二糖、纤维二糖和葡萄糖等。戊聚糖在发芽过程中既被分解，又重新合成，总量几乎不变。它们的分解对于浸出物黏度的降低是十分重要的。溶解良好的麦粒β-葡聚糖分解比较完全，用手指搓之，胚乳呈粉状散开，制成的麦芽汁黏度低；溶解不良的麦粒，用手指搓之，则呈胶团状，制成的麦芽汁黏度高。

④ 酸度的变化：大麦发芽后，酸度明显增加。生酸的主要原因是生成了磷酸、酸性磷酸盐、其他有机酸及少量的无机酸等。麦芽的溶解度高，其酸度相应也高。麦芽的酸度不正常，说明发芽条件不正常，如通风不足、浸麦过度、发芽温度过高等。

⑤ 酶的形成：未发芽的大麦中只含有少量的酶，且多数以非活性状态存在于胚中。发芽过程中，酶原被激活，同时形成大量新的酶类。发芽开始，胚芽的叶芽和根芽开始发育，

同时释放出多种赤霉酸，分泌至糊粉层，诱导产生一系列水解酶。麦芽中存在的酶种类很多，和啤酒酿造关系密切的主要有淀粉酶、蛋白分解酶、半纤维素酶、磷酸酯酶及氧化还原酶等。

麦芽中主要有两种淀粉酶，即α-淀粉酶和β-淀粉酶。成熟的大麦几乎不含有α-淀粉酶，但存在β-淀粉酶，发芽后，糊粉层内会形成大量的α-淀粉酶，原来以束缚态存在的β-淀粉酶也得以游离形式存在。

蛋白分解酶是分解蛋白质肽键的酶类总称，按其对基质的作用方式可分为内肽酶和端肽酶。内肽酶能切断蛋白质分子的肽键，分解产物为小分子多肽。端肽酶又分为羧肽酶和氨肽酶，羧肽酶从游离羧基端切断肽键，而氨肽酶从游离氨基端切断肽键。

半纤维素酶包括内β-葡聚糖酶、外β-葡聚糖酶、纤维二糖酶、昆布二糖酶、内木聚糖酶、外木聚糖酶、木二糖酶及阿拉伯糖苷酶，其中最重要的是β-葡聚糖酶。因为β-葡聚糖的水溶液黏度很大，对麦芽汁过滤、成品啤酒过滤及啤酒的稳定性都有影响，因此必须通过β-葡聚糖酶彻底将其分解。β-葡聚糖酶一般在发芽后4～5d产酶达到高峰，作用的最适pH为5.5，最适温度为40℃。

（2）发芽方式 发芽方式主要有地板式发芽和通风式发芽两种。发芽设备有间歇式和连续式等多种不同的形式。古老的地板式发芽由于劳动强度大、占地面积大、受外界温度影响大等缺点，已被淘汰。现在普遍采用通风式发芽。通风式发芽是厚层发芽，以机械通风的方式强制向麦层通入调温、调湿的空气，以控制发芽的温度、相对湿度、氧气与二氧化碳的比例，达到发芽的目的。目前，使用较普遍的是萨拉丁发芽箱。

（3）发芽条件

① 水分：当麦粒含水量达35%时即可萌发，达38%时可均匀发芽，但要达到胚乳充分溶解，麦粒的含水量必须保持在43%以上。制造深色麦芽宜提高至45%～48%，而制造浅色麦芽一般控制在43%～46%。在发芽过程中，由于呼吸产生热量以及麦粒中水分蒸发等原因，发芽室必须保持一定的相对湿度。通风式发芽法，室内的空气相对湿度一般要求在85%以上。通风时应采用饱和的湿空气。

② 温度：发芽温度一般分为低温、高温、低高温结合三种情况，发芽温度的选择应根据大麦的品种及麦芽的类型确定。

a. 低温发芽：一般为12～16℃。低温发芽，根叶芽生长缓慢而均匀，呼吸缓慢，麦层温度升高幅度小，容易控制，麦粒的生长和细胞的溶解是一致的，酶活性也比较高，麦芽溶解较好，适宜制造浅色麦芽。但温度也不能过低，否则会延长发芽时间。

b. 高温发芽：一般为18℃以上，22℃以下，高温发芽，根芽、叶芽生长迅速，呼吸旺盛，酶活力开始形成较快，后期不及低温发芽的高，麦芽生长不均匀，制麦损耗大，浸出率低，淀粉细胞溶解较好，但蛋白溶解度低，适宜制造深色麦芽。

c. 低高温结合发芽：对蛋白质含量高、玻璃质粒、难溶的大麦，宜采用低高温结合发芽。开始3～4d麦层温度保持为12～16℃，后期维持为18～20℃，这样可制得溶解良好而酶活力高的麦芽。也有采用先高温后低温的控制方法，也可制出较好的麦芽。

③ 通风量：发芽过程中，适当调节麦层空气中氧和二氧化碳的浓度，可以控制麦粒的呼吸作用、麦根的生长以及制麦损失。

发芽初期麦粒呼吸旺盛，品温上升，二氧化碳浓度增大，这时需通入大量新鲜空气，提供氧气，排出麦层中二氧化碳，以利于麦芽生长和酶的形成。通风过度，麦粒内容物消耗过多，发芽损失增加；通风不足，麦堆中二氧化碳不能及时排出，会抑制麦粒呼吸作用。特别要防止因麦粒内分子间呼吸造成麦粒内容物的损失，或产生毒性物质使麦粒窒息。

在发芽后期应适当减少通风量，提高大麦层中二氧化碳含量，维持在4%～8%比较适宜。二氧化碳在大麦层中的适度积存，可抑制麦粒的呼吸，控制根芽生长，促进麦芽溶解，减少制麦损失。

④ 时间：发芽时间是由多种条件决定的。发芽温度越低，水分越少，大麦层含氧越少，麦芽生长和溶解便越慢，发芽时间也就越长。另外，发芽时间也与大麦品种和所制麦芽类型有关，难溶的大麦发芽时间长，制造深色麦芽的时间也较长。

浅色麦芽发芽时间一般控制在6d左右，深色麦芽为8d左右。如浸麦时添加赤霉素以及改进浸麦方法等，发芽时间还可以缩短。

⑤ 光线：发芽过程中必须避免光线直射，以防止叶绿素的形成。叶绿素的形成会有损啤酒的风味。发芽室的窗户宜安装蓝色玻璃。

4. 绿麦芽干燥

发芽操作结束得到的麦芽称为绿麦芽，要求新鲜、松软、无霉烂；溶解良好，手指搓捻呈粉状，发芽率在90%以上；叶芽长度为麦粒长度的2/3～3/4。

绿麦芽用热空气强制通风干燥和焙焦的过程称为干燥。目前，麦芽干燥设备普遍采用的是间接加热的单层高效干燥炉、水平式（单层、双层）干燥炉及垂直式干燥炉等。

（1）干燥目的

① 除去绿麦芽多余的水分，防止腐败变质，便于贮藏。

② 终止绿麦芽的生长和酶的分解作用。

③ 除去绿麦芽的生青味，使麦芽产生特有的色、香、味。

④ 便于干燥后除去麦根。麦根有不良苦味，如带入啤酒，将破坏啤酒风味。

（2）绿麦芽干燥过程中的变化阶段

① 生理变化阶段：此阶段麦芽含水量不低于20%，干燥温度不超过40℃。该阶段麦粒的叶芽继续生长，胚乳细胞继续溶解，低分子糖类和可溶性含氮物不断增加，物质的转变与发芽时基本一样。

② 酶作用阶段：此阶段温度为40～75℃，麦粒的生命活动停止，叶芽生长停止，但麦粒体内的酶活力继续发挥作用，水溶性浸出物和可发酵性浸出物不断增加。

③ 化学变化阶段：此阶段干燥温度在75℃以上，麦粒水分进一步下降，除极少数酶有微弱活性外，其余酶的作用停止，焙焦过程开始。此时物质的变化主要是由于高温引起化学变化，使麦芽产生应有的色、香、味。

（3）干燥过程中的物质变化 在干燥过程中，麦芽内部物质发生了复杂的变化。

① 水分变化：一般绿麦芽含水量为41%～46%。通过干燥，浅色麦芽含水量要降至3.0%～5.0%，深色麦芽含水量要降至1.5%～3.5%。

水分的去除经过两个过程：

a. 凋萎过程：此阶段要求大风量排潮，温度低，麦芽含水量10%～12%。一般来说，浅色麦芽要求酶活力保存多些，不希望麦粒内容物过分溶解，因此要求风量更大一些，温度更低一些，含水量下降更快一些；深色麦芽则要求在发芽的基础上，继续溶解得更多一些，因此要求风量小一些，温度高一些，含水量下降慢一些，而相应的酶活力则较浅色麦芽低得多。

b. 焙焦过程：此阶段干燥风量小，温度高，含水量下降缓慢。制浅色麦芽焙焦温度一般控制为82～85℃，深色麦芽的焙焦温度控制为95～105℃。

麦芽含水量的变化导致麦芽的容量和质量发生变化。优质的麦芽在干燥后，容量较原料大麦约增加 20%，但质量较原料大麦有所降低。麦芽溶解得越好，其质量降低得越多。一般 100kg 精选大麦生成 160kg 左右的绿麦芽（含水量 47%左右），经干燥得到 80kg 左右的干麦芽。

② 酶的变化：麦芽在干燥期间，酶的活力对温度很敏感，还和麦芽中的含水量有直接关系。温度高对酶活力破坏大，酶活力损失多；麦芽含水量越小，对酶的破坏越小。因此浅色麦芽的酶活力较深色麦芽高。这也是麦芽在干燥前期要低温脱水，后期才高温焙焦的原因。

③ 碳水化合物的变化：温度在 60℃以内，含水量在 15%以上时，淀粉继续分解，主要产物是葡萄糖、麦芽糖、果糖、蔗糖。当温度继续升高，含水量在 15%以内时，类黑素的形成消耗了一部分可发酵性糖，使转化糖含量有所降低。

④ 半纤维素的分解：在凋萎阶段，半纤维素在半纤维素酶的作用下，加速分解为 β-葡聚糖和戊聚糖；在焙焦温度下，部分 β-葡聚糖和戊聚糖又水解为低分子物质。这样的变化，有利于麦芽汁黏度的降低。

⑤ 含氮物的变化：干燥前期，蛋白质在酶的作用下继续分解。当温度继续升高，少量蛋白质受热凝固，使麦芽中凝固性氮含量有所降低。深色麦芽比浅色麦芽降低的幅度更大。

⑥ 类黑素的形成：类黑素的形成，是麦芽干燥后期最重要的变化之一。类黑素主要由淀粉分解产物单糖与蛋白质分解产物氨基酸反应形成。麦芽的色泽和香味主要取决于类黑素，类黑素还对啤酒的起泡性、泡持性、非生物稳定性以及啤酒的风味有好处。

麦芽中含单糖和氨基酸的量越大、含水量越大和温度越高，类黑素的形成也就越多、色泽越深、香味越大。pH 为 5 最有利于类黑素的形成。类黑素在 80～90℃已开始少量形成，100～110℃、水分不低于 5%，是形成类黑素的最适条件。

⑦ 酸度的变化：在干燥过程中，由于生酸酶的作用、磷酸盐相互间的作用以及类黑素（类黑素在溶液中呈酸性）的形成，麦芽的酸度增加。

⑧ 多酚物质的变化：在凋萎阶段，由于氧化酶的作用，花色苷含量有所下降。进入焙焦阶段，随着温度的提高，总多酚物质和花色苷含量增加，且总多酚物质与花色苷的比值降低。

(4) 干燥过程

① 凋萎期：一般从 35～40℃起升温，每小时升温 2℃，最高温度为 60～65℃，所需时间 15～24h。此阶段要求风量大，每 2～4 h 翻麦一次。麦芽干燥程度至含水量在 10%以下。

② 焙燥期：麦芽凋萎后，每小时继续升温 2～2.5℃ ，最高温度达 75～80℃，约需 5h，使麦芽水分降至 5%左右，期间每 3～4h 翻动一次。

③ 焙焦期：此阶段进一步提高温度至 85℃，使麦芽含水量降至 5%以下。深色麦芽可升高焙焦温度至 100～105℃。整个干燥过程 24～36h。

5. 麦芽的质量检验

麦芽的质量主要从两方面来判断：一是物质的转化，主要表现在根芽、叶芽的生长以及胚乳的溶解上；二是物质的消耗，要求在合理的物质转化条件下，尽量减少物质的消耗。

(1) 根芽和叶芽的判断　浅色麦芽的根芽较短，一般为麦粒长度的 1～1.5 倍；深色麦芽的根芽较长，一般为麦粒长度的 2～2.5 倍。根芽生长强壮、发育均匀是发芽旺盛和麦粒溶解均匀的象征。

叶芽的长度视麦芽种类不同而异。在生产正常的条件下，叶芽长度不足，麦芽溶解度低，粉状粒少，酶活力低；如果叶芽过长，麦芽溶解过度，则麦芽浸出率低。浅色麦芽的叶芽平均长度应相当于麦粒长度的 0.7 左右，0.75 者应占 75%以上；深色麦芽平均长度应相当于麦粒长度的0.8以上，0.75～1者应占75%以上。

（2）溶解度的判断 见表2-8，将绿麦芽的皮剥开，以拇指和食指将胚乳搓开，如呈粉状散开且感觉细腻者即为溶解良好的麦芽；虽能碾开但感觉粗重者为溶解一般；不能碾开而成胶团状者为溶解不良。

将干麦芽切断，其断面为粉状者为溶解良好；呈玻璃状者为溶解不良；呈半玻璃状者介于两者之间。

用口咬干麦芽，疏松易碎者为溶解良好；坚硬、不易咬断者为溶解不良。

表2-8 麦芽溶解度的判定

方法		说明
物理方法	沉浮实验	利用麦芽溶解度不同相对密度不同来判断
	千粒重	利用大麦和麦芽千粒重量之差来判断
	勃氏硬度计测定	利用测定麦芽的硬度值来判断
	脆度测定器实验	利用测定麦芽的脆度情况来判断
化学方法	粗细粉浸出率差	利用粗粉与细粉的浸出物差来判断细胞溶解情况
	麦芽汁黏度	利用麦芽汁的黏度来判断细胞溶解的情况
	蛋白质溶解度	利用麦芽汁的可溶性氮与总氮之比的百分率判断蛋白质溶解情况
	45℃哈同值	利用45℃糖化麦芽汁的浸出率判断麦芽细胞溶解情况

五、麦芽汁的制备

麦芽汁制备俗称糖化，是将固态的麦芽、非发芽谷物、酒花等加水制备成澄清透明的麦芽汁。主要在糖化车间进行，包括：原辅料粉碎、糖化、麦芽醪的过滤、混合麦芽汁添加酒花煮沸及麦芽汁的澄清、冷却等一系列加工过程。

糖化工艺流程见图2-7。

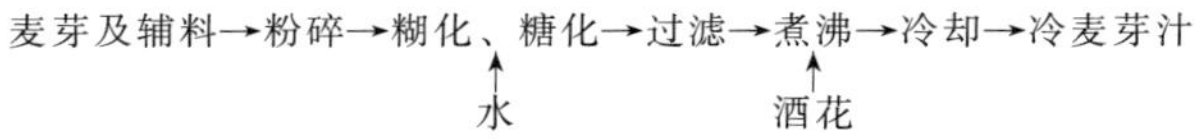

麦芽及辅料→粉碎→糊化、糖化→过滤→煮沸→冷却→冷麦芽汁
（糊化、糖化处加入：水；煮沸处加入：酒花）

图2-7 糖化工艺流程

1. 麦芽及辅料的粉碎

麦芽在糖化前必须粉碎。经过粉碎，麦芽中的可溶性物质容易浸出，淀粉粒与酶的接触面积增大，有利于酶的作用。

（1）粉碎的目的与要求

① 粉碎的目的：增加了比表面积，糖化时可溶性物质容易浸出，有利于酶的作用。

② 粉碎的要求：麦芽皮壳应破而不碎。如果过碎，麦皮中含有的苦味物质、色素、单宁等会过多地进入麦芽汁中，使啤酒色泽加深，口味变差；还会造成过滤困难，影响麦芽汁收得率。胚乳粉粒则应细而均匀。

辅助原料（如大米）粉碎得越细越好，以增加浸出物的收得率。

（2）粉碎方法与设备

① 麦芽的粉碎方法

a. 麦芽的干法粉碎：麦粒粉碎前，可以在很短时间内通入蒸汽或热水，使麦皮回潮而失去脆性，这样不仅胚乳的含水量不会改变，而且粉碎时可保持麦皮的完整，有利于过滤。麦芽粉碎后，按物料的颗粒大小可分为皮壳、麦粒粗粒、麦粒粉及微粉。

b. 麦芽的湿法粉碎：将麦芽预先在温水中浸泡，使麦芽的含水量为25%～35%，然后在二辊或四辊粉碎机中带水粉碎麦芽，在粉碎物中加入30%～40%的糖化水调成匀浆后送至糖化锅。采用湿法粉碎时，由于麦芽皮壳充分吸水变软，粉碎时不易磨碎，有利于过滤，胚乳带水碾磨较均匀，糖化速率快。

c. 回潮粉碎：回潮粉碎又叫增湿粉碎，可用0.05MPa蒸汽处理30～40s，增湿1%左右。也可用水雾在增湿装置中向麦芽喷雾90～120s，增湿1%～2%，可达到麦皮破而不碎的目的。

d. 未发芽谷物的粉碎：未发芽谷物的粉碎主要指大米、玉米和大麦的粉碎。由于谷物未发芽，胚乳比较坚硬，因此多采用辊式二级粉碎机，要求有较大的粉碎度，粉碎成细粉状，有利于糊化和糖化。

② 粉碎设备：麦芽粉碎常采用辊式及湿式粉碎机，粉碎机的对辊间距根据麦芽的腹径及需要的粉碎度进行调节。我国广泛采用对辊式、四辊式、五辊式、六辊式等多种粉碎机，锤式粉碎机极少使用。

③ 粉碎度的调节：粉碎度是指麦芽或辅助原料的粉碎程度。通常是以谷皮、粗粒、细粒及细粉各部分所占料粉的质量分数表示。一般要求粗粒与细粒（包括细粉）的比例为1∶(2.5～3.0）为宜。麦芽的粉碎度应视投产麦芽的性质、糖化方法、麦芽汁过滤设备的具体情况来调节。

a. 麦芽性质：对于溶解良好的麦芽，粉碎后细粉和粉末较多，易于糖化，因此可以粉碎得粗一些。而对于溶解不良的麦芽，玻璃质粒多，胚乳坚硬，糖化困难，因此应粉碎得细一些。

b. 糖化方法：采用浸出糖化法或快速糖化法时，粉碎应细一些；采用长时间糖化法或煮出糖化法，以及采用外加酶糖化法时，粉碎可略粗些。

c. 过滤设备：采用过滤槽法，是以麦皮作为过滤介质，要求麦皮尽可能完整，因此麦芽应粗粉碎。采用麦芽汁压滤机，是以涤纶滤布和皮壳作为过滤介质，粉碎应细一些。

2. 糖化

糖化的目的是利用麦芽中所含有的各种水解酶，在适宜的条件下，将麦芽和辅料中的不溶性大分子物质（淀粉、蛋白质、半纤维素等）逐步分解为可溶性的低分子物质的分解过程。由此制备的浸出物溶液就是麦芽汁。麦芽及辅料粉碎物加水混合后，在不同的温度段保持一定时间，使麦芽中的酶在最适条件下充分作用于相应的底物，使之分解并溶于水。原料及辅料粉碎物与水混合后的混合液称为“醪”（液），糖化后的醪液称为“糖化醪”，溶解于水的各种干物质（溶质）称为“浸出物”。浸出物由可发酵性和不可发酵性物质两部分组成，糖化过程应尽可能多地将麦芽干物质浸出来，并在酶的作用下进行适度的分解。

(1) 糖化时主要酶的作用 糖化过程中的酶主要来自麦芽本身，有时也用外加酶制剂。这些酶以水解酶为主，包括：

① 淀粉分解酶（α-淀粉酶、β-淀粉酶、界限糊精酶、R-酶、α-葡萄糖苷酶、麦芽糖酶和蔗糖酶等）。

② 蛋白分解酶（内肽酶、羧肽酶、氨肽酶、二肽酶等）。

③ β-葡聚糖分解酶（内-β-1,4葡聚糖酶、内-β-1,3葡聚糖酶、β-葡聚糖溶解酶等）。

④ 磷酸酶。

(2) 糖化时主要物质的变化 麦芽中可溶性物质很少，占麦芽干物质的18%～19%，为少量的蔗糖、果糖、葡萄糖、麦芽糖等糖类，蛋白胨，氨基酸，果胶质以及各种无机盐等。麦芽中不溶性和难溶性物质占绝大多数，如淀粉、蛋白质、β-葡聚糖等。辅助原料中的可溶性物质更少。麦芽和辅料在糖化过程中的主要物质变化有：

① 淀粉的分解：分为三个彼此连续进行的过程，即糊化、液化和糖化。

② 蛋白质的水解：糖化时，蛋白质的水解主要是指麦芽中蛋白质的水解。蛋白质水解很重要，其分解产物影响着啤酒的泡沫、风味和非生物稳定性等。

③ β-葡聚糖的分解。

④ 酸的形成使醪液的 pH 下降。

⑤ 多酚类物质的变化。

(3) 影响糖化的因素

① 麦芽的质量及粉碎度。

② 温度的影响。

③ pH 的影响：实际生产中，多采用加酸调节糖化的 pH，以增加各种酶的活性。通常选用磷酸或乳酸调节 pH。

④ 糖化醪浓度的影响：糖化料水比为 1∶(3～4)，糊化料水比为 1∶(5～6)。

3. 糖化工艺技术条件

(1) 料水比 淡色啤酒为 1∶(4～5)，第一次麦芽汁浓度控制在 14%～16%；浓色啤酒为 1∶(3～4)，第一次麦芽汁浓度控制在 18%～20%。

(2) 糖化温度 一般分几个阶段进行控制，每个阶段的作用是不同的。如表 2-9 所示。

表 2-9 糖化温度及作用

温度/℃	控制阶段	作用
35～40	浸渍阶段	利于酶的浸出和酸的形成，并有利于 α-葡聚糖的分解
45～55	蛋白质分解阶段	温度偏向下限，氨基酸生成量多；温度偏向上限，可溶性氮生成量多
62～70	糖化阶段	在 62～65℃下，生成的可发酵性糖较多，适于制造高发酵度啤酒；在 65～70℃下，适于制造低发酵度啤酒
75～78	糊精化阶段	α-淀粉酶仍起作用，而其他酶则受到抑制或失活

(3) pH 比较合理的糖化 pH 应为 5.6 左右。对残余碱度较高的酿造水应加石膏或酸等处理，也可添加 1%～5%的乳酸麦芽。

(4) 糖化时间 糖化方法不同而时间不同。

4. 糖化方法

(1) 煮出糖化法 将部分糖化醪液分批加热到沸点，与其余未煮沸的醪液混合，使全部醪液的温度分阶段地升高到不同酶分解底物所要求的温度，最后达到糖化终了温度。根据部分醪液煮沸的次数不同可分为一次、二次和三次煮出法。

(2) 浸出糖化法 将全部醪液从一定的温度开始，缓慢分段升温到糖化终了温度，利用酶的作用进行糖化的一种方法。

糖化过程：采用两段式糖化，先经过 62.5℃糖化，再升温至酶所需温度。

5. 麦芽醪的过滤

过滤目的：糖化结束后，应立即过滤，把麦芽汁和麦糟分开以免影响半成品麦芽汁的色、香、味，另外，麦芽汁中微小的蛋白质颗粒，会破坏泡沫的持久性。

麦芽汁过滤方法：过滤槽法、压滤机法、快速过滤槽。

6. 麦芽汁煮沸与酒花添加

(1) 麦芽汁煮沸的目的

① 蒸发多余的水分，使麦芽汁浓缩到规定的浓度。

② 溶出酒花中的有效成分，增加麦芽汁的香气、苦味和防腐能力。

③ 促进蛋白质凝固析出，增加啤酒稳定性。

④ 破坏全部酶，进行热杀菌，以保证最终产品的质量。

⑤ 通过煮沸形成一些还原性物质，以保持啤酒的风味稳定性和非生物稳定性。

⑥ 排除麦芽汁中的异杂味。

⑦ 降低麦芽汁中的 pH。

(2) 麦芽汁及酒花在煮沸过程中的变化 蛋白质的凝固温度高于 85℃时，蛋白质热变性而凝固析出。

酒花成分的溶出——部分 α-酸转变成异 α-酸，异 α-酸比 α-酸易溶解，且具有良好的苦味和防腐能力。

麦芽汁颜色的变化——在煮沸过程中，还原糖与氨基酸发生美拉德反应，生成类黑精，使麦芽汁颜色加深。

还原物质的形成——麦芽汁经煮沸后，生成类黑精、还原酮等，还原能力显著增加。

(3) 酒花的添加 添加方法：通常分 3 次添加，即麦芽汁初沸时添加 20％的酒花，煮沸 40min 后添加 40％，煮沸结束前 10min 添加 40％。

添加量：一般为 0.15％～0.20％。优质酒花一般在最后添加，使酒花中的香味成分能较多地保留在麦芽汁中。

7. 麦芽汁的冷却与澄清

(1) 冷却目的与要求 降低温度，适于酵母发酵；去除热、冷凝固物，保证发酵正常进行；增加麦芽汁的溶解氧，利于酵母的生长繁殖。

(2) 冷却方法 采用二段冷却，即先冷却到 55～60℃，再冷却到发酵温度。

第一段冷却：排除热凝固物（50％～60％蛋白质、16％～20％酒花树脂、2％～3％灰分、20％～30％其他有机物)。

第二段冷却：排除冷凝固物（主要是蛋白质与单宁的络合物)。

(3) 麦芽汁的澄清 一般采用板框压滤机或离心分离机。

六、啤酒的发酵

1. 啤酒发酵过程中酵母菌的代谢作用

冷却的麦芽汁添加酵母菌后，便开始发酵。啤酒酵母在发酵过程中利用麦芽汁中的可发酵成分，形成生长代谢所需的能量、合成菌体及产生一定的代谢产物（乙醇、CO_2 和其他一系列的代谢产物)。

(1) 糖类代谢 冷却麦芽汁接种酵母菌后，酵母菌在有氧条件下，同化麦芽汁中的可发酵性糖获得能量，进行生长繁殖，菌体数量增加。在氧逐渐消耗后，便进入无氧发酵阶段，酵母菌细胞把可发酵性糖转化为乙醇和 CO_2 等。发酵过程中麦芽汁浸出物浓度的下降称为降糖。酵母菌在发酵时先利用葡萄糖、果糖，再利用蔗糖、麦芽糖，最后利用麦芽三糖等难发酵性糖。

在啤酒发酵过程中，绝大部分可发酵性糖被发酵为乙醇和 CO_2，是代谢的主产物；2.0％～2.5％作为碳骨架合成新酵母细胞；1.5％～2.5％转化为其他发酵副产物，发酵副产物主要有：甘油、高级醇、羰基化合物、有机酸、酯类、硫化合物等。

(2) 含氮物质的代谢 啤酒发酵中，酵母菌对麦芽汁中的蛋白质分解作用很弱，但对麦芽汁中的氨基酸、氨态氮、氨、短肽、嘌呤、嘧啶等可同化氮存在着复杂的同化作用。发酵初期，酵母菌吸收麦芽汁中可同化氮（氨基酸、二肽、三肽等）用于合成酵母菌细胞物质进行繁殖；发酵后期，酵母菌细胞特别是衰老的酵母菌细胞又向发酵液分泌多余的氨基酸。另外，由于 pH 和温度的降低，引起一些凝固性蛋白质和多酚物质复合而产生沉淀；酵母菌细胞表面也吸附少量的蛋白质颗粒，这些都是麦芽汁中含氮量下降的原因。

在正常的发酵过程中，麦芽汁中含氮物约下降 1/3，主要是约 50%的氨基酸和低分子肽为酵母菌所同化。酵母菌分泌出的含氮物的量较少，约为酵母菌同化氮的 1/3。

啤酒中残存含氮物质对啤酒的风味有重要影响。含氮物质量高（>450mg/L）的啤酒显得浓醇，含氮物质量为 300～400mg/L 的啤酒显得醇厚爽口，含氮物质量小于 300mg/L 的啤酒则显得寡淡。

（3）啤酒中风味物质的形成

① 高级醇类：高级醇（俗称杂醇油）是啤酒发酵代谢产物的主要成分，是各种酒类的主要香味和口味物质之一，其中，异戊醇、α-苯乙醇、乙酸乙酯、乙酸异戊酯以及乙酸苯乙酯构成了啤酒的主要香味成分，能使酒类具有丰满的香味和口味，并增加酒的协调性，但超过一定含量时有明显的杂醇味。啤酒中的绝大多数高级醇是在主发酵期间酵母繁殖过程中形成的。影响啤酒中高级醇含量的主要因素包括辅料或酒花用量过多；麦芽汁含氮量过高；酵母添加量少；发酵温度高或 pH 高；麦芽汁中氨基酸含量过高或过低；酵母菌菌种、麦芽汁成分和麦芽汁浓度、发酵条件等。但啤酒中杂醇油含量过高，饮用后有头痛感。

② 酯类：酯类多为芳香成分，啤酒中的酯含量很少，但对啤酒风味影响很大，通常啤酒中的酯含量在 25～50mg/L。啤酒含有适量的酯，香味丰满协调，但酯含量过高，会使啤酒有不愉快的香味或异香味。酯类大都在主发酵期间形成。影响酯类含量的因素包括酵母菌种、酵母接种量、发酵温度、麦芽汁浓度、麦芽汁通风。

③ 连二酮类：连二酮是双乙酰和 2,3-戊二酮的总称，其中对啤酒风味起主要作用的是双乙酰。双乙酰的含量多少是啤酒口味成熟的重要标志。双乙酰的风味阈值为 0.1～0.2mg/L，在啤酒中超过阈值会出现馊饭味。淡爽型成熟啤酒，双乙酰含量以控制在 0.1mg/L 以下为宜；高档成熟啤酒最好控制在 0.05mg/L 以下。降低发酵液中双乙酰含量的措施：适当提高发酵温度，使 α-乙酰乳酸在前发酵期尽快生成双乙酰，以便酵母有足够的时间还原双乙酰；增加酵母接种量；保证麦芽汁中氨基氮含量在 180mL/L 以上。

④ 含硫化合物 ：硫是酵母代谢过程中不可缺少的微量元素，来源为蛋白质分解产物、酒花、酿造用水，但某些硫的代谢产物对啤酒的风味有破坏作用。挥发性硫化物对啤酒风味有重大影响，这些成分主要有硫化氢、二甲基硫、甲基和乙基硫醇、二氧化硫等。其中硫化氢、二甲基硫对啤酒风味的影响最大。啤酒中的挥发性硫化氢大都是在发酵过程中形成的。啤酒中的硫化氢应控制在 0～10μg/L；啤酒中二甲基硫浓度超过 100μg/L 时，啤酒就会出现硫黄臭味。

⑤ 醛类：啤酒中检出的醛类 20 多种，其中乙醛是啤酒发酵过程中产生的主要醛类，它是酵母代谢的中间产物。乙醛对啤酒风味的影响很大，当啤酒中乙醛浓度在 10mg/L 以上时，则有不成熟的口感，给人以不愉快的粗糙苦味感；当乙醛浓度超过 25mg/L，则有强烈的刺激性辛辣感；含量超过 50mg/L，啤酒出现粗糙的苦味，且有辛辣的腐烂青草味。成熟啤酒的乙醛正常含量一般小于 10mg/L。乙醛、双乙酰、硫化氢三者构成嫩啤酒固有的生青味。

⑥ 有机酸：啤酒中的有机酸主要来自原料和发酵过程中酵母菌的代谢，酵母菌进行厌氧发酵时形成的有机酸含量较高的有丙酮酸、苹果酸、乙酸、乳酸、琥珀酸、柠檬酸。我国

啤酒标准 GB 4927—2008 规定了啤酒总酸的上限值，原麦芽汁浓度小于或等于 10.0°P 的啤酒总酸应小于或等于 2.2mL/100mL。酸类物质是主要的呈味物质，对啤酒的香气和口味有一定的影响。含有适量的酸，会使啤酒口感活泼、爽口。

⑦ 其他变化

a. 苦味物质的变化：在发酵过程中，麦芽汁的含氧量越高，酵母菌的繁殖越旺盛，酵母表面以及泡盖中吸附的苦味物质就越多，有 30%～40%的苦味物质在发酵过程中损失。

b. 色度的变化：啤酒的色度随着发酵液 pH 下降，溶于麦芽汁中的色素物质被凝固析出，单宁与蛋白质的复合物以及酒花树脂等吸附于泡盖、冷凝固物或酵母细胞表面，使啤酒的色度有所下降。

c. CO_2 的变化：啤酒酵母在整个代谢过程中，将不断产生 CO_2，一部分以吸附、溶解和化合状态存在于酒液当中，另一部分 CO_2 被回收或逸出罐外，最终成品啤酒的 CO_2 质量分数为 0.5%左右。

d. pH 的变化：麦芽汁发酵后，pH 降低很快。下面发酵啤酒，发酵终了时，pH 一般为 4.2～4.4。pH 下降主要是由于有机酸的形成，同时也由于磷酸盐缓冲溶液的减少。

2. 啤酒发酵工艺

(1) 立式圆筒体锥底发酵罐发酵技术 早在 20 世纪 20 年代德国的工程师就发明了立式圆筒体锥底密封发酵罐，但由于当时的生产规模小而未被引起重视。20 世纪 50 年代，第二次世界大战后各国经济得到迅速发展，人们纷纷开始研究新的啤酒发酵工艺。经过多年的改进，大型的锥底发酵罐从室内走向室外。

我国从 20 世纪 70 年代中期开始采用这项技术。由于露天圆筒体锥底发酵罐的容积大、占地少、设备利用率高、投资少，而且便于自动控制，已被啤酒厂普遍采用。

① 立式圆筒体锥底发酵罐的结构：立式圆筒体锥底发酵罐为耐压容器，通常由不锈钢材料制成。罐身为圆筒体，其直径 D 与圆筒体高度 H 之比一般为 1∶(5～6)。罐的上部为椭圆形或碟形封头，上部封头设有人孔、安全阀、压力表、二氧化碳排出口、CIP 清洗系统入口等。下部罐底为锥形，锥角为 60°～80°，有利于酵母的沉降与排除。

a. 机械洗涤装置：大型发酵罐和贮酒设备都设有机械洗涤装置，一般为 CIP 清洗系统。在罐内设有喷射或喷淋装置，其安装位置为喷出的液体能最有力地射到罐壁结垢最严重的地方。

b. 冷却装置：圆筒部分一般采用 2～4 段夹套式冷却，有的圆锥部分也设有冷却夹套，目的是方便酵母的冷却及沉淀排出。

冷却夹套的结构有多种，如扣槽钢、扣角钢、扣半圆钢、冷却层内带导向板、罐外加液氨管、长形薄层螺旋环形冷却管等，较为理想的是长形薄层螺旋环形冷却管。冷媒可用液氨或乙二醇以及 20%～30%乙醇水溶液。

c. 保温装置：罐体的保温材料可采用聚氨酯泡沫塑料、聚苯乙烯泡沫塑料或膨胀珍珠岩矿棉等，厚度一般为 100～200mm。外部加装保护层，如镀锌板、薄铝板、不锈钢板等。

d. 自动控制设施：立式圆筒体锥底发酵罐的容量大、罐身高，其温度、溶氧、工作压力及液位显示等技术参数都可利用自动控制系统来控制。

② 立式圆筒体锥底发酵罐的特点

a. 为密闭发酵罐，可作发酵罐用，也可作贮酒罐用。

b. 结构上方便酵母的回收。

c. 易形成对流，方便 CO_2 洗涤，有利于除去啤酒的生青味，加速啤酒的成熟。

d. 具备加压、升温等操作，生产操作灵活。

e. 有冷却夹套装置，容易控制发酵温度。

f. 便于实现自动控制，符合现代工业要求。

g. 灭菌较彻底，杂菌污染机会少，有利于无菌操作。

h. 提高酒花有效成分的利用率，减少酒花的用量。

i. 大型化有利于啤酒质量均一化。

j. 发酵罐容量大，罐数减少，总体上降低设备的投资。

③ 立式圆筒体锥底发酵罐的操作要点。

a. 圆筒体锥底发酵罐的容量应和糖化设备的容量相配合，通常发酵罐的容量为糖化麦芽汁的总体积，再加上 20% 容量。

麦芽汁从罐底进罐，满罐时间为 12～15h。满罐时间过长，啤酒的双乙酰产生高峰期会拖长，将会延长整个生产周期。

锥底罐的容量还需与包装能力相适应，最好能将一罐酒当天包装完，以保证成品啤酒的质量。

b. 酵母菌的添加以分批添加为宜。一次添加酵母菌，操作比较方便，发酵起发速率快，污染机会少。但是一次添加酵母菌后，在以后几批麦芽汁加入时，酵母菌易移至上层，形成上下层酵母不均匀的现象。

c. 为了使滤酒时罐底部的混酒不至于先排出，锥底设一出酒短管，其长度以高出混酒液面为宜，滤酒时使上部澄清良好的酒先排出，最后才将底部混酒由罐底出口引出。也有在罐体中部设酒液排出管。

d. 如果采用一罐发酵法，酵母菌的回收一般分为三次进行，第一次在主酵完成时进行，第二次在后发酵降温之前进行，第三次在滤酒前进行。前两次回收的酵母菌浓度高，可以选留部分作为下批接种用。留用的酵母菌如不洗涤，可采用循环泵送或通风等办法排出酵母菌中的二氧化碳，使酵母菌保持良好的生理状态。

e. 出酒时用脱氧水将阀出口及管道充满，以减少氧的吸入。出酒后，应立即开启 CIP 清洗系统。

④ 立式圆筒体锥底发酵罐的生产工艺：一罐法发酵是指传统的主发酵和后发酵（贮酒）阶段都是在一个发酵过程内完成。这种方法操作简单，在啤酒的发酵过程中不用倒罐，避免了在发酵过程中接触氧气的可能，罐的清洗方便，消耗洗涤水少，省时、节能。目前国内多数厂家都采用一罐法发酵工艺。

a. 麦芽汁进罐方式：由于锥形罐的体积较大，需要几批次的麦芽汁才能装满一罐，所以麦芽汁进罐一般采用分批直接进罐。满罐时间一般控制在 10～15h，不能超过 20h。从罐底进罐。

麦芽汁进入发酵罐后，由于酵母菌开始繁殖会产生一定的热量，使罐温升高，所以麦芽汁的冷却温度应先低后高，最后达到工艺要求的满罐温度。通常是将麦芽汁的满罐温度控制在比主发酵温度低 2℃左右。

b. 酵母添加：为提高回收酵母菌的活性、防止酵母菌快速衰老、降低酵母菌死亡率、增加酵母菌使用代数等，酵母的接种量通常控制在满罐后酵母细胞数（10～15）$\times 10^6$ 个/mL。

c. 通风供氧：麦芽汁中正常的溶解氧浓度为 8mg/L 左右。在麦芽汁分批次加入发酵罐过程中，前两批麦芽汁正常通风，以后几批可以采取少通风或不通风。

d. 发酵温度的调节与控制：锥形罐啤酒发酵过程中温度的调节与控制是非常重要的一个环节。

根据发酵过程中温度控制的不同，可将发酵过程分为主发酵期、双乙酰还原期、降温期和贮酒期四个阶段。

主发酵期：麦芽汁满罐并添加0.4%～0.6%的泥状酵母菌，酵母菌开始大量繁殖，当繁殖达到一定程度后开始发酵。随着降糖速率的不断加快，发酵趋于旺盛，产热量增大，温度随之升高，α-乙酰乳酸向双乙酰转化的速率加快。

此阶段发酵旺盛，产生大量的CO_2，并在罐体内形成浓度梯度。刚开始在锥形罐下部的酵母菌浓度高，酵母菌起发速率快，因而下部的CO_2浓度高于中上部，而下部发酵液密度低于中上部，造成发酵液由下向上形成强烈对流。

随着发酵液对流速率加快，升温也快，所以这一阶段应开启上段冷却带，关闭中、下段冷却带，既控制发酵产生的热量，又保证旺盛发酵。

根据发酵现象，将主发酵过程分为低泡期、高泡期和落泡期三个阶段。

低泡期——接种后20h左右即进入主酵期，再经4～5h后发酵液表面出现洁白而致密的泡沫，逐渐形成菜花状。特点：品温每天上升0.5～0.8℃，日降糖量为0.3～0.5°Bx。不需要人工降温。

高泡期——泡沫层呈卷曲状隆起，高达20～30cm。特点：降糖最快，每天降糖量为1～1.5°Bx，品温最高达9℃，此时应注意降温。

落泡期——高泡期过后，发酵力逐渐减弱，泡沫层逐渐低落，泡沫变为棕褐色。特点：品温每天下降0.4～0.9℃，日耗糖为0.5～0.8°Bx。落泡期约为2d。

双乙酰还原期：各个啤酒厂的糖度规定值各不相同，一般在发酵度达到90%时糖类开始还原为双乙酰。

双乙酰还原期的温度控制大致可分为三种：

第一种是低于主发酵温度2～3℃，这种方法的还原时间较长，一般为7～10d，酵母菌不容易自溶和死亡，啤酒口味较好；

第二种是与主发酵相同温度，这种方法实际上是不分主发酵和后发酵，还原时间较短；

第三种是目前常用的，高于主发酵温度2～4℃，还原期可缩短至2～4d。采用这种较高温的还原方法，就是当发酵液糖度降至规定值时，关闭冷却，使发酵液温度自然升至12℃，同时备压0.12MPa，进入双乙酰还原期。

降温期：随着糖度继续降低，双乙酰还原至约0.1mg/L以下时，开始以0.2～0.3℃/h的速率将发酵液的温度降至4℃左右（有的直接降温至0℃）。

在降温期间，降温速率一定要缓慢、均匀，防止结冰，宁可控制降温时间长一些，也不可将冷媒温度降得太低或降温太快。

贮酒期：贮酒期包括温度由4℃降至0℃以及－1～0℃的保温阶段。贮酒的目的是澄清酒液、饱和二氧化碳、改善啤酒的非生物稳定性，以改善啤酒的风味。

这一阶段必须有效地控制低温，逐渐使罐的边缘与中心、上部与下部温度趋于一致，这样才有利于酒液的澄清和成熟，有利于酵母和杂质的沉降。

操作时，此阶段温度控制需打开上、中、下层冷却夹套阀门，保持三段酒液温度平稳，避免温差变化产生酒液对流，而使已沉淀的酵母、凝固物等又重新悬浮并溶解于酒液中，造成过滤困难。这一阶段温度宜低不宜高，严防温度忽高忽低剧烈变化。

e. 酵母菌的回收及排放：通常在双乙酰还原结束后，发酵液温度降至4℃左右时回收酵母菌。为保证充足的回收时间，在进行工艺控制时一般在4℃左右保持48h以利于酵母菌的沉降与回收。

进入降温期后的能重新利用的酵母菌泥也要及时回收。因为此时酵母菌大量沉积于锥底，会给温度控制带来不便。另外，酵母菌沉入锥底的时间过长，在贮酒时的高压下，易引起酵母菌自溶或死亡，从而会影响成品酒的风味。

酵母菌的回收方式：有的将可回收的酵母菌专门贮存在低温无菌水中，并控制温度不超过2℃；使用时，经过计量装置后排出使用。有的将待排的酵母菌直接从发酵罐中排入酵母菌添加器后再压入麦芽汁中，进行下一批的发酵。

在酵母菌回收时，应对回收的酵母菌定期进行性能测定及生理生化检验。

回收的酵母菌如可作为下一次发酵用的种子，则需进行处理。回收酵母菌吸附了较多的苦味物质、单宁、色素等，回收后应通入无菌空气，以排出酵母菌泥中的CO_2，再以无菌水洗涤数次。回收酵母菌在低温无菌水中，只能保存2～3d。也可在2～4℃下低温缓慢发酵，以保存酵母菌。

f. 罐压控制：除发酵温度外，压力也是重要的工艺参数，因为控制好罐压能使双乙酰在发酵期内得到有效的还原。压力高虽然制约了酵母菌繁殖与发酵速度，但却有利于双乙酰的还原，而且能明显抑制乙酸乙酯、异戊醇等口味阈值较低的发酵副产物的生成。

生产中压力控制的具体操作方法如下：主发酵前期由于双乙酰已经开始生成，因此在开始阶段产生的二氧化碳和不良的挥发性物质应及时排出，这时采取的微压为0.01～0.02MPa。待外观发酵度为30%左右，即酵母菌第一次出芽已全部长成时才开始封罐升压。当外观发酵度为60%左右时，酵母菌第二次出芽长成，发酵开始进入最旺盛阶段，此时应将罐压升到最大值。由于罐耐压强和实际需要，罐压的最大值一般控制在0.07～0.08MPa。在发酵最旺盛阶段应稳定罐压不变，以使大量的双乙酰被还原。另外，较高的罐压有利于二氧化碳的饱和。

主发酵后期，双乙酰的还原基本结束，酒液开始冷却降温，降至5～6℃时，保持24～48h，减压回收酵母。最后再降温至0～－1℃，贮酒7～14d。

（2）其他发酵方法

连续发酵与分批发酵相比，具有发酵效率高、操作方便、生产周期短、啤酒损失少、设备利用率高、酵母菌繁殖量少等优点。

啤酒连续发酵的形式有：多罐式连续发酵、塔式连续发酵和固定化酵母连续发酵等。

① 多罐式连续发酵：多罐式连续发酵系统可分为四罐系统和三罐系统。其操作是将三个或四个发酵罐串联起来，麦芽汁和酵母首先进入第一发酵罐均匀混合，进行酵母繁殖。然后第一罐的麦芽汁缓慢流入第二（第三）发酵罐进行主发酵，主发酵结束后进入最后一个锥底发酵罐分离酵母，目前这种连续发酵方式已很少采用。

② 塔式连续发酵：塔式发酵罐为一垂直的管柱体。无菌麦芽汁由泵分批经塔底送入塔内，稍加通风，麦芽汁在塔内一边上升，一边发酵，直到充满发酵塔为止。发酵中，温度由塔身冷却系统控制。塔底形成沉积的酵母层，发酵液在达到要求的酵母菌浓度梯度后，用泵继续泵入无菌麦芽汁，调节麦芽汁流量，使麦芽汁上升达塔顶时，恰好达到所要求的发酵度。

七、成品啤酒的生产过程

啤酒经过发酵，口味已经成熟，CO_2已经饱和，酒液也逐渐澄清，再经机械处理，除去酒中悬浮微粒，酒液达到澄清透明，即可进行包装。

1. 啤酒的过滤与分离

啤酒的过滤与分离主要采用滤棉过滤法、硅藻土过滤法、板式过滤机、微孔薄膜过滤法、离心分离法。滤棉过滤法已被淘汰，目前普遍使用的是硅藻土过滤法。

(1) 硅藻土过滤法 硅藻土是硅藻的化石，它的直径只有几微米，有一层薄而坚硬的壳，是一种松软而质轻的粉状矿质，可用作过滤介质。硅藻土过滤机可分为如下三种类型。

① 板框式硅藻土过滤机：早期的产品，多采用不锈钢制作，由滤板和滤框交替排列而成，板框有导轨支撑，结构与麦芽汁过滤时使用的硅藻土过滤机相似。其结构简单，活动部件少，维护费用低，过滤能力可通过增减过滤板框而调节，迅速方便；但需经常更换滤布，清洁时劳动强度大。

② 叶片式硅藻土过滤机：可分为立式和水平式两种，分别装在立式罐体或卧式罐体内。

③ 柱式硅藻土过滤机：一般先进行硅藻土预涂，再进行过滤。在过滤时不断添加硅藻土起到连续更换滤层的作用，以保证过滤的快速进行，分 3 次添加硅藻土。

操作特点是：不断更新滤床，过滤速率快，产量大；表面积大，吸附力强，能过滤 0.1～1.0μm 的微粒；酒损低。

(2) 板式过滤机 板式过滤机是由棉饼过滤机发展而来，用精制木材纤维和棉纤维掺和木棉或硅藻土等吸附剂压制而成的滤板作为过滤介质，其中的纤维形成骨架，要求具有良好的抗腐能力和强度。石棉和硅藻土包埋在纤维骨架内，石棉起吸附作用，硅藻土可提高通透性，也可用于精滤，滤出无菌啤酒。

(3) 微孔薄膜过滤法 微孔薄膜过滤法是使用生物和化学稳定性很强的合成纤维或塑料制成的多孔膜作为过滤介质。特点是：过滤性能好，产品生物稳定性好，可以实现无菌过滤，主要用于无菌鲜啤酒；有利于啤酒的泡沫稳定性，成品无过滤介质污染；产品损失率低。

(4) 离心分离法 离心分离法是利用不同的物质存在的密度差异，在离心力场下离心力不同，将不同的物质分离。特点是：酒损降至最低限度，无酒水混合之误；产品无污染，无风味损失；无过滤介质的排污；运转费用低；高速转动与空气摩擦生热，出口酒升温 3.5℃；酒液易产生冷浑浊；设备易受泥浆阻塞，须停机清洗。

2. 啤酒的包装与杀菌

啤酒的包装是啤酒生产的最后一道工序，对啤酒的质量和外观有直接影响，过滤完的啤酒，包装前存放在低温清酒罐中，通常同一批酒应在 24h 内包装完毕。

工艺流程：过滤好的啤酒从清酒罐分别装入瓶、罐或桶中，经过压盖、生物稳定处理、贴标、装箱成为成品啤酒或直接作为成品啤酒出售。

熟啤酒：经过巴氏灭菌或瞬时高温灭菌的啤酒。

鲜啤酒：未经巴氏灭菌或瞬时高温灭菌，而采用其他物理方法除菌，达到一定生物稳定性的啤酒。

纯生啤酒：不经过巴氏灭菌，但经过无菌过滤等处理的啤酒。

(1) 瓶装啤酒 为了保持啤酒质量，减少紫外线的影响，一般采用棕色或深绿色的玻璃瓶包装。空瓶经浸瓶槽（碱液 2%～5%、40～70℃）浸泡，然后通过洗瓶机洗净，再经灌装机灌入啤酒、压盖机压上瓶盖，经杀菌机巴氏杀菌后，检查合格即可装箱出厂。

包装流程见图 2-8。

CO$_2$　瓶盖　商标

啤酒瓶→选瓶→洗瓶→验瓶→灌装→压盖→验酒→杀菌→验酒→贴标→装箱→瓶装熟啤酒

滤清啤酒

图 2-8　成品啤酒包装流程

工艺操作要点如下所述。

① 空瓶的洗涤：要求瓶内外无残存物，瓶内无菌，瓶内滴出的残水不得呈碱性反应。洗涤剂要求无毒性。

② 装瓶：装瓶要严格无菌操作，目前啤酒厂都采用高速装瓶机进行装瓶，最高生产能力达到 120 000 瓶/（h・台），高速装瓶机必须有相应高速的洗瓶、杀菌、贴标等机械配合。一般装瓶机的标准系列生产能力为 24 000 瓶/(h・台)、36 000 瓶/(h・台)、48 000 瓶/(h・台)。啤酒中 CO_2 控制在 0.45%～0.55%；溶解氧含量小于 0.3mg/L。

③ 压盖：灌装好的啤酒应尽快压盖，瓶盖要通过无菌空气除尘处理。

④ 杀菌：习惯上把 60℃经过 1min 处理所达到的杀菌效果称为 1 个巴氏杀菌单位，用 Pu 表示。

$$杀菌效果=T\times 1.393(t-60)$$

式中，T 为时间，min；t 为温度，℃；生产上一般控制在 15～30Pu。

常用杀菌设备：隧道式喷淋杀菌机；步移式巴氏杀菌机。

热杀菌方式：多采用巴氏杀菌。

杀菌操作：待杀菌的装瓶啤酒从杀菌机一端进入，在移动过程中瓶内温度逐步上升，达到 62℃左右（最高杀菌温度）后，保持一定时间，然后瓶内温度又随着瓶的移动逐步下降至接近常温，从出口端进入相邻的贴标机贴标。整个杀菌过程需要 1h 左右。

杀菌水尽量使用软化水，以防钙、镁盐沉积后堵塞喷嘴。啤酒杀菌后还要贴标、检验及装箱。

(2) 罐装啤酒　罐装啤酒的包装容器是马口铁制成的三片罐和铝材经冲拔工艺制成的两片罐，目前啤酒厂大多使用的是铝罐。

操作要点：

① 空罐要经清洗、紫外线灭菌。

② 灌装的啤酒应清亮透明，浅满一致；封口后，易拉罐不变形，不允许泄漏，保持产品正常外观。

③ 杀菌装罐封口后，罐倒置进入巴氏杀菌机。杀菌温度一般为 61～62℃，时间 10 min 以上。杀菌后，经鼓风机吹除罐底及罐身的残水。

④ 液位检查，当液位不符合要求时，自动剔除。

⑤ 打印日期，自动喷墨机在易拉罐底部喷上生产日期或批号。打印后，罐装啤酒倒正，然后装箱。

优点：不回收使用后的空罐，节省了 1/2 的容器运费；罐体重量轻，便于携带；空罐装酒前只需清水洗涤，比洗瓶工艺简单；金属罐壁传热快，可缩短杀菌时间而节省热能；罐体预先印制商标，取消了贴标机。

缺点：空罐只能使用一次，增加了包装成本；灌装时酒损较大，包装后的监测过程较复杂。

八、啤酒生产的质量控制

1. 感官要求

啤酒应清亮透明，没有明显的悬浮物和沉淀物。当注入洁净的玻璃杯中时，应有泡沫升起，泡沫洁白，挂杯较持久。有酒花香气，口味纯正，无异香异味。

2. 理化要求

GB 4927—2008 规定见表 2-10。

表 2-10　淡色啤酒理化要求

项目		优级	一级
酒精度①/(%vol)　≥	≥14.1°P	5.2	
	12.1°P～14.0°P	4.5	
	11.1°P～12.0°P	4.1	
	10.1°P～11.0°P	3.7	
	8.1°P～10.0°P	3.3	
	≤8.0°P	2.5	
原麦芽汁浓度②/°P		*X*	
总酸/(mL/100mL)　≤	≥14.1°P	3.0	
	10.1°P～14.0°P	2.6	
	≤10.0°P	2.2	
二氧化碳③/%(质量分数)		0.35～0.65	
双乙酰/(mg/L)　≤		0.10	0.15
蔗糖转化酶活性④		呈阳性	

① 不包括低醇啤酒、无醇啤酒。

② “*X*”为标签上标注的原麦芽汁浓度，≥10.0°P 允许的负偏差为“−0.3”；<10.0°P 允许的负偏差为“−0.2”。

③ 桶装（鲜、生、熟）啤酒二氧化碳不得小于 0.25%（质量分数）。

④ 仅对“生啤酒”和“鲜啤酒”有要求。

3. 保存期

12°P 瓶装鲜啤酒的保存期在 7d 以上，熟啤酒在 60d 以上。

4. 卫生要求

（1）理化要求　二氧化硫残留量以游离二氧化硫计，必须低于 0.05g/kg。黄曲霉毒素 B_1 必须低于 5μg/kg。

（2）细菌要求　熟啤酒中细菌总数必须少于 50 个/mL，其中大肠菌群数规定 100mL 熟啤酒中不得超过 3 个，而鲜啤酒中不得多于 50 个。

1. 啤酒酿造对大麦有哪些质量要求？
2. 写出糖化时的操作步骤。
3. 简述麦芽汁煮沸的目的。
4. 简述添加酒花的作用。

第四节　葡萄酒生产技术

一、概述

葡萄酒是新鲜葡萄或葡萄汁经发酵酿制而成的低酒精度饮料酒，乙醇含量为 11%左右。葡萄酒产量在世界饮料酒中列第二位，由于其乙醇含量低，营养价值高，所以是饮料酒中主要的发展品种。

1. 我国葡萄酒生产的历史与发展趋势

我国商朝就已出现葡萄酒，西汉时张骞从西域引进内地，唐元两朝达到兴盛，自明朝开始逐渐淡化，清朝时更加衰败，直到清末华侨张弼士创建了张裕葡萄酿酒公司，近代葡萄酒业才开始起步，但连续的战乱，使葡萄酒业难以发展壮大，张裕葡萄酿酒公司几乎关闭。中华人民共和国成立以后，国内葡萄酒业才有了长足发展，实现了跨越式、全方位的快速发展，形成了有中国特色的十大葡萄酒产区和上百家葡萄酒生产企业。许多新工艺、新设备得到推广应用，使中国葡萄酒工业的整体素质有了很大提高。

在第一个五年计划期间，许多老厂进行了扩建、改造，提高了质量，扩大了品种，增加了产量。经过第四、第五个五年计划，我国葡萄酒业已拥有一批技术过硬的队伍，总产量持续增加，品种逐渐增多，质量不断提高，随着人民生活水平的不断提高，消费量也不断攀升。现在，我国已形成在世界葡萄酒界占有一席之地、欣欣向荣的葡萄酒业。

2. 葡萄酒的种类、风味物质成分及营养价值

(1) 葡萄酒的种类 葡萄酒的类型较多，因葡萄的栽培、葡萄酒的生产工艺条件不同，产品风格各不相同，一般按酒的颜色深浅、含糖量高低、是否含 CO_2 及采用的酿造方法等来分类。

① 按酒的颜色分类

a. 红葡萄酒——呈宝石红、紫红或石榴红色。

b. 白葡萄酒——呈浅黄、禾秆黄色等。

c. 桃红葡萄酒——呈淡玫瑰红、桃红、浅红色等。

② 按含糖量分（以葡萄糖计）

a. 干葡萄酒——含糖量≤4g/L。

b. 半干葡萄酒——含糖量 4.1～12g/L。

c. 半甜葡萄酒——含糖量 12.1～50g/L。

d. 甜葡萄酒——含糖量 ≥50g/L。

③ 按 CO_2 含量分类

a. 静止葡萄酒——酒内溶解的 CO_2 含量极少，开瓶后不产生气泡。

b. 起泡葡萄酒——由葡萄原酒加糖进行密闭二次发酵产生 CO_2 而成。起泡葡萄酒又分为高泡葡萄酒和低泡葡萄酒。

④ 按酿造方法分类

a. 天然葡萄酒——完全采用葡萄原汁发酵而成，不外加糖或乙醇。

b. 加强葡萄酒——葡萄发酵后，添加白兰地或中性乙醇来提高乙醇含量的葡萄酒。

c. 加香葡萄酒——在葡萄酒中浸泡芳香植物或加入芳香植物浸出液制成。

(2) 葡萄酒的成分

① 糖类：葡萄酒中的糖类主要由果糖和葡萄糖组成，成熟时二者的比例基本相同，在酵母作用下发酵生成乙醇、CO_2 和多种副产物。此外还有少量的阿拉伯糖、木糖、鼠李糖、棉子糖、麦芽糖、半乳糖。

② 乙醇：乙醇是除水以外在葡萄酒中含量最高的成分，主要来自葡萄酒发酵，某些贮存期较长的优质葡萄酒部分乙醇来自苹果酸的分解。

③ 高级醇：葡萄酒中的高级醇是指两个碳以上的醇类，其中90%以上为戊糖、异戊糖、异丁醇。高级醇是酒的香气成分之一，又是香气物质的良好溶剂。

④ 甘油：酒精发酵的副产物，占乙醇含量的 1/15～1/10，是除水、乙醇之外，葡萄酒

中最重要的成分。

⑤ 有机酸：葡萄的酸度主要来自酒石酸和苹果酸。在成熟葡萄中，还有少量的柠檬酸。酸的存在形式：一部分以游离的形式存在；一部分以盐类形式存在，其存在形式随 pH 的不同而改变。一般 pH 为 3.3～3.5 时适宜发酵。

⑥ 果胶质：果胶是一种多糖类的复杂化合物，含量因葡萄品种而异。少量果胶的存在能增加酒的柔和味，过多，对酒的稳定性有影响。

⑦ 酯类：葡萄酒的重要香气成分，酒中含量较少，主要包括乙酸乙酯、乳酸乙酯、琥珀酸乙酯、酒石酸乙酯。

⑧ 氨基酸：葡萄酒风味和营养的最重要部分，能赋予葡萄酒一种特殊风味。其中主要有脯氨酸、丝氨酸、亮氨酸和谷氨酸。

⑨ 醛类：葡萄酒中存在少量的乙醛和乙缩醛，是葡萄酒的香味成分之一。

⑩ 色素：红葡萄酒中色素含量较高，是形成红葡萄酒颜色的主要成分。

⑪ 无机盐：主要包括钾、钠、铁、镁等，与酒石酸、苹果酸形成各种盐类。

⑫ 维生素：葡萄酒中含有多种维生素，且种类齐全，主要有维生素 C、维生素 B_1、维生素 B_2、维生素 B_6 和维生素 B_{12} 等。

(3) 葡萄酒的营养价值 葡萄酒营养丰富，营养价值和医疗价值很高。饮用葡萄酒有利于蛋白质的同化和胆汁、胰腺的分泌，有助于消化；红葡萄酒中的单宁有助于调整结肠的功能；葡萄酒中含有不饱和脂肪酸和原花色素成分，能减少沉积于血管壁内的胆固醇，有利于心血管病的防治。

二、酿酒用葡萄

1. 葡萄的构成

葡萄包括果梗和果粒两个部分，果粒又由果皮、果核和果肉三部分组成。

(1) 果梗及其成分 果梗是果实的支持体，含大量水分、纤维素、树脂、单宁、无机盐，只含少量的糖分和有机酸。

(2) 果皮及其成分 果皮占果粒质量的 8%左右，含有单宁、多种色素及芳香物质，除少数染色品种外，葡萄浆果的色素只存在于果皮中，主要有花色素和黄酮。

(3) 果核及其成分 果核占果粒质量的 3%左右。果核中含有多种有害葡萄酒风味的物质，如脂肪、树脂、挥发酸等，这些成分如在发酵时带入醪液，会严重影响葡萄酒品质。

(4) 果肉和汁 果肉是果粒最重要的部分，占其总质量的 80%～85%。果肉经破碎后产出葡萄汁。果肉和果汁的主要成分有糖、有机酸、果胶质和无机盐等。

2. 酿酒用葡萄品种

不同类型的葡萄酒对葡萄的特性要求也不同，目前全世界有超过 8000 种可以酿酒的葡萄品种，但可以酿制上好葡萄酒的葡萄品种只有 50 种左右，可以分为白葡萄和红葡萄两种。

(1) 酿造白葡萄酒的优良品种 酿造白葡萄酒的优良品种主要有龙眼、雷司令、贵人香、白羽、霞多丽等。

① 龙眼，又名秋紫，原产于中国，具有悠久的栽培历史。该种葡萄果皮中等厚，紫红色，果肉柔软多汁，是酿制干白葡萄酒、优质香槟酒和半甜葡萄酒的主要品种之一。

② 雷司令，原产于德国莱茵地区，该品种适应性强，较易栽培，但抗病性较差。酿制酒为浅禾黄色，香气浓郁，酒质纯净，主要用于酿造优质干白、甜白葡萄酒及香槟酒。

③ 贵人香，别名意斯林，原产于意大利，1982 年引入中国。贵人香是酿制优质白葡萄

酒的良种，也是酿制香槟酒、白兰地和加工葡萄汁的好品种。

④ 白羽，原产于格鲁吉亚。果皮薄，绿黄色，果肉易分离；果肉柔软多汁，味鲜且甜酸适度，是目前我国酿造白葡萄酒的主要品种之一，同时还可酿造白兰地和香槟酒。

⑤ 霞多丽，别名查当尼、莎当妮、夏多内，原产自勃艮第，是目前全世界最受欢迎的酿酒葡萄，属早熟型品种。霞多丽是干白葡萄酒最适合橡木桶培养的品种，其酒香味浓郁，口感圆润，经久存可变得更丰富醇厚。霞多丽以制造干白酒及气泡酒为主。

(2) 酿造红葡萄酒的优良品种 酿造红葡萄酒的优良品种主要有赤霞珠、佳丽酿、蛇龙珠、品丽珠、美乐等，根据果实所含色素的多少和酿造方法不同，可酿制红葡萄酒或白葡萄酒。

① 赤霞珠，欧亚种，原产于法国，是法国波尔多地区传统的酿制红葡萄酒的优良品种。1892 年烟台张裕公司首批由欧洲引进。1980 年以后，我国又多次从法国、美国、澳大利亚引入。赤霞珠是我国栽培面积最大的酿酒葡萄品种。该品种由于适应性强，酒质优良，因而成为世界各葡萄酒生产国主栽的红葡萄酒品种。用赤霞珠酿造红葡萄酒，必须经过橡木桶的贮藏陈酿，才能获得高质量的优质红葡萄酒。

② 佳丽酿，别名法国红，属欧亚种，原产于西班牙。酿制酒为深宝石红色，味醇正，酒体丰满。该品种适应性强，耐盐碱，丰产，是酿制红葡萄酒的良种之一，亦可酿制白葡萄酒。

③ 蛇龙珠，是赤霞珠或品丽珠的无性芽变品种。法国没有这个品种，只有赤霞珠和品丽珠。1892 年张裕公司自欧洲引进赤霞珠、品丽珠，并由这两个品种选育出蛇龙珠品种。它是赤霞珠、品丽珠的姐妹品种，在中国通称“三珠葡萄”。蛇龙珠葡萄在中国栽培，其适应性、抗逆性、丰产性，均比其他两个品种强。用它酿成的干红葡萄酒，果香浓、典型性强，也优于其他两个品种。因而该品种颇受果农和酿酒厂家的欢迎，在山东、河北及其他地区有大面积栽培。

④ 品丽珠，欧亚种，原产于法国，为法国古老的酿酒品种，世界各国均有栽培。该品种其产量和酒质不如赤霞珠和蛇龙珠，因而大面积推广受到限制。近年从法国新引进的品丽珠营养系植株，在栽培性状方面有很大提高，也比较丰产，但成熟果实的色泽浅，酒质不如其他两个品种。

⑤ 美乐，欧亚种，原产于法国。该品种与其他著名品种如赤霞珠配合，能酿造出质量极佳的干红葡萄酒。美乐为法国古老的酿酒品种。用它单独酿造的干红葡萄酒果香浓郁，口味舒顺流畅，不用陈酿就可上市，颇受消费者欢迎。近年从法国引进的营养系植株，在我国主要葡萄产区，得到大力推广发展。

三、葡萄酒生产的基本原理及相关微生物

1. 葡萄酒生产的基本原理

利用野生或人工酵母菌分解葡萄汁中可发酵性糖，产生乙醇，同时产生甘油、乙醛、醋酸、乳酸和高级醇等副产物，再在陈酿澄清过程中，经酯化、氧化、沉淀等作用，赋予葡萄酒特殊风味，最终形成酒液澄清、色泽鲜美、醇和芳香的葡萄酒产品。

(1) 酒精 酒精发酵是葡萄酒酿造最主要的阶段，其反应非常复杂。葡萄汁中的可发酵性糖在葡萄酒酵母的作用下，转化成乙醇和二氧化碳，同时生成少量的酮醛类、甘油、高级醇、有机酸、酯类及其他副产物。乙醇能防止杂菌对酒的破坏，对保证酒的质量有一定作用。因此，果酒的酒精度大多在 12%vol～14%vol。

$$C_6H_{12}O_6 \xrightarrow{\text{EMP 途径}} \text{丙酮酸} \xrightarrow{\text{丙酮酸脱羧酶}} \text{乙醛} \xrightarrow{\text{乙醇脱氢酶}} \text{乙醇}$$

总反应：$C_6H_{12}O_6 \rightarrow CH_3CH_2OH + CO_2 + \text{热量}$

（2）有机酸 葡萄酒中的酸有原料本身具有的，如酒石酸、苹果酸、微量柠檬酸等；也有发酵过程中产生的，如醋酸、丁酸、乳酸、琥珀酸等。

$$\text{苹果酸} \longrightarrow \text{乳酸} + CO_2$$

由于苹果酸是二元羧酸，而乳酸为一元羧酸，故这一过程有生物降酸的作用。

酒中含酸量如果适当，酒的滋味就醇厚、协调、适口，反之则差。同时，酸对防止杂菌的繁殖也有一定作用。

（3）酯类 酵母菌代谢过程中产生部分生化酯类，同时葡萄酒在陈酿过程中有机酸与醇类发生化学反应产生化学酯类，构成葡萄酒的主要香气成分。

（4）甘油 葡萄酒酵母在糖酵解过程中，磷酸二羟丙酮氧化 1 分子 $NADH_2$，形成 1 分子甘油。甘油可使酒的口感变得圆润甘甜，更易入口。甘油的生成受菌种、葡萄汁含糖量、pH、发酵温度等因素影响。

（5）葡萄酒色、香、味的形成

① 色泽：葡萄酒中的色泽主要来自葡萄中的花色素苷。发酵过程中产生的乙醇和 CO_2 均对花色素苷有促溶作用。单宁也有增加色泽的作用。故发酵阶段，酒液色泽会加深。

② 香气：来源于葡萄皮中葡萄果香，即葡萄中含有的特殊香气成分；发酵过程中产生，如酯类、高级醇、缩醛等成分；贮存过程中形成有机酸，与醇类形成酯。

③ 口味：主要是乙醇、糖类、有机酸。

同一种成分往往对色、香、味有不同程度的作用。故葡萄酒的色、香、味三者的成分是很难截然分开的。

2. 葡萄酒生产中的微生物

成熟葡萄上附着大量的酵母菌细胞，在利用自然发酵酿造葡萄酒时，这部分附着在葡萄上的酵母菌在酿酒过程中起着主要作用。在葡萄汁中分离出来的酵母菌分为三类：一是葡萄酒酵母，发酵力强，耐乙醇性好，产乙醇能力强，生产有益的副产物多；二是野生酵母，发酵能力比较弱，但其与第一类酵母菌的数量比例可高达 1000∶1；三是产膜酵母，是一种好气性酵母菌，当发酵容器未灌满葡萄汁时，产膜酵母便会在葡萄汁液面上生长繁殖，使葡萄酒变质。

在现代葡萄酒的生产过程中，越来越广泛地采用纯种培养的优良酿酒酵母代替野生酵母发酵。优良的葡萄酒酵母菌应满足以下几个基本条件：具有很强的发酵能力和适宜的发酵速度，耐酒精性好，产乙醇能力强；抗二氧化硫能力强；发酵度高，能满足干葡萄酒生产的要求；能协助产生良好的果香和酒香，并有悦人的滋味；生长、繁殖速率快，不易变异，凝聚性好；不产生或极少产生有害于葡萄酒质量的副产物；发酵温度范围广，低温发酵能力好。

（1）葡萄酒发酵的酒母制备 葡萄酒酵母的来源有以下三种：

① 利用天然葡萄酒酵母：葡萄成熟时，在果实上生存有大量酵母菌，随果实破碎酵母菌进入果汁中繁殖、发酵，可利用天然酵母生产葡萄酒；

② 选育优良的葡萄酒酵母：为保证发酵的顺利进行，获得优质的葡萄酒，利用微生物方法从天然酵母中选育优良的纯种酵母菌；

③ 酵母菌菌株的改良：利用现代科学技术（人工诱变、同宗配合、原生质体融合、基因转化）制备优良的酵母菌菌株。

实际生产酵母菌扩大培养：

① 天然酵母的扩大培养：利用自然发酵方式酿造葡萄酒时，每年酿酒季节的第一罐醪液一般需较长时间才开始发酵，这第一罐醪液起天然酵母的扩大培养作用。它可以在以后发酵中作为种子液添加。

② 纯种酵母的扩大培养：斜面试管菌种接种到麦芽汁斜面试管培养、活化后，扩大10倍进入液体试管培养，后扩大12倍进入锥形瓶培养，后扩大12倍进入卡氏罐培养，后扩大24倍左右进入种子罐培养制成酒母。

斜面试管菌→麦芽汁斜面试管培养→液体试管培养
↓
酒母←酒母罐培养←卡氏罐培养←锥形瓶培养

酒母的添加：一般应在葡萄醪中加 SO_2 4～8h 后加入，以减少游离 SO_2 对酵母菌的影响。酒母用量一般为1%～10%。

（2）葡萄酒活性干酵母的应用 酵母生产企业根据酵母菌的不同种类，进行规模化生产（生产、培养工业用酵母等），然后在保护剂共存下，低温真空脱水干燥，在惰性气体保护下包装成商品出售。这种酵母菌具有潜在的活性，故称为活性干酵母。活性干酵母使用简便、易贮存。活性干酵母不能直接投入葡萄汁中发酵，需复水活化或活化后扩大培养才能使用。

① 复水活化直接使用：在35～42℃的温水中加入10%的活性干酵母，混匀，静置使之复水、活化，每隔10min轻轻搅拌一次，经20～30min，可直接添加到加过二氧化硫的葡萄汁中进行发酵。

② 活化后扩大培养制成酒母使用：将复水活化的酵母菌投入澄清的含80～100mg/L的 SO_2 的葡萄汁中培养，扩大5～10倍。当培养至酵母菌对数生长期后，再次扩大培养5～10倍。为防止污染，再次活化后酵母菌的扩大培养以不超过3级为宜，培养条件与一般的葡萄酒酒母培养条件相同。

四、葡萄汁的制备

1. 发酵前的准备工作

对设备进行全面检查，并对厂区环境、厂房、设备、用具等进行清洗、消毒和杀菌。

2. 分选

将不同品种的葡萄分别存放，以提高葡萄的平均含糖量，减轻或消除成酒的异味，增加酒的香味。分选工作最好在田间采收时进行。分选后应立即送往破碎机进行破碎。

3. 破碎与除梗

破碎的目的是使葡萄破裂而释放出果汁，葡萄的破碎率一般要求达到100%。破碎的要求是：每粒葡萄都要破碎；籽实不能压破，梗不能压碎；破碎过程中，葡萄及汁不能与铁、铜等金属材料接触。

在红葡萄酒的酿造中，葡萄破碎后，应尽快除去葡萄梗，除梗晚了会给酒带来一种青梗味。生产白葡萄酒，葡萄破碎后立即压榨，去梗可以在葡萄破碎前进行，也可在破碎后进行。

4. 果汁的分离与压榨

在白葡萄酒生产中，破碎后的葡萄浆提取自流汁后，还必须经过压榨操作。一般进行2～3次压榨。

自流汁：在破碎过程中，自动流出来的葡萄汁。

压榨汁：加压后流出来的葡萄汁。

5. 葡萄汁的改良

葡萄原料如果在适合的栽培季节，通常可以得到满意的葡萄汁，但若气候失调，葡萄中的酸多糖少，则生产出的葡萄汁达不到工艺要求，这就需要对葡萄汁进行改良。

(1) 糖度的调整 为保证葡萄酒的酒精含量，酿造不同品种的葡萄酒就需要葡萄汁有固定的糖浓度。通常添加浓缩葡萄汁或蔗糖。

① 添加白砂糖：准确计量葡萄汁体积，将糖用葡萄汁溶解制成糖浆，加糖后要充分搅拌，使其完全溶解并记录溶解后的体积。最好在酒精发酵刚开始一次加入所需的糖。

② 添加浓缩葡萄汁：先对浓缩汁的含糖量进行分析，得到浓缩汁的添加量。添加时要注意浓缩汁的酸度，若酸度太高，需在浓缩汁中加入适量 $CaCO_3$ 中和，降酸后使用。

(2) 酸度的调整 葡萄汁在发酵前一般将酸度调到 6g/L，即 pH 3.3～3.5。若酸度低，可添加酒石酸或柠檬酸，生产红葡萄酒一般添加酒石酸，生产白葡萄酒添加柠檬酸。若酸度高可添加降酸剂 $CaCO_3$ 等。

6. SO_2 的作用

(1) 杀菌抑菌 SO_2 能抑制微生物的活动。细菌对 SO_2 最敏感，其次是尖端酵母，而葡萄酒酵母抗 SO_2 的能力强。

(2) 澄清作用 在葡萄汁中添加适量的 SO_2，可使葡萄汁中的杂质有时间沉降下来并除去，延缓葡萄汁的发酵使葡萄汁获得充分澄清。这种澄清作用对制造白葡萄酒、淡红葡萄酒以及葡萄汁的杀菌都有很大的益处。若要使葡萄汁在较长时间内不发酵，添加的 SO_2 量还要加大。

(3) 溶解作用 添加 SO_2 后生成的亚硫酸有利于果皮中色素、酒石酸、无机盐等的溶解，这种溶解作用对葡萄汁和葡萄酒色泽有很好的保护作用，有利于增加酒的色度和果皮浸出物的含量。

(4) 抗氧化作用 SO_2 能防止酒的氧化，减少单宁、色素的氧化，能阻碍和破坏葡萄中的多酚氧化酶，防止氧化浑浊，颜色退化，防止葡萄汁过早褐变。

(5) 增酸作用 SO_2 的添加还起到了增酸作用，因为 SO_2 阻止了分解酒石酸与苹果酸的细菌活动，生成的亚硫酸氧化成硫酸，与苹果酸及酒石酸的钾、钙等盐类作用，使酸成为游离状态，增加了不挥发酸的含量。

SO_2 的添加量取决于葡萄品种、葡萄汁成分、温度、酿酒工艺等。国际葡萄栽培与酿酒组织提出葡萄酒中总 SO_2 允许含量为：干白葡萄酒 350mg/L；干红葡萄酒 300mg/L；甜酒 450mg/L。游离 SO_2 含量为：干白葡萄酒 50mg/L；干红葡萄酒 30mg/L；甜酒 100mg/L。

五、葡萄酒的发酵

1. 干红葡萄酒发酵工艺

(1) 工艺流程 生产干红葡萄酒选用单宁含量低、糖含量高的优良酿造葡萄为原料，生产工艺流程见图 2-9。

红葡萄→分选→破碎→去梗→葡萄浆→加 SO_2→主发酵
↓
新干红葡萄酒←换桶←后发酵←调整成分←前发酵←压榨
↓
陈酿→调配→澄清→冷冻→过滤→装瓶→成品

图 2-9　干红葡萄酒生产工艺流程

(2) 工艺操作

① SO_2 处理：发酵前进行 SO_2 处理，采用一边打入葡萄浆，一边滴加 SO_2，或者在发酵容器内装满 80%葡萄浆时一次加入全部 SO_2。SO_2 的添加量应根据葡萄的成熟度、新鲜或腐烂程度以及发酵温度确定。

② 主发酵控制：主要进行酒精发酵、浸提色素物质和芳香物质。酵母菌接种量一般为 1%～3%，低温发酵温度为 15～16℃，时间 5～7d；高温发酵为 24～26℃，时间 2～3d。当酒液残糖量降至 0.5%，发酵液面只有少量 CO_2 气泡，“酒盖”下沉，发酵温度接近室温，这表明前发酵结束。

发酵后酒液质量要求：呈深红色或淡红色；有乙醇、CO_2 和酵母味，但不得有霉、臭、酸味，乙醇含量 9%～11%，残糖 0.5%，挥发酸 小于或等于 0.04%。

③ 酒醪固液分离：主发酵结束后，先将自流酒液从排除口放净，然后立即清理出皮渣进行压榨，得到压榨酒。自流原酒和压榨原酒分开或混合进行后发酵。

④ 后发酵：目的为继续残糖的发酵。前发酵结束后，原酒中还残留 3～5g/L 的糖分，这些糖分在酵母菌的作用下继续转化成乙醇和 CO_2；在后发酵期间，发酵得到的原酒中还残留部分糖分，后发酵结束后，酵母自溶或随温度降低形成沉淀，残留在原酒中的果肉、果渣随时间的延长自行沉降，形成酒脚，有澄清作用；排放溶解的 CO_2；原酒在后发酵过程中进行缓慢的氧化还原作用，促使醇酸酯化，使酒的口味变得柔和，风味更趋完善，有陈酿作用；苹果酸-乳酸发酵的降酸作用，某些红葡萄酒在压榨分离后，需诱发苹果酸-乳酸发酵，对降酸及改善口味有很大好处。

2. 白葡萄酒发酵工艺

酿制白葡萄酒应选择色泽浅、含糖量高的优质葡萄作为原料。葡萄入厂分选、破碎后应立即进行压榨，迅速使果汁与皮渣分离，减少皮渣中色素等物质的溶出。

(1) 主要工艺条件及操作　前发酵温度以 16～22℃为宜，发酵期为 15d；后发酵温度应控制在 15℃以下，发酵期为 1 个月。发酵期间的操作、各项管理内容均同红葡萄酒发酵工艺一致。

(2) 白葡萄酒防氧化措施　氧化原因是白葡萄酒中含有多种酚类化合物，如色素、单宁、芳香物质等，这些物质有较强的嗜氧性，与空气接触时，很容易被氧化生成棕色聚合物，使白葡萄酒的颜色变深，甚至造成酒的氧化味。

防止氧化的措施：前发酵阶段严格控制品温；后发酵期控制较低的温度；避免酒液接触空气；添加 0.02%～0.03%皂土以减少氧化物质和降低氧化酶的活性；在发酵期罐内充入 N_2 或 CO_2 等；将铁、铜等金属工具及设备涂以食品级防腐材料。

3. 苹果酸-乳酸发酵的控制

(1) 温度　必须使葡萄酒的温度稳定在 18～20℃。红葡萄酒浸渍结束转罐时，应避免温度的突然下降，必要时需对葡萄酒进行升温。

(2) pH 的调整　苹果酸-乳酸发酵的最适 pH 为 4.2～4.5，若 pH 在 2.9 以下，则不能进行苹果酸-乳酸发酵。

(3) 通风　酒精发酵结束后，对葡萄酒进行适量通风，有利于苹果酸-乳酸发酵。

(4) 酒精和 SO_2　当酒液中的乙醇含量高于 10%，则苹果酸-乳酸发酵受到阻碍。乳酸菌对 SO_2 极为敏感，若对原料或葡萄醪的 SO_2 处理超过 70mg/L，则苹果酸-乳酸发酵就难顺利进行。

(5) 其他　将酒渣保留于酒液中，由于酵母自溶而利于乳酸菌生长，故能促进苹果酸-

乳酸发酵；酒中的氨基酸，尤其是精氨酸对苹果酸-乳酸发酵有促进作用；多酚类化合物能抑制苹果酸-乳酸发酵。

六、葡萄酒的贮存

1. 贮存目的

(1) 促进酒液的澄清 发酵结束后，酒中尚存在一些不稳定的物质，如过剩的酒石酸盐、单宁、蛋白质，还有一些胶体物质等，它们影响葡萄酒的澄清。在贮存过程中，结合满桶、换桶、下胶、过滤等工艺操作达到澄清。

(2) 促进酒的成熟 新葡萄酒由于各种变化尚未达到平衡、谐调，酒体显得单调、生硬、粗糙、单薄，经过一段时间的贮存，使幼龄酒中的各种风味物质之间达到和谐平衡。

2. 贮存条件

贮存温度：15℃左右；贮存湿度：相对湿度85%；环境：空气清新，不积存CO_2，故需经常通风，通风操作宜在早上进行。贮存期：一般白葡萄酒为1～3年；干白葡萄酒为6～10个月；红葡萄酒由于乙醇含量较高，同时单宁和色素物质含量较高，故贮存期较长，一般2～4年。

3. 贮存管理

(1) 隔绝空气、防止氧化

① 罐内充惰性气体：在酒进入贮罐前，先在罐内充CO_2或N_2，将罐中空气赶走，进酒结束后，用CO_2或N_2封罐，使罐压保持10～20kPa。

② 补加SO_2：防氧化、防腐。

(2) 满桶 作用是为了防止葡萄酒被氧化和被外界的细菌污染。由于气温、蒸发、逸出等，桶中出现酒液不满或逸出的现象，必须随时保持贮酒桶内的葡萄酒满桶。

操作：添加同质量的酒液或排出少量酒液的操作称为满桶。满桶的时间和次数，以实际情况和效果而定。乙醇含量在16%以上的甜葡萄酒可不必满桶。

(3) 换桶 指将酒从一个容器换入另一个容器，同时将酒液与酒脚分开的操作。

换桶目的是调整酒内溶解氧含量，逸出CO_2；分离酒脚；调整SO_2含量。

换桶时间：发酵结束后8～10d，进行第一次换桶；再经1～2月后，第二次换桶；再经3月后第三次换桶。

七、葡萄酒的净化与澄清

葡萄酒的外观质量除色、香、味要求外，还必须澄清透明。采用自然澄清的办法往往需要很长时间，一般需要2～4年，因此常采用人工澄清的方法，如下胶、脱色等。

1. 葡萄酒的下胶澄清

下胶就是在葡萄酒中添加一定量的有机或无机的不溶性物质，这些物质在酒中产生胶体网状沉淀，并将原来悬浮在酒中的悬浮物，包括微生物在内，一起凝结沉于桶底，从而使酒液澄清透明。

(1) 有机物下胶

① 下胶原理：利用蛋白质和单宁之间相互作用而产生絮状沉淀，慢慢下沉使酒变得澄清透明。在下胶时，除了单宁和蛋白质的相互作用外，酒里某些物质对不凝聚性蛋白质的直接作用，也增加了絮状体的密度，加快它们沉淀的速度。

② 下胶条件：葡萄酒必须发酵完毕，否则发酵中的 SO_2 将直接影响絮状沉淀物下沉，达不到澄清效果；葡萄酒中必须有一定量的单宁，白葡萄酒中单宁较少，下胶前应补加单宁；下胶时的温度不低于 8℃，最高不超过 30℃，最好的下胶温度为 20℃左右。为了加快沉淀，下胶 1～2d 后，再将温度调到 10℃左右更好。

③ 下胶方法：常用的下胶剂有明胶、鱼胶、蛋清、血粉、干酪素等。

(2) 无机物下胶 无机物一般不参与葡萄酒成分的化合作用，主要通过表面吸附作用及下沉时的机械过滤作用达到澄清目的。常用的无机物胶剂是硅藻土和膨润土。

2. 脱色

脱色主要是对白葡萄酒进行，常用的脱色剂是活性炭。

用活性炭脱色时，以少量葡萄酒稀释，确定活性炭的用量。再将活性炭和 2 倍左右的水混合搅拌成浓厚糊状，以少量葡萄酒稀释，然后与大量葡萄酒混合，并强烈搅拌，以免活性炭沉淀到底。脱色后进行下胶和过滤，否则会大大影响白葡萄酒的质量。

八、葡萄酒的病害及其防治

1. 破败病

(1) 铁破败病 葡萄酒的二价铁与空气中的氧接触生成三价铁，三价铁与磷酸盐反应生成磷酸铁白色沉淀，称为白色破败病。三价铁与葡萄酒中的单宁结合，生成黑色或蓝色的不溶性化合物，使葡萄酒变成蓝黑色，称为蓝色破败病。蓝色破败病常出现在红葡萄酒中，白色破败病常出现在白葡萄酒中。

防治方法：避免葡萄酒与铁质容器、管道、工具等直接接触；采取除铁措施，使铁含量降低；加入柠檬酸；避免与空气接触，防止酒的氧化。

(2) 铜破败病 葡萄酒中的 Cu^{2+} 被还原物质还原为 Cu^{+}，Cu^{+} 与 SO_2 作用生成 Cu^{2+} 和 H_2S，二者反应生成 CuS。生成的 CuS 首先以胶体形式存在，在电解质或蛋白质作用下发生凝聚，出现沉淀。

防治方法：在生产中尽量少用铜制容器或工具；在葡萄成熟前 3 周停止使用含铜农药；用适量硫化钠除去酒中所含的铜。

(3) 氧化酶破败病 在霉烂的葡萄果实中含有一种葡萄霉菌代谢过程中产生的氧化酶，当其含量达到一定值时，如果红葡萄酒与空气接触，则红葡萄酒变为棕褐色，酒变得平淡无味，酒液混浊不清，最后变成棕黄色，称为氧化酶破败病（又称棕色破败病）。

防治方法：选择成熟而非霉烂变质的果实，做好葡萄的分选工作；对压榨后的果浆，在发酵前，应采取 70～75℃热处理，并使用人工酵母；适当提高酒精度、酸度和 SO_2 的含量，以抑制酶类的活力；对已发病的葡萄酒，加入少量单宁，并加热到 70～75℃，杀菌，过滤。

2. 其他病害

(1) 蛋白质沉淀 在葡萄酒中，存在着一定量的蛋白质，当酒中的 pH 接近酒中所含蛋白质的等电点时，易发生沉淀。此外，蛋白质还可以和酒中含有的某些金属离子、盐类等物质聚集在一起而产生沉淀，影响酒的稳定性。

防治方法：及时分离发酵原酒；先进行热处理，加速酒中蛋白质的凝结，然后冷处理，低温过滤，除去沉淀物；控制用胶量；加入蛋白酶分解葡萄酒中的蛋白质。

(2) 酒石酸沉淀 在葡萄酒中会有大量的酒石酸（占葡萄酒总有机酸含量 50%以上），同时也含有一定量的 K^{+}、Cu^{2+}、Ca^{2+} 等，故在葡萄汁中存在一定浓度的酸盐，主要是酒石酸钙和酒石酸氢钾，由于其溶解度小，常形成沉淀，俗称酒石，影响葡萄酒的稳定性。酒石酸钙和酒石酸氢钾的溶解度随乙醇含量的增加及酒液温度的下降而减小。

防治方法：严格执行陈酿阶段的工艺操作，及时换池、清除酒脚、分离酒石；对原酒进行冷冻处理，低温过滤；用离子交换树脂处理原酒，清除钾离子和酒石酸。

九、葡萄酒生产的质量控制

1. 葡萄酒的感官要求

我国葡萄酒标准（GB 15037—2006）的感官要求见表 2-11。

表 2-11 葡萄酒的感官要求

项目			要求
外观	色泽	白葡萄酒	近似无色、微黄带绿、浅黄、禾秆黄、金黄色
		红葡萄酒	紫红、深红、宝石红、红微带棕色、棕红色
		桃红葡萄酒	桃红、淡玫瑰红、浅红色
	澄清程度		澄清，有光泽，无明显悬浮物(使用软木塞封口的酒允许有少量软木渣，封瓶超过1年的葡萄酒允许有少量沉淀)
	起泡程度		起泡葡萄酒注入杯中时，应有细微的串珠状气泡升起，并有一定的持续性
香气与滋味	香气		具有醇正、优雅、怡悦、和谐的果香与酒香，陈酿型的葡萄酒还应具有陈酿香或橡木香
	滋味	干、半干葡萄酒	具有醇正、优雅、爽怡的口味和悦人的果香味，酒体完整
		半甜、甜葡萄酒	具有甘甜醇厚的口味和陈酿的酒香味，酸甜谐调，酒体丰满
		起泡葡萄酒	具有优美醇正、和谐悦人的口味和发酵起泡酒的特有香味，有杀口力
典型性			具有标示的葡萄品种及产品类型应有的特征和风格

2. 葡萄酒的理化要求

我国葡萄酒标准（GB 15037—2006）的理化要求见表 2-12。

表 2-12 葡萄酒的理化要求

项目			要求
酒精度①(20℃)(体积分数)/%			≥7.0
总糖④(以葡萄糖计)/(g/L)	平静葡萄酒	干葡萄酒②	≤4.0
		半干葡萄酒③	4.1～12.0
		半甜葡萄酒	12.0～45.0
		甜葡萄酒	≥45.1
	高泡葡萄酒	天然型高泡葡萄酒	≤12.0(允许差为 3.0)
		绝干型高泡葡萄酒	12.1～17.0(允许差为 3.0)
		干型高泡葡萄酒	17.1～32.0(允许差为 3.0)
		半干型高泡葡萄酒	32.1～50.0
		甜型高泡葡萄酒	≥50.1
干浸出物/(g/L)	白葡萄酒		≥16.0
	桃红葡萄酒		≥17.0
	红葡萄酒		≥18.0
挥发酸(以乙酸计)/(g/L)			≤1.2
柠檬酸/(g/L)	干、半干、半甜葡萄酒		≤1.0
	甜葡萄酒		≤2.0
CO_2(20℃)/MPa	低泡葡萄酒	<250mL/瓶	0.05～0.29
		≥250mL/瓶	0.05～0.34
	高泡葡萄酒	<250mL/瓶	≥0.30
		≥250mL/瓶	≥0.35
铁/(mg/L)			≤8.0

续表

项目		要求
铜/(mg/L)		≤1.0
甲醇/(mg/L)	白、桃红葡萄酒	≤250
	红葡萄酒	≤400
苯甲酸或苯甲酸钠(以苯甲酸计)/(mg/L)		≤50
山梨酸或山梨酸钾(以山梨酸计)/(mg/L)		≤200

① 酒精度标签标示值与实测值不得超过±1.0%（体积分数）。

② 当总糖与总酸（以酒石酸计）的差值≤2.0g/L时，含糖最高为9.0g/L。

③ 当总糖与总酸（以酒石酸计）的差值≤2.0g/L时，含糖最高为18.0g/L。

④ 低泡葡萄酒总糖的要求与平静葡萄酒相同。

注：总酸不作要求，以实测值表示（以酒石酸计，g/L）。

【复习题】

1. 酿造葡萄酒的优良品种有哪些？有什么特点？试举例说明。
2. 如果葡萄浆果的成熟度不够，可采用什么方法进行改良？
3. SO_2 在葡萄酒酿造过程中有哪些作用？
4. 写出红葡萄酒生产的基本工艺流程。
5. 葡萄酒为什么要下胶？怎样下胶？

第五节 黄酒生产技术

一、概述

黄酒又称为老酒，是以稻米、黍米、玉米、小米、小麦等谷物为主要原料，利用酒药等多种微生物的共同作用，经蒸煮、加曲、糖化、发酵、压榨、过滤、煎酒、贮存、勾兑而成的乙醇含量为12%～18%的酿造酒。

1. 黄酒生产的历史与发展趋势

黄酒是我国特有的酒种，也是世界上最古老的酒饮料之一，已有4000多年的历史。历史上，黄酒的生产原料北方主要是粟（小米），南方多用稻米或糯米。传统的黄酒生产为自然发酵，主要凭经验酿酒，生产规模小，多为手工操作。改革开放以后，黄酒工业迅速发展，并在原料来源、酿酒菌种、酿酒机械、生产技术上取得了一系列重大的突破。

2. 黄酒的种类

黄酒乙醇浓度适中，风味独特，香气浓郁，口味醇厚，含有多种营养成分，是一种集食用和保健为一体的酿造酒，因而被国家列入重点扶持和发展的饮料酒。

黄酒产地较广，名称多样，有的以产地取名，如绍兴黄酒（浙江绍兴）、即墨老酒（山东即墨）等；有的根据酿造方法取名，如加饭酒（发酵一定时间后续加新蒸米饭）、老熬酒（将浸米酸水反复煎熬，代替乳酸培育酒母）等；有的以酒色取名，如元红酒（琥珀色）、竹叶青（浅绿色）、黑酒、红曲酒（红黄色）等，但黄酒大多数品种色泽黄亮，故称黄酒。

(1) 按原料分类

① 稻米类黄酒：使用的主要原料为籼米、粳米、糯米、血糯米、黑米等。大部分黄酒都属于稻米类黄酒。

② 非稻米类黄酒：使用的主要原料为黍米（大黄米）、玉米、青稞、荞麦、甘薯等。主要代表是山东的即墨老酒。

(2) 按产品含糖量分类

① 干黄酒：总含糖量等于或低于15.0g/L，如元红酒。

② 半干黄酒：总含糖量为15.1～40.0g/L。我国大多数高档黄酒均属此种类型，如加饭（花雕）酒。

③ 半甜黄酒：总含糖量为40.1～100g/L，如善酿酒。

④ 甜黄酒：总含糖量高于100g/L，如香雪酒、福建沉缸酒。

(3) 按生产工艺分类

① 传统工艺黄酒：以传统麦曲或淋饭酒母作为糖化发酵剂，以手工操作为主，生产周期较长，酒风味较好。按米饭冷却及投料方式可分为淋饭酒、摊饭酒和喂饭酒。

a. 淋饭酒：蒸熟的米饭用冷水淋凉，然后拌入酒药粉末，搭窝，糖化，最后加水发酵成酒，如绍兴香雪酒。一般淋饭酒品味较淡薄，不及摊饭酒醇厚，大多数将其醪液作为淋饭酒母用以生产摊饭酒。

b. 摊饭酒：蒸熟的米饭摊在竹箅上摊、翻，使米饭在空气中冷却，然后再加入麦曲、酒母（淋饭酒母）、浸米浆水等，混合后直接进行发酵，如绍兴元红酒、加饭酒、善酿酒、红曲酒等。

c. 喂饭酒：因在前发酵过程中分批加饭而得名，如嘉兴黄酒。

② 新工艺黄酒：基本上采用机械化操作，工艺上采用自然与纯种曲、纯种酒母相结合的糖化发酵剂，并兼用淋饭法、摊饭法、喂饭法操作，产量大，但风味不及传统工艺好，主要有新工艺大罐法。

(4) 按酿酒用曲的种类分类 有麦曲黄酒、小曲黄酒、红曲黄酒、乌衣红曲黄酒。

(5) 按酒的外观（如颜色、浊度等）分类 有清酒、浊酒、白酒、黄酒、红酒（红曲酿造的酒）等。

二、黄酒生产的原辅料及处理

1. 原辅料

(1) 大米 包括糯米、粳米、籼米。糯米分为粳糯和籼糯两大类，糯米蛋白质、灰分、维生素等成分比粳米和籼米少，因此酿成的酒杂味少。糖化发酵后酒中残留的糊精和低聚糖较多，酒味香醇。名优黄酒大多都是以糯米为原料酿造的，但糯米产量低，为了节约粮食，除了名酒外，普通黄酒大部分用粳米和籼米生产。

(2) 玉米 玉米淀粉中支链淀粉含量多。玉米所含的蛋白质大多为醇溶性蛋白，不含β-球蛋白，这有利于酒的稳定。玉米所含脂肪多集中于胚芽中，给糖化、发酵和酒的风味带来不利影响，因此玉米必须脱胚加工成玉米渣后才适于酿制黄酒。另外，与糯米、粳米相比，玉米淀粉结构致密坚硬，呈玻璃质的组织状态，糊化温度高，胶稠度硬，较难蒸煮糊化。因此，要注意对颗粒的粉碎度、浸泡时间和水温、蒸煮温度和时间的选择，以防因未达到蒸煮糊化的要求而老化回生，或水分过高、颗粒过烂而影响发酵。

(3) 小麦 小麦是制作麦曲的原料。小麦中含有丰富的淀粉和蛋白质，以及适量的无机盐等营养成分，具有较强的黏延性以及良好的疏松性，适宜霉菌等微生物的生长繁殖，使之产生较高活力的淀粉酶和蛋白酶等酶类，并能给黄酒带来一定的香味成分。小麦蛋白质含量比大米高，氨基酸中谷氨酸最多，它是黄酒鲜味的主要来源。制曲小麦应选用麦粒饱满完整、颗粒均匀、干燥、无霉烂、无虫蛀、无农药污染、皮层薄、胚乳粉状多的当年产的红色软质小麦。在制麦曲时，可在小麦中配10%～20%的大麦，以改善曲块升温透气性，促进好氧微生物的生长繁殖，提高麦曲的酶活力。

2. 原辅料处理

(1) 洗米和浸米

① 洗米：洗米可用自动洗米机或回转圆筒式洗米机，有的厂还使用特殊泵（如固体泵），它兼有洗米和输送米的作用，洗米洗到淋出的水无白浊为度。目前，国内有些工厂洗米和浸米同时进行，有的取消洗米而直接浸米。

② 浸米：淀粉充分吸水便于蒸煮糊化。浸米的水温，南方传统操作大多为常温，而新工艺大罐发酵则要求控制室温和水温为20℃左右，不超过30℃，以防止米变质。浸米时间根据水温高低、米质软硬、精白程度及米粒大小决定，一般1～3d不等。浙江的淋饭酒、喂饭酒和新工艺大罐发酵酒的浸米时间都是2～3d，最短的如福建老酒夏季只浸5～6h。浸米的程度以米粒保持完整，用手指掐米粒成粉状，无粒心为宜。新工艺大罐发酵要求米浆水酸度大于3g/L（以琥珀酸计），米浆水略稠，水面布满白色薄膜，浸米时间不少于48h。米粒浸泡结束就进行蒸饭。传统的摊饭酒酿造，浸米时间长达16～20d，浸米水的酸度达8g/L以上，以便抽取浸糯米的浆水（酸浆水）调节发酵液的酸度，抑制产酸细菌的繁殖。

(2) 蒸饭 目的是使米粒中的淀粉受热糊化，便于下一步淀粉水解。另外，蒸煮也起到杀菌作用，避免杂菌对糖化和发酵的干扰。蒸煮时间的长短取决于米质、蒸汽压力和蒸汽设备等因素。糯米和精白度高的软质粳米，常压下蒸煮15～20min即可；对于糊化温度较高的硬质粳米和籼米，要在蒸饭中途追加热水，以促使饭粒再次膨胀，同时适当延长蒸煮时间。用蒸桶蒸硬质粳米和籼米，须采用“双淋、双蒸”的蒸饭操作，以解决它们在蒸饭中易出现的米粒吸水不足、糊化不完全、白心生米多等问题。蒸饭以米饭“外硬内软、内无生心、疏松不糊、透而不烂、均匀一致”为宜。米粒蒸得不熟，会有生淀粉存在，这将影响下一步的糖化，使糖化率降低；蒸煮过头，饭粒易黏结成团，不利于淀粉糖化和酵母发酵。

(3) 米饭的冷却 蒸熟后的米饭，必须迅速冷却，使品温降低到适合发酵微生物繁殖的温度。

① 淋饭冷却法：在制作淋饭酒、喂饭酒、甜型黄酒及淋饭酵母时都采用淋饭冷却。它是用清洁的冷水从米饭上面淋下，一方面使温度下降，另一方面增加米饭的含水量，使热饭表面光滑，易于拌入酒药和“搭窝”操作，同时维持饭粒间隙，利于糖化发酵菌的生长繁殖。该法冷却迅速，冷后温度均匀，并可回淋操作，天气冷暖都可灵活掌握。

淋饭流出的部分温水可重复淋回饭中，经过温水复淋，使饭粒温度上下较均匀，里外较接近。冷水冷却后品温控制随拌曲（药）温度要求而定，一般30℃左右。如绍兴黄酒的饭温为26～32℃，福建沉缸酒的饭温控制为32～34℃。淋饭后要沥去淋饭的余水，防止拖带水分过多，不利于酒药中根霉菌的生长繁殖。

② 摊饭冷却法：传统的摊饭冷却是把米饭摊在洁净的竹席上或磨光的地面上，用木耙翻拌，使米饭自然冷却。此冷却方式可避免米饭表面的浆质被淋水洗掉，是摊饭酒的酿造特色之一。但该方法占地面积大，冷却时间长，如遇卫生条件差和操作不当时易污染有害微生物。

三、黄酒生产的基本原理及相关微生物

1. 黄酒发酵基本原理

黄酒发酵是在霉菌、酵母菌及细菌等多种微生物及其酶类共同参与下进行的复杂的生物

化学过程。黄酒发酵过程可分为前发酵和后发酵两个阶段，前发酵阶段先是酵母菌迅速增殖，然后乙醇大量生成，释放大量热量，此过程中曲霉糖化原料中的淀粉质成分，生成可溶性糖，之后酵母利用可溶性糖生成乙醇。后发酵即进入长时间低温发酵，最终积累糖、氨基酸等多种营养物质和风味物质，共同构成黄酒的色、香、味、体。

2. 黄酒酿造的主要微生物

(1) 霉菌

① 曲霉菌：曲霉菌主要存在于麦曲、米曲中，重要的有黄曲霉（米曲霉），另外有较少的黑曲霉等。

黄曲霉中的某些菌系能产生强致癌物黄曲霉毒素，所以为防止污染，酿酒用的黄曲霉必须经过检测。目前用于制造纯种麦曲的黄曲霉菌，有中国科学院的3800和苏州东吴酒厂的苏-16等。

黑曲霉主要产生糖化型淀粉酶，糖化能力比黄曲霉高，耐热、耐酸，糖化活力持久，出酒率高，但酒的质量不如用黄曲霉好，所以多数酒厂常用黄曲霉或适当添加少量黑曲霉，提高出酒率。

② 根霉菌：根霉菌是酒药中含有的主要糖化菌。根霉糖化力强，几乎能使淀粉全部水解成葡萄糖，还能分泌乳酸、琥珀酸和延胡索酸等有机酸，降低培养基的pH，抑制产酸细菌的侵袭。根霉菌的适宜生长温度为30～37℃，41℃也能生长。

③ 红曲霉：红曲霉是生产红曲的主要微生物，能分泌红色素使曲呈现红色。红曲霉能产生淀粉酶、麦芽糖酶、蛋白酶、柠檬酸、琥珀酸、乙醇等。

(2) 酵母菌 黄酒酿造属于多种酵母菌的混合发酵，有些可发酵产生乙醇，有些可发酵产生黄酒特有香味物质。酵母菌主要存在于酒药、米曲中。新工艺黄酒生产主要采用优良的纯种酵母，不但可以产生乙醇，也能产生黄酒的特有风味。

四、糖化发酵剂的制备

糖化发酵剂是黄酒酿造中使用的麦曲、酒药、酒母的总称。糖化发酵剂中含有大量的微生物细胞、各种水解酶及一些其他代谢物。

1. 麦曲和米曲

利用粮食原料，在适当的水分和温度条件下，繁殖、培养具有糖化作用的微生物的过程叫制曲。我国黄酒用曲的种类多样，根据制曲原料的不同分为麦曲和米曲。根据原料是否熟化，麦曲分为生麦曲和熟麦曲；米曲又可分为红曲、乌衣红曲和黄衣红曲等。

麦曲是以小麦为原料，经过保温自然发酵，使曲霉菌在小麦上生长繁殖制的曲。麦曲是比较重要的黄酒生产糖化剂，不仅广泛用于大米黄酒的生产，还用于黍米黄酒、玉米黄酒的生产。生产上使用的麦曲有两种。一种是自然培养的生麦曲。经轧碎的小麦加水制成（可拌入少量优质陈曲作为母种）块状，自然发酵而成。其主要的微生物有黄曲霉（或米曲霉）、根霉、毛霉和少量的黑曲霉、灰绿曲霉、青霉、酵母菌等。另一种是采用纯种黄曲霉或米曲霉菌种在人工控制的条件下进行扩大培养制成的熟麦曲。熟麦曲具有酶活力高、液化力强、用曲量少和适合机械化新工艺黄酒生产的优点，其不足之处是酶类及其代谢产物不够丰富多样，不能像自然培养麦曲那样赋予黄酒特有的风味。

根据制作工艺的不同，麦曲可分为块曲和散曲，主要是块曲，而踏曲又是块曲的代表，通常在夏季、秋初制作。下面以踏曲生产为例，介绍其生产工艺。

① 工艺流程：见图2-10。

小麦→过筛→轧碎→加水拌曲→制曲块→堆曲→培养→通风干燥→成品曲

图 2-10 踏曲生产工艺流程

② 操作要点：将过筛后除杂的小麦在轧麦机中轧成每粒3～5片，使麦皮破裂，胚乳内含物外露。轧碎的麦粒放入拌曲箱中加入20%左右的水，拌匀，使水分达到23%～25%，拌曲时也可以加进少量的优质陈麦曲作种子，以稳定麦曲的质量。然后在曲匣内踩成块状，以压到不散为度，再用刀切成块状，送入曲室里排成“丁”字形，关闭门窗保温培养，经过3～5d，麦曲品温由26℃升至50℃左右，曲块上霉菌菌丝大量繁殖，开窗通风降温，继续培养，品温逐渐下降，约经20d麦曲变得坚韧成块，将其按“井”字形叠起，通风干燥后使用。成品麦曲应具有正常的曲香味，白色菌丝均匀分布，无霉味或生腥味，无霉烂夹心，含水量为15%～18%，糖化力较强，在30℃时，每克曲每小时能产生700～1000mg的葡萄糖。

2. 酒药

酒药是以早籼米粉、辣蓼草等为原料，在固态条件下保温，自然发酵而成，含有多种糖化菌和发酵菌类，在酿制酒母中作为糖化菌和发酵菌的接种剂。常见有黑药、白药两种。酒药中的主要微生物是根霉、毛霉、酵母和少量的细菌，其中以根霉和酵母菌最为重要，具有糖化和发酵的作用。在摊饭酒的生产中，以酒药发酵的淋饭酒醅作酒母，并以此为糖化发酵剂生产摊饭酒。在喂饭酒和甜黄酒的生产中，也以酒药作糖化发酵剂。酒药的制作方法有传统法和纯种法两种，酒药种类包括传统的白药（蓼曲）和药曲，以及纯种培养的根霉曲等几种。

白药（蓼曲）：白药一般在初秋前后制作。

① 工艺流程：见图2-11。

水、辣蓼草粉（加入拌料）；陈酒药（加入接种）

米粉→拌料→打实→切块→滚圆→接种→入缸培养→入匾培养→入箩培养→出箩→晒药→成品酒药→装坛贮藏

图 2-11 白药制作工艺流程

② 操作要点：配方比例为糙米粉∶辣蓼草∶水＝20∶(0.4～0.6)∶(10.5～11)。选择老熟、无霉变的早籼米，在白药制作前一天去壳磨成粉，过60目筛。辣蓼草应在农历小暑到大暑之间采集，选用梗红、叶厚、软而无黑点、无茸毛、即将开花的辣蓼草，拣净水洗，烈日暴晒数小时，去梗留叶，当日晒干、舂碎、过筛，密封备用。因辣蓼草含有根霉、酵母等所需的生长素，在制药时还能起到疏松的作用。

选择糖化发酵力强、生长正常、温度易于掌握、生酸低、酒的香味浓的优质陈酒药作为母种，接入米粉量的1%～3%，可稳定和提高酒药的质量。

3. 酒母

酵母即“制酒之母”，是由少量的酵母逐渐扩大培养形成的酵母醪液，以提供黄酒发酵所需的大量酵母。根据培养方法的不同，黄酒酒母可分为两类：一是传统的自然培养法，以糯米、酒药、麦曲、水为原料，通过淋饭酒的酿造，自然繁殖培养酵母菌，这种酒母又称为淋饭酒母。二是用纯种黄酒酵母菌，以大米、麦曲、麸曲、乳酸、水等为原辅料，通过逐级扩大培养而成，称之为纯种培养酒母，常用于大罐发酵的黄酒新工艺生产。

(1) 淋饭酒母 淋饭酒母俗称酒娘，在传统的摊饭酒生产以前20～30d，要先制作淋饭酒母。

① 工艺流程：见图2-12。

水（加入浸米）；水（加入淋水）；酒药（加入落缸搭窝）；水、麦曲（加入加曲冲缸）

糯米→浸米→蒸饭→淋水→落缸搭窝→糖化→加曲冲缸→发酵开耙→后发酵→酒母

图 2-12 淋饭酒母制作工艺流程

② 操作要点：原料米投料分100kg和125kg两种，麦曲用量为原料米的15%～18%，

酒药用量为原料米的0.15%～0.2%，饭水总量为原料米3倍。浸米时间42～48h，淋冷后的米饭拌酒药搭窝后品温控制在27～29℃。经36～48h糖化后，乙醇含量在3%以上，加麦曲、水冲缸，24h后，酵母浓度升至（7～10）×10^8个/mL。米饭漂浮于液面上后，需用木耙进行搅拌，俗称开耙，第一次开耙后，每隔3～5h，进行第二、第三和第四次开耙，使醪液品温保持在26～30℃。落缸后第七天左右，即可将发酵醪灌入酒坛，装至八成满，俗称灌坛养醅，经20～30d的后发酵，乙醇含量达15%以上，挑选优良者可作酒母使用。

（2）纯种培养酒母 纯培养酒母按制备方法的不同，又分为速酿双边发酵酒母和高糖化酒母。速酿双边发酵酒母在醪中添加适量乳酸，调节pH，以抑制杂菌的繁殖。因制造时间短，故称速酿酵母。高糖化酵母，采用55～60℃高温糖化，高温灭菌，冷却后接入纯种酵母进行培养。

五、黄酒的酿造

1. 糖化（主发酵）

煮熟的米饭通过风冷或水冷落入发酵缸（罐）中，再加水、曲、酒药，混合均匀。落缸（罐）一定时间，品温升高，进入主发酵阶段，这时必须控制发酵温度，利用夹套冷却或搅拌调节液温，并使酵母呼吸和排出CO_2。主发酵是使糊化米饭中的糖类转化为可发酵性糖，并由酵母利用可发酵性糖转化成黄酒中的大部分乙醇，同时积累其他代谢物质。主发酵的工艺因不同生产方式而有所不同。

（1）摊饭法 将24～26℃的米饭放入盛有清水的缸中，加入淋饭酵母（用量为投料用米量的4%～5%，投料后的细胞数约为40×10^6个/mL）和麦曲，加入浆水，混匀后，经约12h的发酵，进入主发酵期。此时应开耙散热，注意温度的控制，最高温度不超过30℃。自开始发酵起5～8d，品温逐渐下降至室温，主发酵即告结束。

（2）淋饭法 将沥去水的27～30℃的米饭放入大缸，然后加入酒药，拌匀后，搭成倒喇叭形的凹圆窝，再在上面撒上酒药。维持品温32℃左右，经36～48h发酵，在凹圆窝内出现甜液，此时开始有乙醇生成。待甜液积聚到凹圆窝高度4/5时，加曲和水冲缸，搅拌。当发酵温度超过32℃，即开耙散热降温，使物料温度降至26～27℃，待品温升高至32℃，再次开耙。如此反复，自开始发酵起7d完成主发酵。

（3）喂饭法 落缸和淋饭法一样，搭窝后45～46h，将发酵物料全部翻入另一个盛有清水的洁净大缸内。翻缸后24h加麦曲，3h后第一次喂米饭，品温维持在25～29℃。约经20h，再进行第二次喂饭，操作方法如前，也是先加曲后加饭，加饭的量是第一次的一半。第二次喂饭后经5～8h，主发酵结束。喂饭的作用：一是不断供给酵母新鲜营养，使其繁殖足够的健壮酵母，以保证旺盛的发酵；二是使原料中的淀粉分批糖化发酵，以利于控制发酵温度，增强酒液的醇厚感，减轻苦味感。

（4）新工艺大罐法 将25℃左右的米饭连续放入拌料器，同时不断地加入麦曲、水和纯培养的速酿酒母或高温糖化酒母［接种量为10%左右，投料后的细胞数为（40～50）×10^6个/mL］，拌匀后落入发酵罐。落罐后12h开始进入主发酵期。可采用通入无菌空气的方法，将主发酵期的温度控制在28～30℃。自开始发酵起32h，品温改为维持在26～27℃，之后品温自然下降。大约自开始发酵起经72h，主发酵结束，进入后发酵。

2. 后发酵

经过主发酵后，酒醪中还有残余淀粉，一部分糖分尚未变成乙醇，需要继续糖化和发酵。因为经主发酵后，酒醪中乙醇浓度已达到13%左右，乙醇对糖化酶和酒化酶的抑制作用强烈，所以后发酵进行的相当缓慢，需要较长时间才能完成。经过这一过程，酒可成熟增香，变得较和谐并达到压榨前的质量要求。

(1) 摊饭法 酒醪分盛于洁净的小酒坛中，上面加瓦盖堆放在室内，后发酵需 80d 左右。

(2) 淋饭法 后发酵在酒坛中进行，一般需 30d 左右。

(3) 喂饭法 后发酵在酒坛中进行，一般需 90d 左右。

(4) 新工艺大罐法 主发酵结束后，将酒醪用无菌压缩空气压入后发酵罐，在 15～18℃条件下，后发酵时间 16～18d。

六、黄酒发酵后的处理

1. 压榨和添加着色剂

通过压榨，发酵成熟的酒醅分离得到酒液（生酒）和酒糟。生酒中含有淀粉、酵母、不溶性蛋白质和少量纤维素等物质，必须在低温下对生酒进行澄清处理，先在生酒中加入焦糖色，搅拌后再进行过滤。目前，黄酒压榨都采用气膜式板框压滤机。

压榨出来的酒液颜色是淡黄色（米曲类黄酒除外），按传统习惯必须添加糖色。通常在澄清池已接收约 70％的黄酒时开始加入用热水或热酒稀释好的糖色，一般普通干黄酒每吨用量为 3～4kg，甜黄酒和半甜黄酒可少加或不加。

2. 煎酒

煎酒的目的是杀死酒液中的微生物和破坏残存酶的活性，除去生酒杂味，使蛋白质等胶体物质凝固沉淀，以确保黄酒质量稳定。另外，经煎酒处理后，黄酒的色泽变得明亮。煎酒温度应根据生酒的酒精度和 pH 而定，一般为 85～90℃。对酒精度高、pH 低的生酒，煎酒温度可适当低些。煎酒杀菌设备一般包括板式热交换器、列管式或蛇管热交换器等。煎酒后，将酒液灌入已杀菌的空坛中，并及时包扎封口，进行贮存。

3. 陈化贮存

新酿制的酒香气淡、口感粗，经过一段时间贮存后，酒质变佳，不但香气浓，而且口感醇和，其色泽会随贮存时间的增加而变深。贮存时间要恰当，陈酿太久，若发生过熟，酒的品质反而会下降。应根据不同类型产品要求确定贮存期，普通黄酒一般贮存期为 1 年，名优黄酒贮存期 3～5 年，甜黄酒和半甜黄酒的贮存期适当缩短。黄酒在贮存过程中，色、香、味、体等均发生较大的变化，以符合成品酒的各项指标。

传统方法贮酒采用陶坛包装贮酒。现在多数厂还在沿用此方法。热酒装坛后用灭过菌的荷叶、箬壳等包扎好，再用泥头或石膏封口后入库贮存。通常以 3 个或 4 个为一叠堆在仓库内。贮存过程中，贮存室应通风良好，防止淋雨。长期贮酒的仓库最好保持室温 5～20℃，每年天热时或适当时间翻堆 1～2 次。

新工艺黄酒采用大容量碳钢罐或不锈钢罐贮存新酒，大大节约了贮酒空间。此外，大容器在放酒时很容易放去罐底的酒脚沉淀。

4. 勾兑和过滤

勾兑是指以不同质量等级的合格的半成品或成品酒互相调配，达到某一质量标准的基础酒的操作过程。黄酒的每个产品，其色、香、味三者之间应相互协调，其色度、酒精度、糖分、酸度等指标的允许波动范围不应太大。为此，黄酒在灌装前应按产品质量等级进行必要的调配，以保障出厂产品质量相对稳定。勾兑过程中不得添加非自身发酵的酒精、香精等，并应去除变质、异味的原酒。检验合格的酒才能转入后道工序，否则会造成成品酒不合格。

生酒经煎酒灭菌、贮存会浑浊，产生沉淀物，经过滤才能装瓶，以保证酒液清亮、透明、无悬浮物、无颗粒物。常用棉饼过滤机、硅藻土过滤机、纸板过滤机、清滤机等设备进行过滤。

5. 杀菌与灌装

成品酒应按巴氏杀菌法的工艺进行杀菌，然后进行灌装。目的是杀灭酒液中的酵母和细菌，并使酒中沉淀物凝固而进一步澄清，酒体成分得到固定。成品酒杀菌一般有两种方式。一种是灌装前杀菌，杀菌后趁热灌装，并严密包装，这种杀菌方式一般适用于袋装新产品。另一种是灌装后用热水浴或喷淋方式杀菌，这种杀菌方式一般适用于瓶装产品。杀菌设备一般包括喷淋杀菌机、水浴杀菌槽、板式热交换器、列管式杀菌器等。灌装封口设备一般包括灌装机、压盖机、旋盖机、袋装产品封口机、生产日期标注设备等。

七、黄酒生产的质量控制

黄酒品种多样，各种黄酒均有浓厚的地方特色，为了既统一又能有区别地表达各类黄酒的特点，国家标准按照糖分含量将黄酒划分为干黄酒、半干黄酒、半甜黄酒、甜黄酒四类，更进一步按照黄酒使用原料、曲类的不同制定了相应的代号，以区别各种黄酒的工艺特色。

GB/T 13662—2018 规定的黄酒标准中主要要求如下。

1. 感官要求

感官要求应符合表 2-13 的要求。

表 2-13　传统型黄酒感官要求

<table>
<tr><th>项目</th><th>类型</th><th>优级</th><th>一级</th><th>二级</th></tr>
<tr><td rowspan="4">外观</td><td>干黄酒</td><td colspan="2" rowspan="4">浅黄色至深褐色，清亮透明，有光泽，允许瓶（坛）底有微量聚集物</td><td rowspan="4">浅黄色至深褐色，清亮透明，允许瓶（坛）底有少量聚集物</td></tr>
<tr><td>半干黄酒</td></tr>
<tr><td>半甜黄酒</td></tr>
<tr><td>甜黄酒</td></tr>
<tr><td rowspan="4">香气</td><td>干黄酒</td><td rowspan="4">具有黄酒特有的浓郁醇香，无异香</td><td rowspan="4">黄酒特有的醇香较浓郁，无异香</td><td rowspan="4">具有黄酒特有的醇香，无异味</td></tr>
<tr><td>半干黄酒</td></tr>
<tr><td>半甜黄酒</td></tr>
<tr><td>甜黄酒</td></tr>
<tr><td rowspan="4">口味</td><td>干黄酒</td><td>醇和，爽口，无异味</td><td>醇和，较爽口，无异味</td><td>尚醇和，爽口，无异味</td></tr>
<tr><td>半干黄酒</td><td>醇厚，柔和鲜爽，无异味</td><td>醇厚，较柔和鲜爽，无异味</td><td>尚醇厚鲜爽，无异味</td></tr>
<tr><td>半甜黄酒</td><td>醇厚，鲜甜爽口，无异味</td><td>醇厚，较鲜甜爽口，无异味</td><td>醇厚，尚鲜甜爽口，无异味</td></tr>
<tr><td>甜黄酒</td><td>鲜甜，醇厚，无异味</td><td>鲜甜，较醇厚，无异味</td><td>鲜甜，尚醇厚，无异味</td></tr>
<tr><td rowspan="4">风格</td><td>干黄酒</td><td rowspan="4">酒体谐调，具有黄酒品种的典型风格</td><td rowspan="4">酒体较谐调，具有黄酒品种的典型风格</td><td rowspan="4">酒体尚谐调，具有黄酒品种的典型风格</td></tr>
<tr><td>半干黄酒</td></tr>
<tr><td>半甜黄酒</td></tr>
<tr><td>甜黄酒</td></tr>
</table>

2. 理化要求

理化要求应符合表 2-14 的要求。

表 2-14　传统型干黄酒理化要求

项目		稻米黄酒			非稻米黄酒	
		优级	一级	二级	优级	一级
总糖(以葡萄糖计)/(g/L)	≤	15.0				
非糖固形物/(g/L)	≥	14.0	11.5	9.5	14.0	11.5
酒精度(20℃)/(%vol)	≥	8.0①			8.0②	
总酸(以乳酸计)/(g/L)		3.0～7.0			10.0	
氨基酸态氮/(g/L)	≥	0.35	0.25	0.10	0.16	
pH		3.5～4.5				
氯化钙	≤	1.0				
苯甲酸③/(g/kg)	≤	0.05				

① 酒精度低于 14%vol 时，非糖固形物和氨基酸态氮的值按 14%vol 折算，酒精度标签所示值与实测值之间差为±1.0%vol。

② 酒精度低于 11%vol 时，非糖固形物和氨基酸态氮的值按 11%vol 折算，酒精度标签所示值与实测值之间差为±1.0%vol。

③ 指黄酒发酵及贮存过程中自然产生的苯甲酸。

3. 卫生要求

菌落总数、大肠菌群、铅和黄曲霉毒素 B_1 应符合 GB 2758—2012 的规定。

4. 其他要求

黄酒中可以按 GB 2760—2014 规定添加（符合 GB 1886.64—2015 要求的）焦糖色，但不得添加任何非自身发酵产生的物质。

【复习题】

1. 黄酒按含糖量可分成哪几类？
2. 简述黄酒酿造中的主要微生物及其在黄酒酿造中的作用。
3. 简述麦曲制作的工艺流程。
4. 黄酒为什么要贮藏？如何确定贮存期？

实训一　啤酒生产工艺

【目的要求】

了解和掌握啤酒酿造全过程及其中间控制分析项目。

【实训原理】

啤酒是一种营养丰富的低酒精度饮料酒，它是利用啤酒酵母对麦芽汁中某些组分进行一系列的生物化学代谢，产生乙醇及各种风味物质，形成具有独特风味的酿造酒。针对啤酒的发酵机理，本实训研究了啤酒酿造全过程中部分重要参数的测定，供学生完成。

【实训材料及设备】

浓缩麦芽汁、活性干酵母、发酵桶、pH 计及糖度计等。

【实训方法】

1. 工艺过程

(1) 酵母活化 取 2g 蔗糖放入 100mL 水中，煮沸晾凉至 25℃左右；称取 4g 活性干酵母放入上述糖水中，在 25℃下保温 30min 以上。

(2) 称取 350g 白糖放入 1000mL 水中，煮沸制成一定浓度的糖水。将约 600g 浓缩麦芽汁和上述已冷却的糖水倒入发酵桶中，并加入 7L 工艺用水（纯净水、净化水或凉开水等），搅拌均匀。调整麦芽汁的温度使其接近室温。测定麦芽汁的浓度和 pH，将活化好的酵母菌倒入发酵桶中，再搅拌均匀。盖好桶盖，即进入前发酵阶段。

(3) 发酵液的浓度下降到 4.5°P，前发酵结束，转入后发酵阶段。

(4) 将前发酵的酒液装入干净的瓶子中，每瓶再加入浓度为 30%的糖水 5mL，将液量控制在 85%～90%。室温下放置 2d 后转入 1℃冷藏柜中后发酵 1 周以上，即可成为成品啤酒。

2. 成品检验

(1) 啤酒酸度的测定 采用电位滴定法。

(2) 啤酒中酒精含量的测定 采用比重瓶法。

(3) 啤酒色度的测定 采用比色法。

(4) 啤酒酵母总数的测定 采用显微镜直接计数法。

(5) 啤酒中大肠菌群数的测定 采用平板计数法。

【实训报告】

测定啤酒酸度、乙醇含量、色度、酵母菌总数、大肠菌群数，并将数据填入表 2-15。

表 2-15 实训报告

酸度	乙醇含量	色度	酵母菌总数	大肠菌群数

实训二 葡萄酒生产工艺

【目的要求】

通过实训，了解红葡萄酒酿造的基本原理和工艺条件，熟悉酿造过程中主要工艺环节的实际操作，掌握红葡萄酒酿造方法。

【实训原理】

葡萄汁经过发酵后形成葡萄酒。其原理是在葡萄酵母菌作用下将果汁中的葡萄糖发酵生产乙醇并且产生 CO_2，同时产生甘油、乙醛、醋酸、乳酸和高级醇等副产物，再经陈酿澄清过程中的酯化、氧化、沉淀等作用，赋予红葡萄酒特殊风味。

【实训材料及设备】

1. 实训设备

糖度计、pH 计、温度计、破碎机、榨汁机、发酵罐（或 10L 玻璃发酵瓶）、贮酒瓶等。

2. 实训材料

红色葡萄品种、蔗糖、酒石酸、膨润土、明胶、偏重亚硫酸钾、碳酸钙、斜面培养酵母。

【实训方法】

1. 工艺过程

（1）取成熟度良好的红葡萄品种，含糖量大于170g/L，去除病虫、畸形、生青果实，并对葡萄进行彻底清洗。

（2）用破碎机和榨汁机对葡萄进行破碎除梗榨汁，要求破碎勿压破种子和果梗。破碎时随时观察破碎程度，防止过度破碎。

（3）取汁测定含糖量、含酸量、相对密度、温度。若需要加糖，最好在发酵开始前根据计算量按照工艺操作加入；若需要加酸，可将酒石酸用水配成50%溶液后添加，若需降酸，采用化学降酸法，用碳酸钙中和过量的有机酸，1g $CaCO_3$ 可降1g/L（H_2SO_4）。

（4）发酵前葡萄酒发酵醪中一般要求 SO_2 含量达到30～100mg/L，添加不能过量。操作时加入10%偏重亚硫酸钾溶液，添加量为1L葡萄汁含有0.1～0.5g偏重亚硫酸钾。

（5）将发酵罐或桶、管道等辅助设备用 SO_2 消毒，装入有效体积80%～85%的发酵醪，加入活化好的酵母进行发酵，控制发酵温度为18～20℃，发酵时间为2～3d。

（6）每天2次测定发酵醪含糖量和密度，并做好记录，绘制发酵曲线。当发酵液相对密度为1.01～1.02时，结束主发酵。

（7）主发酵结束后，及时进行酒渣分离，分离温度控制在30℃以下，将新酒装入后发酵罐中，装量为有效体积的95%左右，补充添加 SO_2，添加量为30～50mg/L，进行后发酵，温度控制在18～25℃，发酵时间为5～10d。每天测定发酵醪密度和温度，并做好记录。相对密度下降到0.993～0.998时，发酵基本停止，可结束后发酵。

（8）测定酒的含糖量、含酸量、pH、挥发酸、总 SO_2、游离 SO_2，调整酒液的游离 SO_2 至30～40mg/L，满瓶贮藏，贮藏温度为12～15℃。

（9）当葡萄酒贮藏6个月左右时，下胶澄清、过滤，做稳定性实验。

（10）已达到澄清稳定的葡萄酒，将酒温降至5℃左右进行装瓶。同时加入5mg/L SO_2，打塞，卧放贮存。

2. 主要成分检测

（1）酒精度测定（密度瓶法） 采用GB/T 15038—2006相应实验方法。

（2）总糖（以葡萄糖计） 采用GB/T 15038—2006相应实验方法。

（3）其他成分的测定 采用GB/T 15038—2006相应实验方法。

【实训报告】

根据葡萄酒工艺流程和葡萄酒酿制过程中的实际操作，完成实训报告。

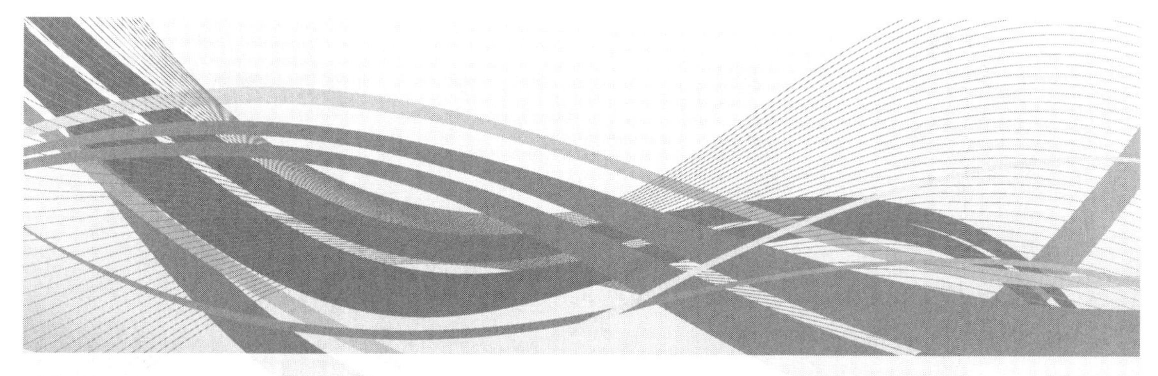

第三章　酱油生产技术

知识目标

1. 掌握低盐固态和高盐稀态发酵酱油的生产工艺。
2. 掌握酱油生产原料预处理的技术。
3. 掌握酱油制曲技术。
4. 熟悉酱油的发酵机理。
5. 熟悉酱油质量标准。

能力目标

1. 能进行酱油的原料预处理、制备种曲操作和常见问题处理。
2. 能进行酱油的发酵、浸出的操作和常见问题处理。
3. 能进行酱油半成品处理的操作和常见问题处理。
4. 能分析和解决酱油制作中常见的质量问题。

思政与职业素养目标

酱油生产最早起源于我国，且目前产量居世界第一，但国际市场优质酱油大部分却并非产自我国。要增强爱国情怀，为中华民族伟大复兴而努力学习。

第一节　概　　述

一、酱油生产的历史

酱油是用豆、麦、麸皮酿造的液体调味品。色泽红褐色，有独特酱香，滋味鲜美，有助于促进食欲，是中国的传统调味品。酱油是从豆酱演变和发展而成的，酱油及酱类酿造调味品生产最早起源于我国，始于公元前1世纪左右，至今已有2000多年的历史。据史书记载，我国远在周朝时期就曾用肉类、鱼类为原料，生产多种多样的酱，统称为“醢”。《周礼》“治官之属六十六”中就有“醢人”的官职；《史记》记述“通都大邑醢千瓮”；北魏时期的贾思勰著《齐民要术》一书记载了利用黄衣（曲霉）制酱的方法和技艺，书中记有“酱清”“豆酱清”，是指以大豆为原料制成的酱油。此外，酱油在历史上名称很多，如清酱、豆酱清、酱汁、酱料、豉油、豉汁、淋油、柚油、晒油、座油、伏油、秋油、母油、套油、双套油等。

中国历史上最早出现“酱油”这个名称是在12世纪我国的宋代至明代万历年间，林洪著《山家清供》中有“韭叶嫩者，用姜丝、酱油、滴醋拌食”的记述。在唐代，酱油的生产技术进一步得到发展，它不仅是人们日常生活中的美味食品，而且在苏敬的《新修本草》、孙思邈的《千金宝要》、王焘的《外台秘要》等医书中已成为常用的药剂。公元755年后，著名的鉴真和尚将酱油生产技术传入日本，后又相继传入朝鲜、越南、泰国、马来西亚、菲律宾等国，1835年前后，酱油技术由印度传入英国，后出现欧美酱油。

二、酱油生产的发展趋势

20世纪30年代后，酱油从天然发酵逐步改为保温发酵。对传统工艺进行总结，选育优良菌种，在保证产品风味基础上提高原料利用率，缩短发酵周期，进一步提高劳动生产效率，提高生产操作机械化程度。消费档次升高，价格接受度提升，追求风味表现更佳的酱油产品，高档酱油的消费量逐年增加，风味较差而价格低廉的其他黄豆酱油、袋装酱油的消费群体逐渐萎缩。细分程度增加，对通用型酱油的认同感逐渐下降，消费者更倾向于将不同的子类发挥它最强的用途，如鲜味酱油用于点蘸、凉拌；蒸鱼豉油用于蒸鱼；老抽用于红烧等。更加关注孩子的需求，要求酱油安全、健康、无害。

三、酱油的分类

随着社会体制的不断完善，酱油也由相关部门进行了准确的定义与分类。酿造酱油的国家标准（GB 18186—2000），于2001年9月1日实施。酱油的国家标准（GB 2717—2018），于2019年12月21日实施。这些标准就酱油的定义、分类做了规范的解释。

1. 按发酵方法分类

酱油按发酵方法可以分为酿造酱油、配制酱油和化学酱油三类。这三类酱油有本质上的区别，制作方法不同，口味也不同。

（1）酿造酱油 以大豆或脱脂大豆、小麦或麸皮为原料，经微生物发酵制成的具有特殊色、香、味的液体调味品。

生抽：以优质的黄豆和面粉为原料，经发酵成熟后提取而成，烹调中用于提鲜，按提取次数的多少分为一级、二级和三级。

老抽：在生抽中加入焦糖，经特别工艺制成浓色酱油用于提色，适合肉类增色之用。

（2）配制酱油 以酿造酱油为主体，与酸水解植物蛋白调味液、食品添加剂等配制而成的液体调味品。只要在生产中使用了酸水解植物蛋白调味液，即是配制酱油。配制酱油中的酿造酱油比例不得少于50%。配制酱油中不得添加味精废液、胱氨酸废液以及用非食品原料生产的氨基酸液。

（3）化学酱油 也叫酸水解植物蛋白调味液，是以含有食用植物蛋白的脱脂大豆、花生粕、小麦蛋白或玉米蛋白为原料，经盐酸水解、碱中和制成的液体调味品。

2. 按发酵工艺分类

（1）高盐稀态发酵酱油 以大豆或脱脂大豆、小麦或小麦粉为原料，经蒸煮、曲霉菌制曲后与盐水混合成稀醪，再经发酵制成的酱油，是一种高档酱油。

(2) 固稀发酵酱油 用大豆或脱脂大豆、小麦或麸皮为原料，经蒸煮、曲霉菌制曲后，在发酵阶段先以高盐度、小水量固态制醅，然后在适当条件下再稀释成醪，再经发酵制成的酱油。

(3) 低盐固态发酵酱油 以脱脂大豆及麦麸为原料，经蒸煮、曲霉菌制曲后与盐水混合成固态酱醅，再经发酵制成的酱油。

3. 按色泽分类

(1) 浓色酱油 呈棕红色或棕褐色，为我国酱油之大宗。

(2) 淡色酱油 又称白酱油，呈淡黄褐色，产量较少。

4. 按形态分类

(1) 液体酱油 为大宗产品。

(2) 固体酱油 在液体酱油中加入蔗糖、精盐等，真空浓缩、加工定型而成。

(3) 粉末酱油 直接喷雾干燥而成。

第二节 酱油生产的原辅料及处理

一、酱油生产的原辅料

原料选择的依据为无霉变，无异味；蛋白质含量较高，碳水化合物适量，有利于制曲和发酵，酿制出的酱油质量好；资源丰富，价格低廉。

1. 蛋白质原料

(1) 大豆 为黄豆、青豆、黑豆的统称。内含蛋白质和脂肪，常用作酿造酱油、豆豉和豆腐乳等产品的主要原料。

要求：颗粒饱满、干燥、杂质少、蛋白质含量高、皮薄、新鲜。大豆的一般成分见表3-1。

表3-1 大豆的一般成分表

名称	水分	粗蛋白	粗脂肪	碳水化合物	灰分
比例/%	7～12	35～40	12～20	21～31	4.4～5.4

(2) 豆饼 大豆压榨法提取油脂后的产物，由于压榨方式不同，有方车饼、圆车饼和红车饼（瓦片状饼）之分。将生大豆软化轧扁后未经高温处理，直接榨油所做的豆饼称为冷榨豆饼。冷榨豆饼出油率较低，蛋白质基本未变性，适于腐乳等豆制品加工。大豆经过较高温度处理后（130℃）再经压榨，出油率高，含水少，蛋白质含量高，质地疏松，易于破碎，适于酱油生产。

(3) 豆粕 豆粕是大豆先经适当的热处理（一般低于100℃），热榨后加入有机溶剂提取油脂，除去溶剂即得豆粕。豆粕的一般成分见表3-2。

表3-2 豆粕的一般成分表

名称	水分	粗蛋白	粗脂肪	碳水化合物	灰分
比例/%	7～10	46～51	0.5～1.5	19～22	5左右

(4) 其他蛋白质原料 豌豆，也称毕豆、小寒豆、淮豆或麦豆，属豆科，1～2年生草本植物，我国各地均有栽培。蚕豆，也称胡豆、罗汉豆、佛豆或寒豆，为1～2年生草本植物，我国西南、华中和华东地区栽培最多，种子富含蛋白质和淀粉，江浙地区常用作酱油原

料。花生饼、菜籽饼及其他各种油料作物的饼粕、干玉米浆、豆渣等均可利用以酿造酱油，动物性含蛋白质较高的鱼粉或蚕蛹等，也可制酱油。

2. 淀粉原料

过去以面粉为主，现改用小麦，麸皮等。

(1) 小麦 分为红皮小麦和白皮小麦，根据麦粒又可分为硬质、软质及中间质小麦。其中以红皮小麦为佳。小麦含70%淀粉，2%～3%糊精，2%～4%单糖和双塘（蔗糖、葡萄糖及果糖），10%～14%的蛋白质。

作用：酱油中的氮素成分有25%来自小麦蛋白质，小麦蛋白质中又以谷氨酸为最多，是酱油鲜味的主要来源；小麦淀粉水解后生成的糊精和葡萄糖是构成酱油体态和甜味的重要成分；葡萄糖又是曲霉、酵母菌生长所需的碳源。

(2) 麸皮 麸皮体轻，质地疏松，表面积大，含蛋白质9.4%～17.5%、脂肪1.7%～5.6%、多种维生素及钙等无机盐。粗淀粉中多缩戊糖含量：20%～24%，它与蛋白质的水解产物氨基酸相结合，产生酱油色素。α-淀粉酶：10～20单位（60℃碘比色法）。β-淀粉酶：2400～2900单位（40℃碘量法）。麸皮是曲霉良好的培养基，使用麸皮既有利于制油，又有利于淋油。

(3) 米糠和米糠饼 米糠是碾米后的副产品，米糠饼是米糠榨油后的饼渣，均可作为生产酱油的淀粉质原料。

(4) 其他淀粉及原料 凡含有淀粉而又无毒无怪味的原料均可，如甘薯（干）、玉米、大麦、高粱、小米及米糠等均可。

3. 食盐

一般酱油中含食盐18%左右。食盐使酱油具有适当的咸味，并且与氨基酸共同给以鲜味，增加酱油的风味。食盐还有抑菌防腐作用，可以在一定程度上减少发酵过程中杂菌的污染，在成品中有防止腐败的功能。选用NaCl含量高，颜色洁白，水分、杂质含量少，卤汁（KCl、$MgCl_2$、Na_2SO_4等混合物）少的食盐，自然存放，吸收空气中的水分潮解，可以脱苦。

4. 酿造用水

酱油生产需用大量的水，1t酱油需用水6～7t。水是最好的溶剂，发酵生成的全部调味成分都要溶于水才能成为酱油。酱油中水占70%左右，对水的要求虽不及酿酒工业那么严格，但也必须符合食用标准。一般凡可饮用的自来水、深井水，清洁的河水、江水等均可使用，但必须注意水中不可含有过多的铁，否则会影响酱油的香气和风味。一般来说在酱汁中含铁不宜超过5mg/L。

5. 辅助原料

增色剂：红曲米、酱色、红枣糖色。

助鲜剂：谷氨酸钠。

防腐剂：苯甲酸和苯甲酸盐、山梨酸和山梨酸钾。

二、酱油生产的原料处理

1. 原料处理的目的及内容

原料处理的主要目的：使大豆蛋白质适度变性，使原料中的淀粉糊化，同时把附着在原料上的微生物杀死，以利于米曲霉的生长及原料分解。原料处理包括原料的粉碎、加水和润水、蒸煮。

2. 原料粉碎

豆饼要先经过粉碎，以利于扩大豆饼的表面积，为吸足水分、蒸煮熟透创造条件。豆饼颗粒大小一般应为2～3mm，粉末量以不超过20%为宜。

如果豆饼颗粒过大，颗粒内部不易吸足水分，蒸料不能熟透，同时会影响制曲时菌丝繁殖，减少了米曲霉繁殖的总面积和酶的分泌量。

如果颗粒过细，麸皮比例又少，则润水时容易结块，蒸后容易产生夹心，导致制曲通风不畅，发酵时酱醅发黏，淋油困难，影响酱油质量和原料利用率。

如果粗细颗粒相差悬殊，会使吸水及蒸煮程度不一致，影响蛋白质的变性程度和原料利用率。

豆饼粉碎，一般采用粉碎机。粉碎机有锤式、齿轮式等，以锤式较为普遍，粉碎机的筛孔为9mm。

3. 加水及润水

豆粕或经粉碎的豆饼与大豆不同，因其颗粒已被破坏，如用大量的水浸泡，会使其中的营养成分浸出而损失，因此必须有加水与润水的工序。即加入所需要的水量，并设法使其均匀而完全为豆饼吸收，加水后需要维持一定的吸收时间，称此为润水或叫润胀。

(1) 润水的目的

① 使原料中蛋白质含有适量的水分，以便在蒸料时迅速达到适度变性（蒸熟）。

② 使原料中淀粉吸水、充分膨胀、易糊化，以便溶出米曲霉生长所需要的营养物质。

③ 供给米曲霉生长繁殖所需要的水分。

(2) 润水设备及方法

① 最简单（土法）的润水设备：在蒸锅附近用水泥砌一个平地，四周砌一砖高墙围，以防拌水时水分流失，水泥平地稍向一方倾斜，以便冲洗排水。润水方法像拌水泥一样，在饼粕中加入50～80℃热水。用钉耙与煤铲人工翻拌，豆饼拌匀以后堆成丘形，上面覆盖辅料（麸皮或麦粉）堆积30min，让豆饼充分吸水润胀。最后再一次翻拌，使主、辅料混合均匀。该方法劳动强度较大，除了内地小厂尚使用外，大、中城市已淘汰。

② 利用螺旋输送机（俗称绞龙）：将豆粕和麸皮等原料不断送入绞龙，加入50～80℃的热水，通过螺旋输送进入蒸锅达到润水目的。

4. 原料蒸煮

原料蒸煮是否适度，对酱油质量和原料利用率的影响极为明显。蛋白质原料在蒸煮时必须达到适度变性。

(1) 蒸煮目的

① 使豆饼（粕）及辅料中的蛋白质完成适度变性。因为蛋白质变性的程度与制曲和发酵有密切的关系，直接影响酱油的品质和蛋白质利用率。

② 消除生大豆中阻碍酶活性的物质，使酶成为容易作用的状态。未经变性的蛋白质，虽能溶于10%以上的食盐水中，但不能为酶所分解。

(2) 蒸煮不足 产生变性不彻底的蛋白质，该蛋白质溶于酱油，但不能被蛋白酶水解成氨基酸，不起调味作用。

原因：蒸煮时加水不足；气压低；时间短。

(3) 蒸煮过度 产生的蛋白质过度变性（蛋白质二次变性）。该蛋白质不溶于酱油与盐水中，也不被蛋白酶水解，降低了酱油酿造过程中的蛋白质利用率和酱油风味。

(4) 蒸煮结果 生成变性蛋白质、少量氨基酸，淀粉糊化后变成淀粉糊和糖分。

这些成分是米曲霉生长繁殖适合的养料且易被酶分解。此外，蒸料也可杀死附在原料上的有害微生物，给米曲霉正常生长（制曲）创造有利条件。

(5) 蒸料设备

N. K 式旋转蒸煮锅：目前国内多数工厂采用，如图 3-1 所示，原料经真空管道吸入蒸锅，或用提升机将原料送入蒸锅，直接喷入热水。蒸料时可不断地作 360°旋转，操作简便，省力，安全卫生。

图 3-1 旋转蒸煮锅

这种设备简陋，原料消化率和全氮利用率均较低，目前一些乡、镇企业和小型酱油厂仍在采用。

它采用木质蒸桶或者以钢筋水泥代木桶，蒸汽管由蒸桶底进入桶内，尖端侧面有多个气孔，使蒸汽分布桶内，锅盖多为木质。如没有蒸汽，可用简易蒸锅木桶放置于火锅上，利用锅内所产生蒸汽进行蒸熟。

(6) 熟料的质量标准

① 感官指标：熟料呈浅淡的黄褐色，有香味，无煳味及其他不良气味；手感松散、柔软、有弹性，无硬心、不黏。

② 理化指标：含水量为 45%～50%，蛋白消化率在 80%以上，无未变性蛋白沉淀。

第三节 酱油生产的基本原理及相关微生物

一、酱油生产的基本原理

酱油发酵主要是利用微生物生命活动中产生的各种酶类（最重要的是蛋白酶和淀粉酶）分解原料。蛋白酶把蛋白质分解成氨基酸，淀粉酶把淀粉分解成可发酵性糖。对原料中的蛋白质、淀粉还有少量脂肪、维生素和矿物质等进行多种发酵作用，逐步使复杂物质分解为较简单的物质，又把较简单的物质合成一种复合食品调料。

酱油酿造主要由两个过程组成，第一个阶段是制曲，主要微生物是霉菌；第二个阶段是发酵，主要微生物是酵母菌和乳酸菌。

酱油的发酵除了利用在制曲中培养的米曲霉在原料上生长繁殖，分泌多种酶，还利用在制曲和发酵过程中，来自空气的酵母菌和细菌进行繁殖并分泌多种酶，如由酵母菌发酵生产酒精，由乳酸菌发酵生成乳酸。所以酱油是曲霉、酵母菌和细菌等微生物综合发酵的产物，具有独特的色、香、味、体。

1. 原料植物组织的分解

在原料的蒸煮过程中，以目前的操作条件，植物组织受物理分解的作用是有限的，大部分细胞壁还是完好无损，如果不破坏细胞壁，使细胞内容物蛋白质和淀粉暴露出来，则很难被酶解。酿造酱油的生物化学过程第一步是利用果胶酶的作用，降解果胶，使各个细胞分离出来。再利用纤维素酶及半纤维素酶将构成细胞壁的纤维素及半纤维素降解。细胞壁被破坏之后，淀粉酶和蛋白酶才能水解原料中的淀粉和蛋白质。

2. 蛋白质的分解

在发酵过程中，原料中的蛋白质经蛋白酶的催化作用，生成分子量较小的胨、多肽等产物，最终分解变成多种氨基酸类。

谷氨酸、天冬氨酸等构成酱油的鲜味；甘氨酸、丙氨酸和色氨酸具有甜味；酪氨酸、色氨酸和苯丙氨酸产色效果显著，能氧化生成黑色及棕色化合物。

米曲霉所分泌的三类蛋白酶中，以中性和碱性为主，因此在发酵过程中要防止 pH 过低，否则会影响蛋白质的分解作用，对原料蛋白质利用率及产品质量影响极大。质量不好，污染了杂菌会发生异常发酵，使蛋白质水解作用终止之后，再氧化。

3. 淀粉物质的分解

淀粉酶分解淀粉反应通式为$(C_6H_{10}O_5)_n + nH_2O \longrightarrow nC_6H_{12}O_6$

米曲霉分泌的淀粉酶主要有液化酶与糖化酶，淀粉酶活性、耐盐性较强，适应温度、pH 范围较广，一般在 pH 5～6、温度 50～60℃活性最强。淀粉的糖化程度对酱油色、香、味、体均有重大影响。

制曲后的原料和经糖化后的糖浆中，还留有部分碳水化合物尚未完全糖化。在发酵过程中继续利用微生物所分泌的淀粉酶将残留的碳水化合物分解成葡萄糖、麦芽糖、糊精等。

糖化作用生成的单糖除了葡萄糖外，还含有果糖及五碳糖。酱油色泽形成的主要途径是氨基-羰基反应（即美拉德反应），酒精发酵也需要糖分。糖化作用完全，酱油的甜味好，体态浓厚，无盐固形物含量高，可提高酱油质量。

4. 脂肪的水解

原料豆饼中残存的油脂在 3%左右，麸皮含有的粗脂肪也在 3%左右，这些脂肪要通过脂肪酶、解脂酶的作用水解成甘油和脂肪酸，其中软脂酸、亚油酸与乙醇结合生成软脂酸乙酯和亚油酸乙酯，是酱油的部分香气成分。

5. 酒精发酵作用

乙醇主要是通过酵母菌对还原糖（葡萄糖）进行酒精发酵而来。生产时酵母菌一般是在制曲或发酵过程中，从空气、水、生产工具中自然带入酱醅，但也有少数为了增加酱油的香气成分，在发酵后期人工添加酵母菌的情况。

6. 酸类的发酵作用

酱油中含有多种有机酸，其中以乳酸、琥珀酸、醋酸较多，另外还有甲酸、丙酸、丁酸等。制曲时自空气中落下的一部分细菌，在发酵过程中能使部分糖类变成乳酸、醋酸、琥珀酸等。

适量的有机酸对酱油呈味、增香均有重要作用。如乳酸具有鲜、香味；琥珀酸适量，味爽口；醋酸、丁酸也具有特殊香气；同时它们更是酯化反应的基础物质。但有机酸过多会严重影响酱油的风味。在发酵过程中，用具消毒不严，发酵温度过高，均会产酸过多，使酱油呈酸味而影响质量。

二、酱油生产中的微生物

酱油酿造是半开放式的生产过程，环境和原料中的微生物都可能参与酱油的酿造。与酱油酿造有关的微生物主要有米曲霉、酵母菌、乳酸菌及其他细菌。它们具有各自的生理生化特性，对酱油的品质形成有重要作用。

1. 霉菌

有较强的蛋白质分解能力及糖化能力。酱油生产中常用的霉菌有米曲霉、黄曲霉和黑曲霉等，主要是米曲霉。

(1) 米曲霉 米曲霉是曲霉的一种。米曲霉可以利用的碳源是单糖、双糖、淀粉、有机酸、醇类等。氮源是铵盐、硝酸盐、尿素、蛋白质、酰胺等。磷、钾、镁、硫、钙等也是米曲霉生长必需的。

生产上常用的米曲霉菌株有：AS3.951（沪酿 3.042 应用最广，可占到98%）、UE328、UE336、AS3.863、渝 3.811 等。生产中常常是由两种菌种以上复合使用，以提高原料蛋白质及碳水化合物的利用率，提高成品中还原糖、氨基酸、色素以及香味物质的水平。

(2) 黑曲霉 有多种酶系如淀粉酶、糖化酶、酸性蛋白酶、纤维素酶等，用于淀粉的液化和糖化。中科 3.324 甘薯曲霉，糖化能力强，与沪酿 3.042 米曲霉混合制曲，蛋白质利用率提高 10%左右。

2. 酵母菌

酵母菌对酱油风味和香气的形成有重要作用，它们多属于鲁氏酵母、球拟酵母和接合酵母。

(1) 鲁氏酵母 是酱油酿造中的主要酵母菌，适宜生长温度为 28～30℃，38～40℃生长缓慢，42℃不生长，最适 pH 4～5。在发酵前期产生乙醇、甘油、琥珀酸。它与嗜盐片球菌联合作用生成糖醇，形成酱油的特殊香味。能在高盐（18%）和含氮（1.3%）的基质上繁殖。在酱醅发酵后期，随着糖浓度降低和 pH 下降，鲁氏酵母发生自溶，而球拟酵母的繁殖和发酵开始活跃。球拟酵母是酯香型酵母，能产生酱油的重要芳香成分，另外，球拟酵母还产生酸性蛋白质，在发酵后期酱醅 pH 较低时，对未分解的肽链进行水解。

(2) 接合酵母 是酱油生产中最耐渗透压及耐盐的酵母，常见的有以下几种。

① 大豆接合酵母：在麦芽汁中培养后生成沉淀，形成环，细胞呈圆形、卵圆形。在酱醪发酵初、中期生长较多。

② 酱醪接合酵母：在麦芽汁中培养后形成沉淀及酵母环，细胞呈卵圆形。在酱醪发酵接近成熟时生长较多。

③ 日本接合酵母：俗称白菌，是好气性的产膜酵母，在酱醪发酵接近成熟时，生于表面，先为白色，后变为黄褐色，使酱醪变臭，是有害菌。防治：在菌膜初形成时，立即搅拌，可防止继续产膜。

3. 细菌

(1) 乳酸菌 有酱油片球菌、嗜盐片球菌、植物乳杆菌，革兰氏阳性菌，无运动性，是酱油酿造中的乳酸菌之一。最适宜温度为 30～35℃，pH 为 7.0～7.2。主要作用是产生大量的乳酸，使酱醪 pH 降至 5.5 以下，利于鲁氏酵母迅速繁殖，导致酒精发酵。

(2) 枯草芽孢杆菌 在酱油和酱的高温制曲中，勿污染此菌，否则使曲发黏、恶臭，导致制曲失败，是制曲的有害菌。

(3) 酱油链球菌 在酱醅发酵前期生长繁殖并产生乳酸，调节了酱醅的 pH，促进了酵母的生长。

三、酱油生产菌应具备的必要条件

酱油生产菌应具备的必要条件：不产生黄曲霉毒素及其他有毒有害成分；要求酶系丰富，酶活力高；繁殖力强，适应性强，对杂菌抵抗力强；菌种纯，性能稳定；对环境适应性强，生产快速，繁殖力强；酿制的酱油出品率高，风味良好。

第四节　酱油曲料生产技术

一、种曲制造

种曲是制酱油曲的种子，在适当的条件下由试管斜面菌种经逐级扩大培养而成。

生产上不仅要求孢子多、发芽快、发芽率高，而且必须纯度高。种曲的优劣，直接影响酱油的质量、杂菌含量、发酵速度、原料的蛋白利用率和淀粉的水解程度及最终产品的风味，因此种曲制造必须十分严格。

1. 种曲制造工艺

试管菌→锥形瓶培养→种曲培养室培养→种曲

(1) 试管斜面培养　取5°Bé的豆饼汁100mL、可溶性淀粉2g、磷酸二氢钾0.1g、硫酸二氢氨0.05g、硫酸镁0.05g，溶解后用0.05mol/L氢氧化钠调pH为6.0，加入2～3g琼脂，熔化，分装，0.1MPa蒸汽灭菌30min，接种，至培养箱中培养2～3d。

(2) 锥形瓶培养

① 培养基：麸皮80g，面粉20g，水80mL。

② 操作：将斜面原菌接入锥形瓶麸皮培养料中，摇匀，至30℃恒温箱中培养20h左右。当菌丝布满培养料时，摇瓶，将培养料摇散。再培养，再摇瓶，至菌丝结成饼状即可扣瓶（将锥形瓶斜倒，使底部曲料翻转，充分接触空气）。约经70h后，米曲霉孢子充分成熟并无杂菌，颜色呈黄绿色，取出备用。若放置较长时间，应置阴凉处或冰箱中。

(3) 曲室培养种曲　要求种曲菌种纯，孢子数量多，繁殖力强，发芽率高。应从原料配比、曲料、水分、操作管理及培养时间等方面控制。

① 种曲培养料：要求碳源充足、物料疏松、含水量适宜。

南方：麸皮80g，面粉20g，水90mL左右；或麸皮100g，水95～100mL。

北方：麸皮80g，豆饼20g，水90～95mL；或麸皮70g，豆饼30g，水100mL。

② 原料处理如图3-2所示。

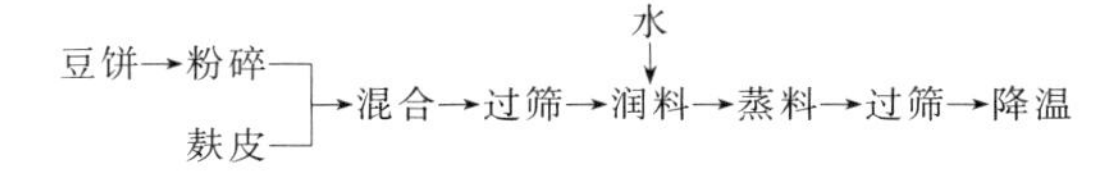

图3-2　原料处理

原料按配比充分混合，根据经验，使拌料后的原料能捏成团，触之即碎为宜。用3.5目筛过筛一次，搓散疙瘩，堆积润水1h后即可蒸料。采用常压蒸料时，可蒸料1h再焖30min。高压蒸料时，0.1MPa蒸汽压下蒸30min，出锅后趁热再过筛一次，同时迅速降温，降温后的熟料含水量为52%～54%。

③ 接种：将熟料冷至38～42℃后，接入锥形瓶成熟纯种，接种量为干料量的0.1%～0.2%，接种时，先将锥形瓶种曲放在经过灭菌的少量的干麸皮上，拌和均匀后，分散在料

上，再充分搅拌，即可装盘。

④ 以竹匾制种曲为例

a. 入室培养：将接种后的曲料放入竹匾内，摊平，上盖一个空竹匾，置种曲室曲架上进行培养。室内温度为28～30℃，干湿温相差1℃。待培养16h左右，曲料上层出现白色菌丝，有曲味，品温上升至38℃左右，此时即可翻曲。翻曲时将门窗打开更换新鲜空气一次。

b. 翻曲：翻曲时将曲轻轻搓散，用喷雾器喷洒40%冷开水，过筛，然后分摊在2个竹匾上，约10 cm，料上盖湿纱布一块，以便保湿。翻曲后室温宜控制在26～28℃，干湿温相差1℃。翻曲4～6h后，可见菌丝大量生长，品温上升很快，此时应严格控制各匾品温不能超过38℃，并保湿。可通过调节上下竹匾，或在室内地面洒冷水，有空调设备更好，来控制品温。

c. 出曲：再经过10h左右，培养过程中，曲料表面呈淡黄色，品温下降至32～35℃，保持室温30℃左右，至70h左右，孢子大量繁殖，全部转为黄绿色，即成种曲。

2. 种曲质量检验

(1) 外观 菌丝整齐，孢子肥大密多，呈鲜艳黄绿色，无杂菌生长的异色。内部无麸皮本色和硬心，手感疏松、光滑，有孢子飞扬。

(2) 气味 固有曲香味，不应有酸味、氨味、馊味。

(3) 水分 自用种曲含水量为15%以下，出售种曲含水量为10%以下。

(4) 镜检孢子数 每克种曲孢子数以湿基计25亿～30亿个，干基计50亿～60亿个。称取种曲10g烘干后过75目筛（直径0.2mm）的孢子质量占干物质质量的18%以上。

(5) 发芽率 用悬滴培养法测定孢子发芽率在90%以上。若发现色泽不正常，杂菌多，或孢子少，发芽率不高，不能使用。

3. 种曲保存

室温低于10℃以下，可暂时贮存在曲室内，不要并匾。若需较长时间保存，将制成的种曲置34～35℃室温中干燥至含水量为10%～15%，用纸包装，放于底部装有石灰或无水氯化钙的密闭容器中，在低温、干燥室内保存。

二、制曲

制曲即成曲制备，是种曲在酱油曲料上扩大培养的过程。制曲是酱油发酵的主要工序，制曲过程的实质是创造曲霉生长最适宜的条件，保证优良曲霉菌等有益微生物得以充分发育繁殖（同时尽可能减少有害微生物的繁殖），分泌酱油发酵所需要的各种酶类。这些酶不仅使原料成分发生变化，也是以后发酵期间发生变化的前提。曲子的好坏不仅决定着酱油的质量，而且还影响原料的利用率。

1. 种曲和制曲概念

(1) 种曲 酱油酿造时制曲所用的种子。

(2) 制曲 制造生产用菌种及酿造原料。

2. 原料配比

豆饼与麸皮之比为8∶2或7∶3或6∶4。

3. 制曲设备及工艺

目前国内制曲的方式，主要采用简易的厚层机械通风制曲。厚层机械通风制曲采用机械翻曲，减少劳动力和减轻劳动强度，还可以节约制曲面积，提高厂房利用率。厚层机械通风制曲虽电力消耗较大，但由于只用简易的设备、不配空调、投资费用小，所以迅速在酿造行业推广并普及，目前国内采用厚层机械通风制曲的厂已超过2/3。传统的竹匾制曲、竹帘制曲和木盘制曲在小厂中仍在使用。链箱式机械通风制曲、旋转圆盘式自动制曲，以及液体曲也正在不断应用及探索之中。厚层机械通风制曲是将曲料置于曲池内，其厚度一般为25～30cm，利用风机强制通风，使空气从曲池假底的孔眼通过曲料层，散发至整个空间，再被吸入风机内循环使用。通风是为好气性的曲霉菌生长发育提供氧，促进曲霉生长；又将代谢后产生的CO_2气体从曲料中排出；同时控制因曲霉菌的呼吸产热所引起的品温上升，保持适宜的产酶温度，以提高酶活力，有利于原料的氮利用率和酱油质量的提高，所以循环使用的湿热空气中要适时掺入新鲜空气。

下面以厚层机械通风制曲工艺为例进行讲解，工艺流程见图3-3。

(1) 制曲设备 制曲用曲室的容积：一般长4m，宽3.5m，高约3m。墙壁厚度依地区寒暖情况而定，应考虑不受外界气候的影响。

竹匾或曲盘：竹匾的直径一般为90cm左右。曲盘一般长45cm，宽45cm，高5cm。

纱布或稻草帘：用于调节湿度用。

拌和台：木制台或水泥台。

筛子：25cm，8目。

竹箩、木铲、保温保湿设备。

曲池：酱油发酵。曲池是固体厚层通风制曲的主要设备，一般呈长方形，通用规格为长8～10m，宽1.5～2.5m，用钢筋、混凝土、砖、钢板或木材制成。

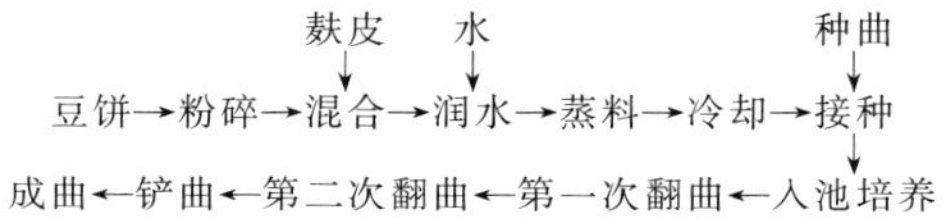

麸皮 水 种曲

豆饼→粉碎→混合→润水→蒸料→冷却→接种

成曲←铲曲←第二次翻曲←第一次翻曲←入池培养

图3-3 制曲工艺流程

(2) 制作工艺

① 冷却、接种及入池：原料蒸熟后，迅速冷却到35～40℃，并把结块打碎，接入0.3%左右的种曲，立即送入曲池内培养。

接种和入池后，应立即清洗、润料、提升、晾料、送料。搞好环境卫生，以免滋生杂菌，影响下次制曲。

② 培养：曲料入池时，为了保持良好的通风条件，必须做到料层均匀，疏松平整。如果料层温度较高或者上下品温不一致，应及时调节，保持在32℃左右。静置培养6～8h，料层温度达37℃左右时，应开机通风，以后曲料温度维持在35℃左右，并尽量减少上、下层之间的温差。

(3) 通风制曲操作要点

① 要求原料熟透好，不夹生，原料蛋白质消化率为80%～90%，使蛋白质达到适度变性及淀粉质全部糊化的程度，以便被米曲霉吸收，使霉菌生长繁殖并适于酶解进行。

② 通风制曲时，考虑水分挥发多，要求熟料含水量为48%～50%（具体根据季节确定，视具体情况调整）。

③ 通风制曲料层厚度一般为25～30cm，太厚，给通风带来困难；太薄，物料易被风吹起。

④ 装池接种料温低，要求品温在30～32℃，便于米曲霉孢子迅速发芽生长。并抑制其他杂菌生长。

⑤ 制曲产酶的品温低于30℃，能增加酶的活性。在不影响曲池周转的情况下，应尽可能接近这一要求。

⑥ 通过空调箱调节风温、风湿，利用低于品温1℃左右的风温控制品温，进风风温一般为30℃。

⑦ 原料混合及润水要均匀，注意及时翻曲、铲曲。

⑧ 接种必须均匀，否则不利于管理。因为米曲霉生长不均匀，容易引起污染。

⑨ 曲料装池要疏松均匀，料层厚薄均匀，否则会出现局部烧曲。

⑩ 培养24h左右，曲呈淡黄绿色，酶活力已达最高峰，此时应及时出曲，否则酶活力会下降。

4. 制曲过程中的生化与物理变化

(1) 米曲霉的生理变化 制曲过程中米曲霉的生理活动可以分为四个阶段：孢子发芽期、菌丝生长期、菌丝繁殖期、孢子着生期，制曲的过程就是要掌握管理好这四个阶段影响米曲霉生长活动的因素，如营养、水分、温度、空气、pH及时间等的变化。

对米曲霉生长繁殖和累积代谢产物影响最大的三个因素是温度、空气和湿度，制曲的优劣决定于制曲过程中四个阶段的温度、空气和湿度是否调节得当，是否能使全部曲料经常保持在均等的适宜温度、湿度和空气供给条件中。

① 孢子发芽期：曲料接种后，米曲霉孢子吸水后开始发芽。接种后最初4～5h，曲霉迅速生长繁殖，形成生长优势，对杂菌可起到抑制作用。这一时期的主要因素是水分和温度。水分适当，孢子即吸水膨胀，细胞内物质被水溶解后利用，为后期的活动提供了条件。

一般来说，在温度低于25℃、水分大的情况下，小球菌可能大量繁殖；温度高于38℃，也不适宜孢子发芽，却适合枯草杆菌生长繁殖，霉菌最适发芽温度为30℃左右，生产上一般控制在30～32℃。

② 菌丝生长期：孢子发芽后，菌丝生长，品温逐渐上升，需进行间歇或连续通风。一方面可调节品温，另一方面更换新鲜空气，供给足够的氧气，以利生长繁殖。

菌丝生长期在接种后8～12h，一般维持品温35℃左右。当肉眼稍见曲料发白，即菌丝体形成时，进行一次翻曲，这一阶段称菌丝生长期。

翻曲的时间与次数是通风制曲的主要环节之一。在制曲过程中，接种后11～12h，品温上升很快，这时曲料由于米曲霉生长菌丝而结块，通风阻力随着生长时间而逐渐增加，品温出现下层低、上层高的现象，差距也逐渐增大，虽然连续通风，品温仍有上升趋势，这时应立即进行第一次翻曲，使曲料疏松，减少通风阻力，保持正常品温。

③ 菌丝繁殖期：第一次翻曲后，菌丝发育更加旺盛，品温上升也极为迅速。这时，必须加强管理，控制曲室温度，继续连续通风，供给足够氧气，严格控制品温，菌丝繁殖期为接种后12～18h，品温控制在33～35℃。

当曲料面层产生裂缝现象，品温相应上升，应进行第二次翻曲。这个阶段米曲霉菌丝充分繁殖，肉眼可见曲料全部发白，称为菌丝繁殖期。

第二次翻曲的目的是再次翻松曲料、消除裂缝，以防漏风。如果在第二次翻曲后，由于菌丝繁殖，曲料又收缩产生裂缝，风从裂缝漏掉，品温相差悬殊时，尚可采取第三次翻曲或铲曲。

④ 孢子着生期：第二次翻曲后，品温逐渐下降，但仍需连续通风以维持品温。曲霉菌丝大量繁殖后，开始着生孢子，孢子逐渐成熟，使曲料呈现淡黄色直至嫩黄绿色。在孢子着生期，米曲霉的中性蛋白酶的分泌最为旺盛。

孢子着生期一般在接种后20 h开始，品温维持在30～40℃，这时中性蛋白酶活力较高，但所制成曲的谷氨酰胺酶的活力很低。优质曲的pH为6.8～7.2。

(2) 化学变化 制曲过程中的化学变化是极其复杂的生物化学变化。米曲霉在曲料上生长繁殖，分泌各种酶类，其中重要的有蛋白酶和淀粉酶。曲霉在生长繁殖时，需要糖分和氨基酸作为养料，并通过代谢作用将糖分分解成 CO_2 和 H_2O，同时放出大量的热。

① 淀粉的部分分解：在制曲过程中，有部分淀粉被水解成葡萄糖，后经 EMP 途径及 TCA 循环被分解成 CO_2 和 H_2O 而消耗掉。

放出的大部分能量将以热的形式被散发，故要加强制曲管理，及时通风与翻曲，以便散发 CO_2 和热量，供给充分的氧以保证曲霉菌的旺盛繁殖。

② 蛋白质的部分分解：制曲中，有部分蛋白质被分解生成氨基酸。如果制曲中污染腐败菌，将进一步使氨基酸氧化而生成游离氨，影响成曲质量。同时，这些腐败菌分泌的杂酶在以后的发酵中将继续产生有害物质。

③ 其他物质的化学变化：曲料中的纤维素、果胶质等经米曲霉分泌的纤维素酶和果胶酶的分解作用，将植物细胞壁破坏，有助细胞内容物释放，促进米曲霉的生长繁殖。豆饼中的蔗糖部分被水解成果糖，麸皮中的多缩戊糖有少量被水解成五碳糖。

④ pH 的变化：制曲是在空气自由流通的曲室内进行的。空气中的各种杂菌如细菌、酵母、根霉、毛霉等也会有不同程度的繁殖。

制曲过程中温湿度控制适当，米曲霉占绝对优势，成曲 pH 应当接近中性；如果产酸菌大量繁殖，则导致成曲 pH 下降；如果污染腐败细菌，又可因为氨基酸氧化脱氨而使成曲 pH 上升。

(3) 物理变化

① 水分蒸发：由于米曲霉的代谢作用产生呼吸热和分解热，需要通风降温，通风将使水分大量蒸发，一般来说，每吨制曲原料，24h 制曲过程中蒸发的水分将接近 0.5t。

② 曲料形体上的变化：由于粗淀粉的减少，水分的蒸发，以及菌丝体的大量繁殖，结果使曲料坚实，料层收缩以至于发生裂缝，引起漏风或料温不均匀。

③ 色泽的变化：红褐色是曲料的本色，霜状白色是菌丝生长的特征，黄绿色是霉菌生长到一定阶段后，孢子丛生的特征。在有较严重杂菌污染时，可能局部或全部呈灰色、黑色、青色等各种杂色。

5. 成曲质量要求

(1) 感官要求

① 手感曲料疏松柔软，具有弹性。

② 外观菌丝丰满，密生嫩黄绿色孢子，无杂色，无夹心。

③ 具有曲香气，无霉臭及其他异味。

(2) 理化要求

① 水分含量要求视具体情况，一、四季度含水量为 28%～32%，二、三季度为 26%～30%。

② 福林法测中性蛋白酶活力在 1000～1500U/g（干基）以上。

③ 碘比色法测淀粉酶活力在 2000U/g（干基）以上。

④ 细菌总数 50 亿个/g（干基）以下。

第五节 酱油发酵技术

酱油发酵是将成曲拌上一定的水和盐水，装入发酵容器中，保持一定的温度，利用微生物及其分泌的酶，将成曲中的复杂有机物质分解为简单有机物质，最终形成酱油独有的色、香、味、体成分，这一过程就是酱油的发酵。

一、酱油的发酵工艺

在酱油发酵过程中，根据醪醅的状态，有稀态醪发酵、固态醅发酵及固稀发酵之分；根据加盐量的多少，可分为高盐发酵、低盐发酵和无盐发酵三种；根据加温状况不同，又可分为日晒夜露与保温速酿两类。

酱油的发酵工艺流程如图 3-4 所示。

原料→润水→蒸煮→冷却→接种→制曲→制酱醅→发酵→浸泡→压榨→生酱油→感官评价和质量检测

图 3-4 酱油的发酵工艺流程

1. 低盐固态发酵工艺

低盐固态发酵是控制酱醅中的食盐含量在 10%以下，这样对蛋白酶等酶活力的抑制作用不大，该法采用浸出淋油操作提取酱油。

（1）工艺流程 见图 3-5，可分为前期水解、后期发酵两个阶段。

前期水解阶段主要是蛋白质、淀粉等大分子物质水解，形成相应的降解产物的过程，因酱油酿造以蛋白质原料为主，前期品温宜控制在 42～45℃，以促进蛋白水解酶对蛋白质的水解，发酵天数为 12～15d，水解基本完成。进入后期发酵阶段，使酱醅温度快速降到 35℃左右，此时可适量添加人工培养的耐盐有益酵母菌，也可依靠在制曲和发酵过程中自然落入的有益微生物进行后期发酵，逐渐产生酱油的香气物质，直至酱醅成熟。整个低盐固态发酵周期在一个月左右。

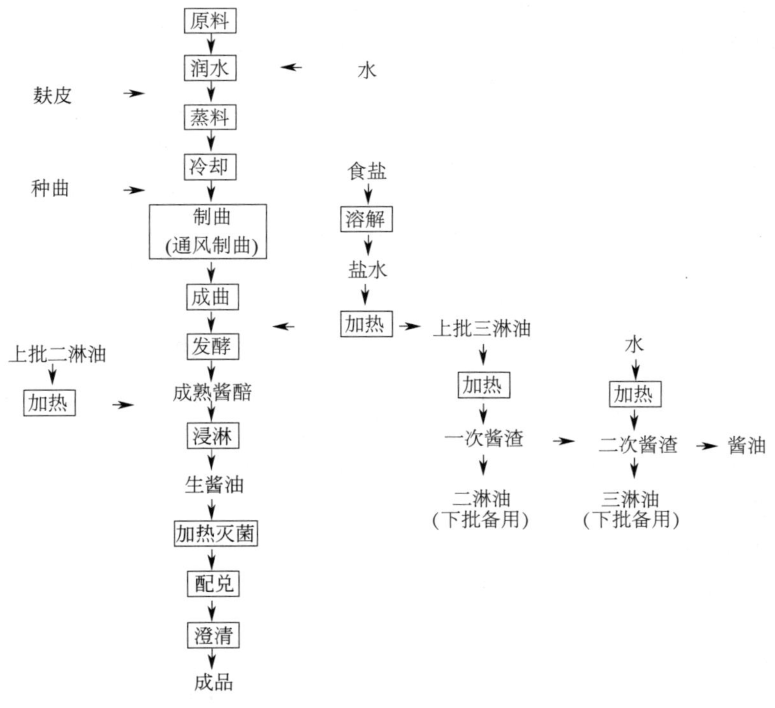

图 3-5 低盐固态发酵酱油生产工艺流程

（2）操作要点

① 食盐水配制：食盐溶解后，以波美计测定其浓度，根据温度调整到规定的浓度。一

般经验是100kg水加盐1.5kg左右得盐水10°Bé，但往往因食盐质量不同及温度不同而需要增减用盐量。盐度过高，使发酵速度受影响，盐度过低则容易引起酱醅的酸败，影响酱油的质量。

采用波美计检定盐水浓度一般是以20℃为标准温度，而实际生产上配制盐水时，往往高于或低于此温度，因此，必须换算成标准温度。

盐水应清沏无浊，不含杂质，无异味，pH在7左右。

② 制醅：发酵料的配制，先将准备好的11～12°Bé盐水，加热至50～55℃，再将成曲通过制醅机的碎曲齿，由升高机的提升斗输入螺旋拌和器中与盐水一起拌和均匀，落入发酵池内。

③ 加盐 ：拌盐水时要随时注意掌握水量大小。在一定条件下，发酵拌水量的多少，对分解率与原料利用率的影响很大，拌水量少，酱醅温度易升高，对酱油的色泽提高很有效，但对原料的利用率不利；拌水量多，酱醅不易升温，酱油色泽淡，对酱油的利用率有利，因此拌水量必须恰当，一般为曲料的120%～150%，一般要求酱醅的含水量为50%～55%。通常在醅料入池最初的15～20cm厚的醅层时，应控制盐水量略少，以后逐步加大水量，至拌完后以能剩余部分盐水为宜。拌曲完毕后，多出150kg左右的盐水，将此盐水浇于料面。盐水全部吸入料内，面层加盖聚乙烯薄膜，四周加盐将膜压紧，并在指定的点上插入温度计，池面加盖。

如果不用酶法生产，即将淀粉质原料与豆饼一起混合，经过润水、蒸煮及制曲后，直接加入12～18°Bé热盐水（55℃左右）。最后将此盐水均匀淋于醅面，待盐水全部吸入料内，再在醅面封盐。盐层厚3～5cm，并在池面加盖。

（3）发酵控制

① 盐水：低盐固态发酵的操作要特别注意盐水浓度。制醅盐水量要求底少面多，发酵时，成曲应及时拌加盐水入池，以防久堆造成“烧曲”。在拌盐水前应先检验成曲水分，再计量加入盐水，以保证酱醅的含水量稳定。

② 温度：控制制醅用盐水的温度。食盐水的温度要根据发酵池本身的温度、成曲的温度、气候的冷暖等具体条件决定。一般要求温度在55℃左右，使拌曲后的酱醅开始温度达到42～45℃为宜。入池后，酱醅品温要求为42～46℃，发酵4d左右。低盐发酵的时间一般为10d，酱醅已基本上成熟。为了增加风味，通常延长发酵期为12～15d。从第5天起按每天开汽3次的办法使品温逐步上升，最后提高到48～50℃。在此期间，品温基本稳定，夏季不需要开蒸汽保温，冬季如醅温不足需要进行保温。发酵温度可分段控制，前期为40～48℃，中期为44～46℃，后期为36～40℃。分段控制有利于成品风味的提高，但成品色泽较浅，发酵期间要有专人负责管理，按时测定酱醅温度，做好记录。恰当地掌握发酵温度。入池酱醅的品温必须控制在42～45℃，因为酱醅自身会产生分解热，待3d后逐渐开始提高温度，最终至50℃。发酵前期，主要是原料中的蛋白质水解生成氨基酸。因而发酵前期应当控制的最合适的发酵条件是最大限度地发挥蛋白水解酶系的作用，得到较高的蛋白质水解率和氨基酸生成率。蛋白酶系的最适温度为40～45℃，后期补盐，使酱醅含盐量达到15%以上，发酵温度控制在33℃左右，为酵母菌和乳酸菌的繁殖创造条件，使酱油风味得以提高。

有些厂家采用淋浇发酵的办法，酱醅面上不封盐，制醅后相隔2～3h将酱汁（曲液水）先回浇一次于酱醅内，使酶和水分较为均匀。发酵温度5d内为40～45℃，5d后逐步提高品温至45～48℃。前4d每天淋浇2次，4d后每天淋浇一次。发酵期共为10d。

③ 防止表层过度氧化：低盐固态发酵过程中，由于酱醅表层与空气直接接触，水分的大量蒸发与下渗，使表层酱醅水量下降，为氧化层的形成创造了条件。氧化层的生成会使酱

醅中的氨基酸含量减少，同时又产生了不利于酵母增殖的糠醛等物质，导致酱油风味和全氮利用率的降低。

a. 采取加盖封面盐的办法，用食盐将醅层和空气隔离，防止空气中杂菌的侵入，避免氧化层的大量产生，具有保温、保水的作用。但封面盐不可避免地溶化，表层相当深度的酱醅含盐偏高，从而影响到酶的作用和全氮利用率的提高。

b. 采用塑料薄膜方法，既隔绝了空气，防止了酱醅表层的过度氧化，还有效地保存了表层酱醅的水分，克服了食盐抑制酶解作用的缺陷。

④ 倒池：使各部分温度、盐分、水分均匀，使酶尽快溶出，并均匀分布在酱醅，增加色泽。一般发酵周期 20d 左右时只需在 9～10d 倒池一次。如发酵周期在 25～30d 可倒池两次。

(4) 成熟酱醅标准 成熟酱醅应呈现红褐色，有光泽，不发乌，酱醅柔软，松散不黏，无干心和硬心，酱香浓，味鲜美，pH 不低于 5，无苦、涩、霉等异味，细菌数不超过 3×10^{5}个/g。

(5) 操作规范

① 将饱和的盐水送至拌盐水池内，并配制 13°Bé 的盐水备用。

② 把盐水池内的 13°Bé 盐水加热至 60℃。

③ 成曲经过输送料机、绞龙均匀拌入盐水，进入放料池，再倒入发酵池。

④ 搅料后把落到地面上的干料收起送入绞龙内，拌入盐水，同时把放料池内的料倒入发酵池内，放料池底清理干净。

⑤ 开始制醅时曲料加入盐水量要大、逐渐减少，曲料拌盐水量要均匀不得有过干过湿的现象，要求酱醅含水量为 50%～55%。

⑥ 酱醅入池后，将顶层摊平，清理场地，将盖顶盐 10 袋均匀地撒入料面，避免无盐处氧化酸败染菌，再盖上无毒的塑料薄膜，插入长尾温度计。

⑦ 前期品温控制在 42～45℃，维持 12～15d。水浴温度控制在（45±2)℃。后期品温控制在 35℃左右为宜，维持在 12～15d。整个发酵期为 24～30d。

⑧ 水浴管理人员认真填写每天的温度管理记录。

成熟酱醅的质量标准：酱香、酯香气浓郁，感官红褐色，有光泽、无异味、氨氮含量大于或等于 1.2/100mL。

(6) 工作标准

① 检查拌曲盐水是否达到工艺要求。

② 检查入池品温是否达到工艺要求，确保发酵温度符合工艺规定。

③ 认真搞好场地卫生，生水绝不能溅入有酱醪的发酵池。

④ 由化验人员取样并测酱醪的氨基酸态氮和食盐的含量。

(7) 低盐固态发酵特点 应用较广，食盐含量小于 10%，对酶活力影响不大。

优点：① 酱油色泽较深，滋味鲜美，后味浓厚；

② 操作简单，管理方便；

③ 原料蛋白质利用率和氨基酸生成率均较多，出品率稳定；

④ 生产成本低。

缺点：① 发酵周期较固态无盐发酵长；

② 酱油香气不及晒露发酵、稀醪发酵和分酿固稀发酵。

2. 高盐稀态发酵工艺

工艺操作流程见图 3-6。

黄豆→泡豆→入锅→湿蒸→出料→风冷→接种→制曲→出曲→拌盐水→发酵→抽油
水（→泡豆）　面粉（→出料）　种曲←种曲机←锥形瓶种曲←菌种（种曲→接种）

图 3-6　酱油高盐稀态发酵工艺

3. 两种发酵工艺比较

两种发酵工艺关键的区别在于发酵与油渣分离的方法和条件。

(1) 低盐固态　工艺主要特点是原料成本低廉（豆粕、麸皮），发酵周期短（15～30d），发酵温度高，营养物质含量少。特别是低盐固态经过高温发酵，酶失活快，不利于氨基酸生成及产香产酯物质的产生，对后期成熟不利。由于发酵时间短，没有后熟期，代谢产物本来不多，它们之间又来不及补充、调整、圆熟，故该法生产的酱油风味差很多。但该种工艺简单，设备投入少，生产成本低，故国内 90%的生产厂家仍采用低盐固态。

(2) 高盐稀态　目前世界上最先进的发酵工艺，特点是高盐、稀醪、低温、发酵期长（达 6 个月）。高盐能够有效抑制杂菌，稀醪有利于蛋白质分解，低温有利于酵母等有益微生物生长、代谢，从而生成香味浓郁的产品。

据测定，高盐稀态发酵工艺生产的酱油，其香气物质达 300 多种，氨基酸含量非常丰富。高盐稀态工艺的原料为脱脂大豆及小麦。小麦富含糖类，是微生物营养物质的碳源和发酵基质，发酵后生成的可发酵性糖、醇、酸和酯等，都是酱油呈味和生香的重要物质。而低盐固态工艺中所用的麸皮，淀粉含量少，生成葡萄糖量低，相应生成的醇、酸、酯等也少。

二、酱油的色、香、味、体的形成

1. 酱油的色

优质酱油为赤褐色、鲜艳、透明。色泽过浅或混浊者则为劣等酱油。酱油色素的形成，主要有两条途径：酶褐变反应和非酶褐变反应。非酶褐变反应又分为美拉德反应和焦糖化反应，其中美拉德反应是主要的非酶褐变反应。

美拉德反应即氨基-羰基反应。这是酱油原料中的淀粉经曲霉的淀粉酶水解为葡萄糖后，在发酵时葡萄糖分子中的羰基与酱醪中的氨基置换产生的化学反应，其最终产物为类黑素。

目前，只知道类黑素是一种大分子物质，是组成酱油色素的重要色素。影响美拉德反应的因素很多，主要有参加反应的基质的种类与结构、温度和水分。美拉德反应引起褐变的速度与氨基酸和还原糖的种类、结构有密切关系。一般来说五碳糖的反应较六碳糖强。在酱油所含的 16～17 种氨基酸中，以色氨酸、苯丙氨酸和酪氨酸的增色效果较好。

酶褐变反应，是酱油色素形成的另一条重要途径。酶褐变反应一般由大豆、蛋白质中的酪氨酸经氧化而成。

在酶褐变反应过程中，需要有酪氨酸、多酚氧化酶和氧同时存在，缺一则不能产生酶褐变反应。

酶褐变反应主要发生在发酵后期。在此期间若酱醅缺乏氧气，pH 又低（多酚氧化酶最适 pH 为 6～7），发酵时间短，就会妨碍酪氨酸氧化聚合生成黑色素。

2. 酱油的香

酱油中的香气成分还不能用化学分析数据来表示，主要是靠感官鉴定。评定时，一般都以天然晒制的酱油作为酱油香型标准。据日本有关专家研究，影响酱油香气的主要成分是 4-乙基愈创木酚（简称 4-EG）等酚类物质，其次是 4-羟基-2-乙基-5-甲基-3-呋喃酮（简称 HEMF）。

4-乙基愈创木酚的形成途径如图 3-7 所示。

原料→蒸煮→制曲→酱醪发酵→木质素、苷元→阿魏酸→4-乙基愈创木酚

图 3-7 4-乙基愈创木酚的形成途径

在制曲过程中，米曲霉等曲霉分解小麦麸皮中的木质素和苷元，形成阿魏酸，入池发酵后，酱醪中的球拟酵母属的酵母菌作用于阿魏酸，最后形成 4-乙基愈创木酚。4-乙基愈创木酚在酱油中含量为 0.5～1.5mg/kg 时，酱油质量就有明显提高。

现在，国内外专家一致认为，酱油香气的化学成分为醇类、醛类、酯类、酚类、有机酸、缩醛酸等，由原料成分而生成，是曲霉的代谢产物、耐盐酵母的代谢产物和耐盐细菌的代谢产物。

酱油香气对酱油的风味影响很大，是评定酱油质量好坏的标准之一。目前，速酿酱油生产中最难控制的是酱油香气，因为酱油香气的产生主要是在发酵后期。发酵时间长，有利于酱油香气的形成。

3. 酱油的味

酱油的味是衡量酱油质量的重要指标之一。凡是优良酱油都必须具有鲜美、醇厚、调和的滋味，不得有酸味、苦味和涩味。酱油味的来源，主要是呈鲜味的氨基酸和核酸类物质的钠盐，呈甜味的糖类和呈酸味的有机酸，呈咸味的氯化钠以及有助于滋味的香气成分。

氨基酸：在酱油的发酵过程中，由于酶的催化作用使蛋白质水解成近 20 种氨基酸。这些氨基酸占酱油全氮的 40%～60%。其中谷氨酸及其钠盐具有鲜美的口味，其他氨基酸也有呈味作用，如缬氨酸、天冬氨酸呈鲜味，甘氨酸、丙氨酸、色氨酸呈甜味。此外，霉菌、酵母菌和细菌菌体中的核酸水解后生成 4 种核苷酸，鸟苷酸和肌苷酸具有特殊的鲜味，并与谷氨酸的钠盐相协调，赋予酱油更鲜的美味。

糖类：酱油中的甜味，主要来源于糖类。酱油中含有葡萄糖、果糖、麦芽糖、蔗糖等，另外还有木糖、阿拉伯糖等五碳糖和糊精等。

有机酸：酱油中有机酸的种类、数量较多，其中以乳酸的含量最高，占酱油 1.6%左右。乳酸的酸味较为和缓，使酱油的味柔且长。部分乳酸与酵母菌生成的酒精酯化，形成乳酸乙酯，使酱油具有芳香味。琥珀酸是影响酱油风味的另一种不挥发酸，其味感柔和，在酱油中含量约 0.1%。

食盐：食盐不仅能提供酱油的咸味，而且还能与氨基酸形成钠盐，使酱油鲜味提高。市销的食盐中除了含有氯化钠外，还含有氯化钾、氯化镁等无机盐类，酱油中若含有这些盐类往往呈苦涩味。在酱油发酵过程中使用的是陈盐，即经过一定时间的贮存、潮解排除卤汁的食盐。

4. 酱油的体

酱油的体，一般是指酱油的浓稠度，俗称酱油的“体态”和“骨分”，多以波美度或折射率来表示。它是由各种可溶性固形物构成的。酱油固形物是指酱油水分蒸发后留下的不挥发性固体物质，主要有：可溶性蛋白质、氨基酸、维生素、矿物质、糊精、糖类、色素、食盐等成分。除食盐外，其余固形物称为无盐固形物。优质酱油无盐固形物含量达 20g/100mL 以上。酱油发酵越完全，质量越高，则酱油的浓度和黏稠度就越高，而且色香味俱佳。

第六节 酱油的提取及成品配制

一、酱油的提取

酱醅成熟后，利用浸泡或过滤等方法将有效成分分离出来的过程，即酱油的提取。提取

方法有撇油法、抽取法、压榨法、渗滤法、浸出法等。浸出法是指在酱醅成熟后利用浸泡及过滤的方式将其可溶性物质溶出，工艺流程见图 3-8。

1. 浸出工艺

(1) 浸泡 发酵过程生成的酱油成分，自酱醅颗粒向浸提液转移溶出，使其成为酱油半成品的过程。这个过程主要与温度、时间和浸提液性质等因素有关。

(2) 过滤 将溶有酱油成分的浸出液（酱油半成品）与固体酱渣分离的过程。这个过程主要与酱醅厚度、黏度、温度及过滤层的疏松程度等因素有关。

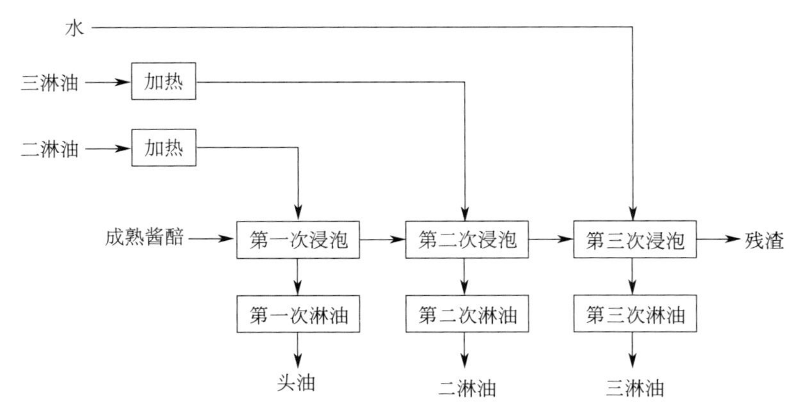

图 3-8 酱油移池浸出工艺流程

2. 淋油前的准备工作

(1) 用以淋油的酱醅必须已经达到质量标准，以免降低酱油质量和使淋油不畅。

(2) 淋油池洗刷干净，处于清洁完好状态。上述工作完成后方可进行淋油操作。

(3) 配制盐水：一般把二淋油（或三淋油）作为盐水使用，加热至 90℃以上，盐度要求达到 13～16.5°Bé。

3. 移醅装池

(1) 酱醅装入淋油池要做到醅层松散，醅面平整。移醅过程尽可能不破坏醅粒结构，用抓酱机移池要注意轻取低放，保证淋油池醅层各处疏密一致。

(2) 醅层疏松，可以扩大酱醅与浸提液接触面积，使浸透迅速，有利于溶出过程。醅面平整可使酱醅浸泡一致、疏密一致，可以防止浸出液“短路”。

(3) 在一般情况下，醅层厚度多在 40～50cm，如果酱醅发黏，还可酌情减薄。

4. 工艺操作要点

(1) 浸泡 酱醅成熟后，加入上批生产的二油，加热至 80～90℃，以保证浸泡温度能够达到 65℃左右。其数量应根据生产酱油的品种、全氮总量及出品率等决定，一般为豆饼原料用量的 5 倍。浸提液加入时，冲力较大，应采取措施将冲力缓和分散。冲力太大会破坏池面平整，水的冲力还可能将颗粒状的酱醅搅成糊状造成淋油困难，或者将疏密一致状态破坏，局部变薄导致淋油“短路”现象发生。加入二淋油时，醅面应铺垫一层竹席或塑料布，以防热量散发，作为“缓冲物”。二淋油用量通常应根据计算产量增加 25%～30%。加二淋油完毕，仍盖紧容器，防止散热。一般经过 2 h 左右，酱醅逐渐上浮，然后又散开。第一次浸泡时间一般要求 20h 左右，品温在 60℃以上，即可滤出头油，头油不能放得过干，避免因酱渣紧缩而影响第二次滤油，头油结束，迅速将预热至 80～85℃的热三油加于头渣内。

第二次浸泡 8～12h 即可滤取二油，头油及二油用作配制成品。二油注入二油池，待下一次浸泡成熟酱醅使用，二渣用热水浸泡 2h 左右，滤出三油，三油用于下批浸泡头渣提取二油，淋出的二淋油、三淋油主要用作下批酱醅头油、二淋油的浸提液，放置时间较长，易被杂菌污染变质，应及时加热灭菌（或保持在 70℃以上），安全贮存。延长浸泡时间，提高浸泡温度，对提高出品率和加深成品色泽有利。如为移池浸出，必须保持酱醅疏松，必要时可以加入部分谷糠拌匀，以利浸滤。

(2) 过滤　在大生产中，根据设备容量的具体条件，可分别采取间歇过滤和连续过滤两种形式。

酱醅经浸泡后，头淋油可以从容器的假底下放出，溶加食盐，待头油将完，关闭阀门；再加入预热至 80～85℃的三淋油，浸泡 8～10h，滤出二淋油；然后再加入热水，浸泡 2h 左右，滤出三淋油备用。总之，头淋油是产品，二淋油套出头淋油，三淋油套出二淋油，最后用清水套出三淋油，这种循环套淋的方法，称为间歇过滤法。但有的工厂由于设备不够，也有采用连续过滤法的，即当头淋油将滤光，醅面尚未露出液面时，及时加入热三淋油；浸泡 1h 后，放淋二淋油；又如法滤出三淋油。如此操作，从头淋油到三淋油总共仅需 8h 左右。滤完后及时出渣，并清洗假底及容器。三淋油如不及时使用，必须立即加盐，以防腐败。

在过滤工序中，酱醅发黏、料层过厚、拌曲盐水太多、浸泡温度过低、浸泡油的质量过高等因素，都会直接影响淋油速度和出品率，必须引起重视。

二、酱油的加热与配制、包装

从酱醅中淋出的头油称生酱油，还需经过加热及配制等工序才能成为各个等级的酱油成品。

1. 工艺流程（图 3-9）

生酱油→加热→澄清→配制→检验→成品

↑

防腐剂、助鲜剂、甜味剂等

图 3-9　酱油加热及配制工艺流程

(1) 加热　补充食盐，使 NaCl 含量 16%以上。

① 加热目的

a. 杀菌：酱油中含有较多的盐分，对一般微生物的繁殖能起到一定的抑制作用，病原菌会迅速死亡。尤其现在酱油的生产多以低盐为主，加热灭菌更不可少，可适当提高温度，延长贮藏期。酱油中微生物种类繁多，以加热灭菌的方法杀灭多种微生物，可以防止生霉发白。

b. 调和香气和风味：经过加热，可使酱油增加醛、酚等香气成分，调和香气和风味，并使部分小分子缔结成大分子，香气更加醇和圆熟，改善口味，除去霉臭味。同时注意低沸点香气成分损失。

c. 增加色泽：生酱油色泽较浅，温度升高加速成色反应。加热后部分糖转化成色素，增加酱油色泽。

d. 除去悬浮物：加速沉降酱油中的微细悬浮物或杂质，经加热后同少量高分子蛋白质凝结成酱泥沉淀下来，从而使产品澄清透明。

e. 破坏酶：生酱油中存在多种酶，加热可破坏这些酶系，使酱油质量稳定。

② 加热温度：加热温度因设备条件、酱油品种、加热时间长短以及季节不同而略有差异。一般酱油的加热温度为 65～70℃，时间 30min。如果采用连续式加热交换器以出口温度控制在 80℃为宜。如采用间接式加热到 80℃，时间不应超过 10min。如果酱油中添加核

酸等调味料，为了破坏酱油中存在的核酸水解酶（磷酸单酯酶），则需把温度提高到80℃，保持20min。

另外，在夏季杂菌量大、种类多、易污染，加热温度比冬季提高5℃。高级酱油加热温度可比普通酱油略低些，但均以杀死产膜酵母及大肠埃希菌为准则。

加热后要及时冷却，防止加热后的酱油在70～80℃放置时间较长，导致糖分、氨基酸及pH等因色素的形成而下降，影响产品质量。

③ 加热设备：国内多用间接蒸汽加热，方式有三种。第一种是在加热容器内安装蛇管，带有盖和搅拌装置，通蒸汽加热，使加热均匀。第二种是利用连续式列管交换器加热，结构简单，清洁卫生，操作及管理比较方便，成品质量好，生产效率也较高（图3-10）。酱油加热完毕，将加入罐中的管道洗刷干净。第三种板式热交换器，此设备热交换器效率高，但由于造价高，加热前酱油必须经过滤才能使用。

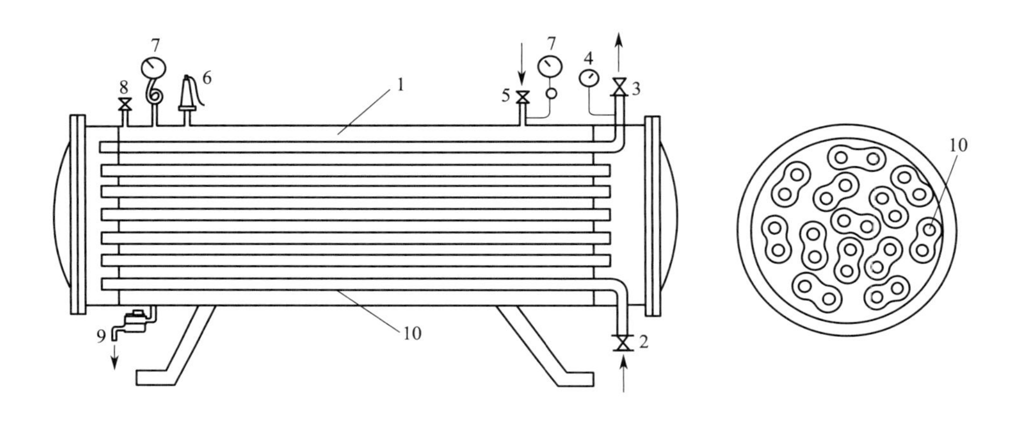

图3-10 连续式列管交换器示意图

1—加热器；2—生酱油入口；3—热酱油出口；4—温度计；5—蒸汽管；6—安全阀；7—压力表；8—排汽管；9—汽水分离器；10—酱油流通管

(2) 澄清 静置3d以上，杂质沉降于器底，达到澄清透明的要求，酱泥生成量大，可集中布袋过滤，回收酱油。

2. 成品酱油的配制

给酱油加入添加剂并把不同批次质量有差异的酱油适当拼配，调制出不同品种规格酱油的操作称为配制。即将每批生产中的头油和二淋油或质量不同的原油，按统一的质量标准进行调配，使成品达到感官特征及理化指标的要求。

配制是一项十分细致的工作，配制得当，可以使成品酱油的各项理化指标符合标准，不仅可以保证质量，而且还可以起到降低成本、节约原材料、提高出品率的作用。

由于各地风俗习惯不同，口味不同，还可以在原来酱油的基础上，分别调配助鲜剂、甜味剂以及某些香辛料等以增加酱油的花色品种。常用的助鲜剂有谷氨酸（味精）、肌苷酸、鸟苷酸，甜味剂有砂糖、饴糖、甘草等，香辛料有花椒、丁香、豆蔻、桂皮、大茴香、小茴香等。

配制的方法是配制前必须了解各批酱油的数量、批号、生产日期以及质量情况，事先分析化验各项成分含量，以便计算各批配制用量。酱油的理化指标有多项，一般均以氨基酸态氮、全氮和氨基酸生成率来计算。例如，二级酱油标准为氨基酸态氮0.6g/100mL，全氮1.20g/100mL，氨基酸生成率是50%。如果生产的酱油氨基酸生成率低于50%时，可不计全氮而按氨基酸态氮配制；如果氨基酸生成率高于50%时，则可不计算氨基酸态氮而以全氮含量计算配制。

3. 贮藏及包装

酱油需要有相当数量的贮备，以保障市场的供应。现在使用的贮油设备有：大型不锈钢桶，大型内涂环氧树脂的钢板桶，钢筋水泥或石砌的水泥地（内壁贴瓷砖防腐）。贮存设备要求保持清洁，上面加盖或筑玻璃棚，但必须注意通气，以防散发出来的水汽冷凝后滴入酱油面层或桶壁，引起霉变。

酱油贮存期间还要加强贮存管理工作，做到：

① 贮存桶内前一批酱油未出净，后一批酱油不要加入，尤其是冷热酱油不能混合。

② 建立贮存酱油的进出验收制度，贯彻先进先出的原则。

③ 贮存期间，每日或定期检查及翻动酱油表面。

④ 定期清洗贮存桶。

⑤ 定期检查及维修贮存桶、管道及阀门，延长使用寿命，防止发生漏油事故。

为打击伪劣产品，国家颁布法令：实施酱油新标准，强制要求包装品的标签需标明产品是“酿制”还是“配制”；氨基酸态氮的含量、质量等级；生产工艺类型，如注明“高盐稀态”或“低盐固态”，规定铵盐含量不得超过氨基酸态氮含量的30%。

酱油包装是酱油生产的最后一道工序，对酱油的内在质量和外观质量有直接影响。酱油包装是根据市场需要来选择包装形式的。包装形式有瓶装、袋装和散装三种。瓶装有640mL和2000mL，袋装有250mL和500mL，散装有桶装和槽车。

第七节　酱油生产的质量控制

一、控制酱油生霉

酱油是耐盐微生物的天然培养基，未经灭菌或灭菌后的成品酱油在气温较高的地区和季节里，酱油表面往往会产生白色的斑点，随着时间的延长，逐步形成白色的皮膜，继而加厚变皱，颜色也由嫩白逐渐变成黄褐色，这种现象俗称酱油生霉或长白。

酱油生霉是由于微生物特别是一些产膜酵母生长繁殖，这些微生物主要有：粉状毕赤酵母、盐生接合酵母、日本接合酵母等需氧耐盐产膜酵母，这些产膜酵母最适合温度为25～30℃，加热到60℃数分钟就可以杀灭。酱油虽经加热灭菌，但由于整个生产和销售过程常在接触空气的情况下进行，而空气本身就含有这些微生物，在适当的温度条件下，它们就会在酱油中发酵繁殖，使酱油生霉发白，因此从生产到销售的全过程均需重视酱油的防腐。

1. 酱油生霉的原因

① 内因方面：与酱油本身质量有关。酱油质量好，含盐量大，含有较多的脂肪酸、醇类、醛类、酯类等香气成分，对杂菌有一定的抑制作用。相反，如果酱油的质量不好，本身抵抗杂菌的性能差，就容易生霉；另外生产中发酵不成熟，灭菌不彻底或防腐剂添加量不足等。

② 外因方面：温度高、潮湿以及包装容器不清洁、容器里有生水等易发霉。另外在存储运输过程中，因淋雨或混入生水而被产膜酵母污染等都可以引起发霉。

2. 酱油生霉造成的危害

生霉后的酱油，表面形成令人厌恶的菌膜，香气减少，口味变淡而发苦，酸味增强，甜味和鲜味减少，有时甚至产生臭味。其营养成分被杂菌消耗，从而也降低了食用价值。个别产品除长白外，甚至还会再发酵，生成乙醇或 CO_2，产生泡沫，降低风味。

3. 酱油的防霉措施

① 从生产工艺方面提高酱油质量：高质量酱油本身具有较高的抗霉能力，因此应尽可能生产优质酱油。

② 从生产卫生方面加强管理：酱油的生产操作是在开放的环境下，每个工序都会带入大量杂菌，所以在每个生产环节中，工具、生产设备都应有严格的卫生制度，要及时清洗消毒。操作人员的个人卫生也应该给予高度的重视，以确保淋出的酱油含杂菌少。贮油容器和包装容器应洗刷干净，保持干燥，不可存有洗刷水、生水。运输贮存过程中防止雨淋或生水污染。

③ 从加热灭菌方面消除杂菌污染：成品酱油按加热要求进行灭菌，灭杀酱油中的微生物，从而在一定程度上减缓或抑制长白现象的产生。

④ 从防腐剂的使用方面防止杂菌：合理正确地添加允许使用的防腐剂，是防止发霉的一项有效措施。

防腐剂的选择原则是：对人体无毒无害，容易得到，应用时操作简单、价格便宜、用量小、防霉效果好。

酱油生产中常使用的防腐剂有苯甲酸钠、山梨酸、山梨酸钾、维生素 K 类、乳酸链球菌素等。其使用量应按 GB 2760—2014《食品安全国家标准　食品添加剂使用标准》规定添加。

二、酱油的质量标准

酱油的质量指标应符合 GB 18186—2000 酿造酱油标准。

1. 酱油的感官指标

酱油的感官要求见表 3-3。

表 3-3　酿造酱油感官要求

项目	要求							
	高盐稀态发酵酱油(含固稀发酵酱油)				低盐固态发酵酱油			
	特级	一级	二级	三级	特级	一级	二级	三级
色泽	红褐色或浅红褐色,色泽鲜艳,有光泽		红褐色或浅红褐色		鲜艳的深红褐色,有光泽	红褐色或棕褐色,有光泽	红褐色或棕褐色	棕褐色
香气	浓郁的酱香及酯香气	较浓郁的酱香及酯香气	有酱香及酯香气		酱香浓郁,无不良气味	酱香较浓,无不良气味	有酱香,无不良气味	微有酱香,无不良气味
滋味	味鲜美、醇厚,鲜、咸、甜适口		味鲜,咸、甜适口	鲜咸适口	味鲜美,醇厚,咸味适口	味鲜美,咸味适口	味较鲜,咸味适口	鲜咸适口
体态	澄清							

2. 酱油的理化要求

酱油的理化要求见表 3-4。

酱油中涉及的质量指标：氨基酸态氮、全氮、可溶性无盐固形物。

氨基酸态氮：以氨基酸形式存在的氮元素的含量。该指标越高，说明酱油中的氨基酸含量越高，鲜味越好。酱油中氨基酸态氮最低含量不得小于0.4g/100mL。

全氮：表示酱油中蛋白质、氨基酸、肽含量的高低，是影响产品风味的指标，产品工艺不同，要求略有差异。

可溶性无盐固形物：指的是酱油中除水、食盐、不溶性物质外的其他物质的含量，主要是蛋白质、氨基酸、肽、糖类、有机酸等物质，是影响风味的重要指标。产品工艺不同，要求略有差异。

按GB 18186—2000，根据氨基酸态氮、总氮以及可溶性无盐固形物的含量划分为特级、一级、二级、三级酱油。

表3-4 酿造酱油理化要求

项目	指标							
	高盐稀态发酵酱油(含固稀发酵酱油)				低盐固态发酵酱油			
	特级	一级	二级	三级	特级	一级	二级	三级
可溶性无盐固形物/(g/100mL) ≥	15.00	13.00	10.00	8.00	20.00	18.00	15.00	10.00
全氮(以氮计)/(g/100mL) ≥	1.50	1.30	1.00	0.70	1.60	1.40	1.20	0.80
氨基酸态氮(以氮计)/(g/100mL) ≥	0.80	0.70	0.55	0.40	0.80	0.70	0.60	0.40

3. 污染物限量和真菌毒素限量

(1) 污染物限量应符合GB 2762—2017的规定。

(2) 真菌毒素限量应符合GB 2761—2017的规定。

4. 微生物限量

微生物限量应符合GB 2717—2018《食品安全国家标准 酱油》的要求，见表3-5。

表3-5 微生物限量

项目	采样方案[①]及限量				检验方法
	n	c	m	M	
菌落总数/(CFU/mL)	5	2	5×10^3	5×10^4	GB 4789.2
大肠菌群/(CFU/mL)	5	2	10	10^2	GB 4789.3平板计数法

① 样品的采样及处理按GB 4789.1—2016执行。

5. 铵盐

其含量（以氮计）不得超过氨基酸态氮含量的30%。

6. 标签

标注内容应符合GB 7718—2011的规定，产品名称应标明“酿造酱油”，还应标明产品类别、氨基酸态氮的含量、质量等级、用于“佐餐（烹调）”。

酱油生产新工艺及几种名特酱油简介

一、酱油生产新工艺

1. 天然晒露发酵工艺

天然晒露法，俗称老法酱油，是传统的老法酱油的生产方法。制曲原料采用大豆和面粉，经过长期日晒酿造出具有浓厚酱香、风味美好的产品。天然晒露法制曲不用种曲，主要依靠空气中自然存在的米曲霉等霉菌，而且受季节的限制，因此不能全年生产。制曲所用的设备，过去是曲室及竹匾（或曲盘），现在生产时稍有改变，制曲时添加种曲，并采用厚层通风制曲的方法。后期发酵是将酱醅置于室外缸内或池内，经过日晒夜露的自然发酵酿制酱油。目前，天然晒露法虽然仅有小企业采用，但当需要特殊风味的酱油品种时，其他类型的企业也会进行小批量生产。

缺点：原料利用率低，发酵周期长（6个月以上，经夏天至少3个月），劳动强度高，资金周转慢，卫生条件差。

工艺流程：

大豆→浸泡→蒸煮→混合（面粉）→冷却→培养→入缸→混合（水、食盐）→晒露发酵→压榨→生酱油→加热→成品（成熟酱醅）

2. 稀醪发酵工艺

稀醪发酵法一般是指在成曲中加入较多的盐水，使酱醪呈流动状态而进行发酵的一种生产方法，通常有常温稀醪发酵和品温控制为42～45℃的保温稀醪发酵两种。常温发酵法发酵时间较长，最快也要6个月以上；保温发酵法由于提高了发酵温度，分解和成熟较快，只需2个月左右的时间。因酱醪稀薄，所以便于保温、搅拌及输送等，适合于大规模的机械化生产，二十世纪四五十年代，国内大型厂采用此工艺，但由于发酵时间较长，因此，国内采用此方法的厂家并不是太多，目前只有个别产品用此法。

3. 分酿固稀发酵工艺

分酿固稀发酵法酿造酱油是利用不同的温度、盐度及固稀发酵的条件，同时控制糖分对蛋白酶的影响，使各种酶充分发挥作用。具体的做法为豆麦分开制曲，豆饼曲用高温低盐度制醪，麦子曲用低温制醪，水解完成后混合一起发酵。

特点：

（1）控制糖分对蛋白质的抑制，使其能较充分发挥作用。

（2）采用固态低盐发酵，减少食盐对酶活性的抑制，有利于蛋白质的分解和淀粉的糖化。

（3）发酵期较稀醪发酵期短（30天），相对可以提高产品的产量和质量，并使酱油风味得以加强。

（4）产品色泽较深，香气好，属于醇香型。

（5）后期采用稀醪发酵，便于保温，适宜机械化生产。

（6）工艺复杂，操作烦琐。

（7）酱油提取需压榨设备，压榨烦琐，生产工艺复杂，劳动强度大。

4. 固态无盐发酵

其是一种最快速的酿造法，发酵时间56～72h。酿造酱油在发酵的过程中，为了防止腐败，一般都大量使用食盐。由于添加了大量的食盐，抑制了酶的活力，致使酱油的发酵周期延长。而固态无盐发酵法发酵周期仅需56h，摆脱了食盐对酶活力的抑制作用，发酵时间缩短了很多，具有快速生产的优点。但经过多年的实践，发现由于发酵温度较高，使得酱油风味不足，缺乏酱香气。酶在最适宜的温度下能得到最大的活力，就能充分发挥作用。在较低的温度下，作用缓慢，但酶活力持续较久。

无盐发酵的温度适当与否是决定无盐发酵成功与否的关键点之一。在固态无盐发酵阶段的变化，主要是蛋白酶、糖化酶和氧化酶的作用，而这些酶的作用最适温度是不相同的，一般来说，氧化酶和淀粉酶作用的最适温度较高，而蛋白酶作用的最适温度稍低些，因此，在发酵时采取逐渐升温的方法较好，就是从下缸温度50～53℃起，最后升到60℃为宜。这样既能够发挥出各种酶的作用，又能提高氨基酸的生成率。固态无盐发酵对温度控制的要求十分严格，它在55～60℃可以安全发酵，得到满意的结果。如果酱醅温度超过60℃，就容易使酶失活而影响分解；如果低于55℃，则越往下降，就越容易产生酸败现象。因此，在发酵设备条件较差或温度管理不善或所用的工具（包括发酵容器）不够清洁时，极易造成产品质量的不稳定。

优点：

（1）充分摆脱了食盐对酶的抑制作用，使发酵周期大为缩短。

（2）蛋白质和淀粉的水解较彻底，提高了原料利用率。

（3）操作较简单，设备利用率高。

（4）酱醅不需空气搅拌。

（5）提取酱油可采用浸出淋油法，不需压榨设备，简化工序。

缺点：成品风味不足，有待于克服。

5. 微滤膜技术在酱油加工中的技术应用

酱油工艺流程中有三个分离工序：①从压榨的生酱油中去除不纯物；②入火后去除一次浊液；③从一次浊液中回收酱油。

在这三道工序中，入火后经静置分离后的上层澄清液，可用硅藻土过滤，剩余的5%～15%的浊液因黏性太高，不能用硅藻土过滤，一般返回前道压榨工序。静置分离工序必须要用沉降槽，除体积大、占地多外，还因需要一定的静置时间，造成生产周期长。微滤膜分离装置可以改善上述工艺。装置最早用于脱脂大豆酱油的生产，结果表明，现在市场上流行的全成分大豆酱油的生产同样适用于上述流程，从而促进了微滤膜分离装置的应用，使酱油生产实现小批量多品种，缩短生产周期，不产生残渣废弃物，生产自动化及改善操作环境。

6. 酱油双酿技术

二十世纪八十年代的一项酱油酿造技术的创新，既吸收了高盐稀态发酵的优点，又保留了低盐固态发酵的长处，在低盐固态发酵酶解基本结束时，将高盐稀态发酵接近成熟的酱醪浇在低盐固态发酵酱醅上，继续进行后期发酵。

优点：品质几乎达到高盐稀态发酵水平，酱香、酯香和醇香都比较浓郁，发酵周期介于两者之间。

7. 超滤技术

以往生产酱油是把成熟的酱醪压榨后加热杀菌，主要目的是灭菌和让酶失活，但同时会使酱油的颜色加深，美拉德反应会令酱油的风味在一定程度上失去其原有的鲜味，增加些焦煳的口感，给酱油质量带来负面效应。如果不加热，使用超滤装置进行过滤和澄清，可以得到不损害原有风味的味道丰满圆润的酱油。

8. 反渗透法

用于酱油的浓缩。

9. 电渗透法

用于脱盐，生产低盐酱油。

10. 固定化细胞技术

用于提高酱油的风味。

二、几种名特酱油简介

1. 白酱油

白酱油作为酱油的一个新品种，具有酱油特有的香气，颜色呈淡黄色，清澈透明，含糖量较高，体现的是其增香不增色的特点，在调味品的市场中越来越显示其独特性和优越性，受到消费者及加工业的青睐。白酱油的制法不同于一般酱油。在国内，采用发酵工艺直接生产出白酱油的厂家很少，一般厂家采用浅色酱油再脱色处理的方法进行生产。选用富含淀粉的小麦为主料，只使用少量大豆原料。从原料处理直至成品包装，所有的工序均需采取防止增色的措施。

原料配比：小麦80%～90%，大豆10%～20%。

由于小麦和大豆的外皮都含有易使酱油增色的糖类等成分，故均需脱皮，大豆干炒后破碎，再进行风选去除豆皮，与脱皮麦粒混合，浸泡3～4h后取出蒸煮。常压蒸煮30～40min，尽可能防止原料中的不可溶性多糖成分变成水溶性多糖成分。蒸煮适度的小麦呈嫩黄色，手捏有弹性。蒸煮后应立即出锅冷却。待熟料冷却至40℃左右，加入用炒面拌和的种曲，接种量为3%～5%，拌匀后送至曲室培养。30℃左右低温制曲法，制曲周期46～48h。时间过长，易使酱油增色。制醪用盐水浓度18～19°Bé，加盐水量为190～210 kg。盐水量不宜过少，以免成品增色。发酵不宜超过30℃，时间常为2～3个月，不宜过长，以免增色且特殊风味变得淡薄。褐变反应随贮藏时间延长而加快，因此，白酱油不适宜长期保存。

2. 鱼露

鱼露也称鱼酱油、虾油，其营养丰富，风味独特，是我国沿海一带人民所喜爱的传统调味品。它是以经济价值较低的鱼、虾及水产品加工的下脚料为原料，利用鱼体自身所含的蛋白酶及其他酶，以及原料鱼中各种微生物所分泌的酶，对原料鱼中的蛋白质、脂肪等成分进行分解酿制而成的。

鱼露发酵的方法可分为天然发酵法和现代速酿法。天然发酵法一般要经过高盐盐渍和发酵两步，其生产周期长，时间长达10～18个月，产品的盐度高，达到20%～30%。将传统方法与现代方法相结合的速酿技术通过保温、加曲、加酶等手段，可以缩短鱼露生产周期，降低产品盐度，同时又减少产品的腥臭味。但其总体感官质量远远不如传统方法生产的鱼露。鱼露的速酿工艺流程如下。

鱼、曲（或酶）混合→加盐→保温发酵→成熟→杀菌灭酶→分离→调配→成品

3. 其他酱油加工制品

（1）花色酱油　虾子酱油、蘑菇酱油、特鲜酱油、香菇酱油、鲜辣酱油、营养酱油、海鲜酱油等。

（2）无盐酱油　以氯化钾、氯化铵代替钠盐，采用无盐固态发酵工艺等方法酿制而成的酱油。

（3）酱油粉　以鲜酱油为原料制作的一种调味添加剂。添加其他辅料，利用原料风味的相乘作用，通过调香、调色、调鲜，喷雾干燥而成的一种固体酱油。

（4）固体酱油　利用真空浓缩设备，在较低温度条件下，使水分挥发的一款酱油。

1. 什么是酿造酱油？酿造酱油分为哪几类？
2. 简述酱油色香味的形成机理及其主要组成成分。
3. 生酱油需经过加热的目的是什么？
4. 酱油加工的生化目的有哪些？
5. 试分析在酱油生产过程中酱油生霉（长白）的原因。
6. 比较酱油低盐固态发酵及高盐稀态发酵工艺的异同点。

实训三　酱油生产工艺

【目的要求】

了解酱油制作的流程，学习制作酱油的基本原理和制作方法。

【实训原理】

酱油用的原料是植物性蛋白质和淀粉质。传统生产中以大豆为主，原料经蒸熟冷却，接入纯种培养的米曲霉菌种制成酱曲，酱曲移入发酵池，加盐水发酵，待酱醅成熟后，以浸出法提取酱油。制曲的目的是使米曲霉在曲料上充分生长发育，并大量产生所需要的酶，如蛋白酶、肽酶、淀粉酶、谷氨酰胺酶、果胶酶、纤维素酶、半纤维素酶等。在发酵过程中味的形成是利用这些酶的作用。如蛋白酶及肽酶将蛋白质水解为氨基酸，产生鲜味；谷氨酰胺酶把成分中无味的谷氨酰胺变成具有鲜味的谷氨酸；淀粉酶将淀粉水解成糖，产生甜味；果胶酶、纤维素酶和半纤维素酶等能将细胞壁完全破裂，使蛋白酶和淀粉酶水解更彻底。同时，在制曲及发酵过程中，从空气中落入的酵母和细菌也进行繁殖并分泌多种酶。也可添加纯种培养的乳酸菌和酵母菌。乳酸菌产生适量乳酸，酵母菌发酵产生乙醇，以及原料、曲霉的代谢产物等所产生的醇、酸、醛、酯、酚、缩醛和呋喃酮等多种成分，虽多属微量，但却能构成酱油复杂的香气。此外，由原料蛋白质中的酪氨酸经氧化生成黑色素及淀粉经淀粉酶水解为葡萄糖与氨基酸反应生成类黑素，使酱油产生鲜艳有光泽的红褐色。发酵期间的一系列极其复杂的生物化学变化所产生的鲜味、甜味、酸味、酒香、酯香与盐水的咸味相混合，最后形成色香味和风味独特的酱油。

【实训材料及设备】

1. 材料

黄豆或豆粕、麸皮、可溶性淀粉、KH_2PO_4、$MgSO_4 \cdot 7H_2O$、$(NH_4)_2SO_4$、2.5%琼脂。米曲霉或黑曲霉斜面菌种。

2. 仪器设备

试管、锥形瓶、陶瓷盘、铝饭盒、塑料袋、分装器、量筒、温度计、架盘天平、水浴锅、波美计、高压锅等。

【实训方法】

1. 试管菌种、锥形瓶种曲制备

(1) 菌种试管活化

① 菌种试管活化培养基：豆饼 100g，每 100mL 培养基中含 0.1% KH_2PO_4，0.05% $MgSO_4 \cdot 7H_2O$，0.05% $(NH_4)_2SO_4$，2%可溶性淀粉，2.5%琼脂。

② 培养基制备

a. 称取菌种活化培养基原料。

b. 溶解：将容器加入适量的蒸馏水，加入豆饼粉，加热搅拌使其溶解，取其滤液 150mL；另取琼脂加入容器中，加水，加热熔化，在加热溶解原料的过程中不断搅拌，若出现大量泡沫，加入适量蒸馏水消泡，当琼脂全部熔化完后用 2 层纱布过滤，滤液中加入豆饼粉滤液，加热搅拌使其溶解，制成培养基并调节其 pH 为 4.0～5.0。

c. 灭菌：将以上培养基放在高压灭菌锅中灭菌。

③ 接种培养：在无菌室内打开紫外灯照射灭菌，将所用的仪器一并放入无菌室内一同灭菌，灭菌后进入无菌室进行接种操作。将菌种接到豆饼培养基上，在 30℃恒温培养箱中培养 2d，开始时，长出白色菌丝，这种白色菌丝即为米曲霉菌丝，以后米曲霉菌丝逐渐转为黄绿色，黑曲霉菌丝转为浅黑色，62h 米曲霉绿色（黑曲霉为黑色）孢子布满斜面，即为成熟。

(2) 种曲制备

① 种曲培养基制备与灭菌：麦麸∶豆饼粉∶水=4∶3∶6，称取培养基所需的原料，混匀后分别装入容器，灭菌。

② 接种培养：在无菌室，将试管斜面活化菌种接入以上培养基，在 28～30℃下培养 60h 左右，待瓶中长满绿色或黑色孢子为止。

2. 成曲制备

① 原料配比：豆饼粉 60%，麸皮 40%，水 90%～95%。

② 原料处理：按比例称取原料搅拌均匀［实验室氮源一般用豆粕，若用黄豆，则经过筛选、浸泡，冬季浸 13～15h，夏季浸 8～9h，再经高压蒸煮（0.5MPa、3min），降温至 35～40℃］，静置润水约 30min，分装于容器中，放入高压灭菌锅中 121℃灭菌 30min，出锅后将容器中的原料倒入曲盘中散开并迅速冷却。

③ 接种培养：将冷却至 30℃左右的原料接入容器菌种，接种量为 0.3%，迅速拌匀，置于 30℃恒温培养箱（预先灭菌）中培养，品温上升至 35℃左右时，翻曲一次，继续培养，维持品温 28～30℃，不得超过 30℃，培养 1～2d，培养过程中视品温上升情况再进行 2～3 次翻曲。待曲料表面着生黄绿色或浅黑色孢子并散发曲香，停止培养，即制好酱油的成曲。

3. 制醅发酵

(1) 配制 12～13°Bé 盐水 称取食盐 13～15g，溶于 100mL 水中，即可制得 12～13°Bé 盐水，加热至 55～60℃备用。

(2) 制醅 将成曲中加入 12～13°Bé 热盐水，用量为成曲总料量 45%，酱醅含水量 45%～48%，拌匀后装入容器中。

(3) 发酵 将锥形瓶用塑料袋扎口后于恒温水浴中保温发酵，前 7d 38℃，后 5～7d 42℃。

4. 淋油

将成熟酱醅中加入原料总重量500%的沸水，置于60～70℃水浴中，浸出15h左右，得头油，再加入500%的沸水于60～70℃水浴中浸出4h左右，得二油。

5. 配制成品

将产品加热至于70～80℃，维持30min，可灭菌，在酱油中加入助鲜剂、甜味料、增色剂等进行调配。

【实训报告】

简要总结酱油生产原理及制作工艺。

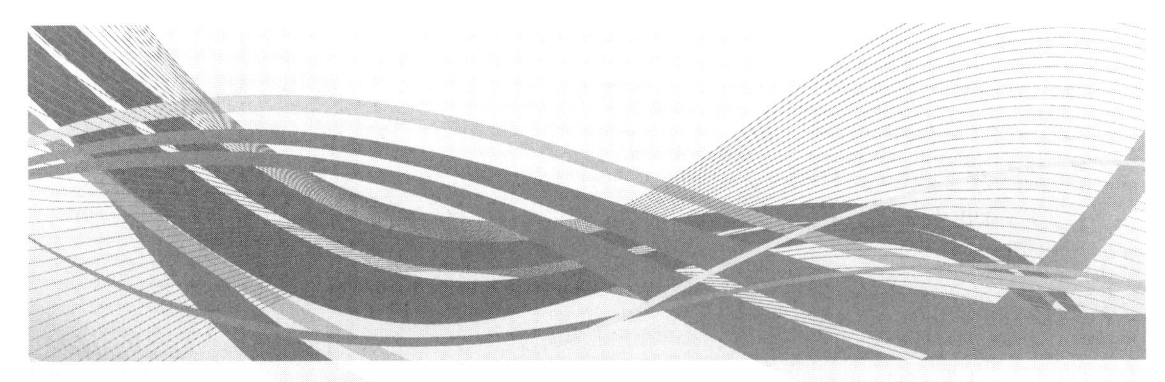

第四章　腐乳生产技术

知识目标

1. 熟悉豆腐坯的制备原理。
2. 掌握腐乳生产的原辅材料、发酵制作过程和生产工艺。
3. 熟悉主要种类的腐乳的酿造工艺及操作要点。

能力目标

1. 能对腐乳酿造各个环节进行工艺控制。
2. 能进行腐乳的自然发酵酿造。
3. 能对腐乳进行基本检验与鉴定。

思政与职业素养目标

腐乳是我国流传数千年的美食，通过本章学习，使学生体验现代企业的生产管理，培养创新、精益、专注、敬业的精神，更好地发展民族特产。

第一节　概　　述

腐乳又名豆腐乳，也称酱豆腐，是一类以霉菌为主要菌种的大豆发酵食品。腐乳口味鲜美、风味独特、质地细腻、营养丰富、价格低廉，是深受广大人民喜爱的佐餐品，在我国已有悠久的生产历史。

一、腐乳的产品类型

1. 红腐乳

红腐乳简称红方，北京称红酱豆腐，南方称南乳，是腐乳中的一个大类产品。其表面呈鲜红或紫红色，断面为杏黄色，滋味鲜咸适口，口感细腻。它的主要特点是使用了红曲色素作为着色剂，使腐乳表面呈红色。

2. 白腐乳

白腐乳又名白方，是腐乳中的另一大类产品，并不是指具体某一品种，而是以颜色相似而归为一个类型的产品。该类产品颜色表里一致，为乳黄色、淡黄色或青白色，醇香浓郁，鲜味突出，质地细腻。其主要特点是含盐量低，发酵期短，成熟快。

3. 青腐乳

青腐乳又名青方，俗称臭豆腐。加工时辅料只用食盐和少量花椒及干荷叶，产品表面颜色呈青色或豆青色。因其分解蛋白质较其他品种彻底，氨基酸含量较为丰富，特别是含有较多的丙氨酸，使味觉感受到独特的甜味和酯香味。青腐乳发酵后一部分蛋白质的硫氢基和氨基游离出来，产生硫臭和氨臭，具有刺激性气味，但臭里透香。

4. 酱腐乳

酱腐乳是在后期发酵中，以酱曲（大豆酱曲、蚕豆酱曲及面酱曲）为主要辅料制作而成的。产品表面和内部颜色基本一致，具有自然生成的红褐色或棕褐色，酱香浓郁，质地细腻。它与红腐乳的区别是：不添加着色剂红曲色素；与白腐乳的区别是：酱香味浓，酒香味淡。

5. 花色腐乳

花色腐乳是添加了不同风味的辅料，而形成各具特色的腐乳，产品品种繁多，分为辣味型（添加辣椒）、甜味型（添加甜味料）、香辛型（添加植物香辛型原料）及咸鲜型（添加肉、禽、水产、食用菌等辅料）。

二、腐乳的工艺类型

腐乳是我国独有的一种传统发酵食品，发酵工艺上有两个特点：一是先制作豆腐坯，再在豆腐坯上长霉，然后加辅料封闭发酵直至成熟；二是根据各地区消费者生活习惯不同，使用各种辅料。使用各种辅料的作用不仅是为了调味和制作不同风味的腐乳，更重要的是有助于促进发酵和具有食品防腐的功效。例如在生产腐乳时添加花椒、大蒜、辣椒、茴香、桂皮和生姜等香辛料，这些香辛料中含有花椒酰胺、蒜辣素、茴香醚及茴香醛等成分，有极强的杀菌能力，又有良好的调味功能。

我国腐乳品种繁多，生产工艺也有所不同，但其主要工艺特点基本相同。如腐乳坯的含水量控制在70%左右；腌坯含盐量一般掌握在12%左右；前期发酵应用的菌种大都是毛霉或根霉；后期发酵时间多数在3～6个月之间等。由于配料的不同，产品又各具特色，别有风味。

1. 腌制腐乳

豆腐坯加水煮沸后，加盐腌制，装坛加入辅料，发酵而成的腐乳。

2. 毛霉腐乳

以豆腐坯培养毛霉，也可培养纯种毛霉，人工接种，发酵而成的腐乳。即前期发酵主要是在白坯上培养毛霉，然后再利用毛霉产生的蛋白酶将蛋白质分解成氨基酸，从而形成腐乳特有的风味。

3. 根霉型腐乳

采用耐高温的根霉菌，经纯菌培养，人工接种，发酵而成的腐乳。

4. 混合菌种酿制的腐乳

结合毛霉和根霉的特点，采用二者混合菌种酿制的腐乳。

5. 细菌型腐乳

利用纯细菌接种在腐乳坯上，发酵而成的腐乳。如黑龙江的克东腐乳是我国唯一采用细菌进行前期培菌的腐乳，这种腐乳具有滑润细腻、入口即化的特点。

第二节　腐乳生产的原辅料及处理

一、主要原料

1. 蛋白质原料

大豆是制作腐乳的最佳原料，蛋白质和脂肪含量丰富，蛋白质很少变性，未经提油处理，所以制成的腐乳柔、糯、细、口感好。生产腐乳的大豆质量要求比较严格，应使用无虫蛀、无霉变的新豆，含水量13%左右，蛋白质含量34%以上，千粒重在250g以上。豆饼、豆粕也可以使用，要求见酱油生产。大豆、豆饼与豆粕的一般成分见表4-1。

表4-1　大豆、豆饼、豆粕的一般成分　　单位：%

种类	水分	蛋白质	粗脂肪	碳水化合物	灰分
大豆	13.12	38.45	19.29	21.55	4.59
豆饼	12	44～47	6～71	8～21	5～6
豆粕	7～10	46～51	0.5～1.5	19～22	5

2. 水

豆腐乳的生产用水宜用清洁而含有矿物质和有机质少的水，城市可用自来水。一般有两点要求：一是符合饮用水的质量标准；二是要求水的硬度越小越好。这是因为，豆腐的生产是利用大豆蛋白质的亲水性，先将其制成蛋白质溶液，这需要最大限度地将大豆中水溶性蛋白质溶解于水中，而当水的硬度超过1mmol/L时，其中的Ca^{2+}、Mg^{2+}会与部分水溶性蛋白质结合，凝聚形成细小颗粒而沉淀，降低大豆蛋白质在水中的溶解度，影响出品率。同时，过硬的水也会使豆腐的结构粗糙，口感不良。生产中最好使用硬度低于1mmol/L的软水。

3. 胶凝剂

（1）盐卤（$MgCl_2$）　盐卤是海水制盐后的产品，主要成分是氯化镁，含量为29%，此外还有硫酸镁、氯化钠、氯化溴等，有苦味，又称为苦卤。氯化镁与蛋白质结合，凝固反应迅速，但结构容易收缩，保水性不如石膏，制成的豆腐含水量为80%～85%。盐卤点的豆腐风味好，口感有特殊的香味和淡甜味，但使用过量有苦味。使用量为大豆的5%～7%。

（2）石膏（$CaSO_4 \cdot H_2O$）　石膏是一种矿产品，呈乳白色，主要成分是硫酸钙，由于结晶含水量的不同，分为生石膏、半熟石膏、熟石膏及过熟石膏。生石膏要避火烘烤15h，手捻成粉为好。烘烤后石膏为熟石膏（$CaSO_4 \cdot 1/2H_2O$），熟石膏碾成粉后，按1∶0.5加入清水，用器具研之，再加入40℃温水5份，搅拌成悬浮液，让其沉淀，去残渣后使用，用量为原料的2.5%。石膏与蛋白质发生凝固反应的速度较慢，但豆腐保水性好，含水量为88%～90%，豆腐滑润细微，但用石膏点的豆腐不具有卤水点的豆腐之特有香气。

(3) 葡萄糖酸内酯 葡萄糖酸内酯是一种新的凝固剂，它的特性是不易沉淀，容易和豆浆混合。它溶在豆浆中会慢慢转变为葡萄糖酸，使蛋白质酸化凝固。这种转变在温度高、pH 高时转变快。如当温度为 100℃、pH 为 6 时转变率达 80%，而在 100℃、pH 为 7 时转变率可达 100%，在温度达 66℃时，所转变的葡萄糖酸即可使豆浆凝固，而且保水性好，产品质地细嫩而有弹性，产率也高。

4. 食盐

腌坯时需要大量食盐，食盐在腐乳制作中有多种作用，它使产品具有适当的咸味，与氨基酸结合增加鲜味。而且由于其能降低产品的水分活度，从而抑制某些微生物生长，具有防腐作用。对盐的质量要求是干燥且含杂质少，以免影响产品质量。

二、辅助原料

1. 糯米

一般用糯米制作酒酿，100kg 米可出酒酿 130kg 以上，酒糟 28kg 左右。糯米宜选用品质纯、颗粒均匀、质地柔软、产酒率高、残渣少的优质糯米。

2. 酒类

(1) 黄酒 为酿造酒，成分复杂，用其作配料效果更佳。其特点是醇和、香气浓、酒精含量低（16%），常用其做醉方。在豆腐乳酿造过程中加入适量的黄酒，可增加香气成分和特殊风味，提高豆腐乳的档次。

(2) 酒酿 将糯米蒸熟后，经根霉、酵母菌、细菌等协同作用，短时间（8d 左右）发酵后，达到要求后上榨弃糟，使卤质沉淀。其特点是糖分高酒香浓、乙醇含量低（12%），赋予腐乳特有的风味，常用于作糟方。

(3) 白酒 白酒可以抑制杂菌生长，又能与有机酸形成酯类物质，促进腐乳香气的形成，它还是色素的良好溶剂。使用时以淀粉原料或糖质原料生产的白酒为佳，酒质应纯正，无异味，酒精度在 50%vol 左右。

(4) 米酒 米酒是以糯米、粳米、籼米为原料，小曲为糖化发酵剂，经发酵、压榨、澄清、陈酿而成的酿造酒，乙醇含量 13%vol～15%vol。

3. 曲类

(1) 面曲 面曲也称面糕，是制面酱的半成品，以面粉为原料，人工接种纯培养米曲霉制得，制得的面曲干燥后即为面糕。用 36%的冷水将面粉搅拌，蒸熟后，趁热将块轧碎，摊晾至 40℃后接种曲种，接种量为面粉的 0.4%，培养 2～3d 即可，晒干备用。100kg 面粉可制面曲 80kg，每万块腐乳用面曲 7.5～10kg。

(2) 米曲 用糯米制作而成，将糯米除去碎粒，用冷水浸泡 24h，沥干蒸熟，再用 25～30℃温水冲淋，当达到品温 30℃时，送入曲房，接入 0.1%米曲霉（中科 3.863），使孢子发芽。待温度上升至 35℃时，翻料一次，当品温再上升至 35℃时，过筛分盘，每盘厚度为 1cm。待孢子尚未大量着生，立即通风降温 2d 后即可出曲，晒干后备用。

(3) 红曲 是以籼米为主要原料，经红曲霉菌发酵而成。红曲色素是红曲霉菌丝产生的色素，含有 6 种不同成分，其中红色色素、黄色色素和紫色色素各两种，而实际应用的主要是红色色素和黄色色素。它们的颜色分别为朱红色和黄色。红曲霉红素和红曲霉黄素溶于酒精、醋酸、丙酮、甲醇和三氯甲烷等有机溶剂中，芳香无异味，稀溶液呈鲜红色。

腐乳生产中，红曲的用量在2%左右（原料大豆计）。后发酵时添加，除起着色作用外，还有明显的防腐作用，此外它们所含有的淀粉水解产物糊精和葡萄糖，蛋白质的水解产物多肽和氨基酸，对腐乳的香气和滋味有重大影响，能刺激人们的食欲。

4. 甜味剂

腐乳中使用的甜味剂主要是蔗糖、葡萄糖和果糖等。还有一类不属于糖类，但具有甜味，可作甜味剂，常用的有糖精钠、甘草、甜叶菊苷等。

5. 香辛料

腐乳后发酵过程中需添加一些香辛料或药料，所用品种及数量因腐乳品种不同而差异较大。常用的有胡椒、花椒、甘草、陈皮、丁香、八角、茴香、小茴香、桂皮、五香粉、咖喱粉、生姜、辣椒等。各种香辛料所含特殊成分有不同的气味和滋味，混合以后，它们又会产生新的气味和滋味。除了抑制和矫正食物的不良气味，提高腐乳的风味，起到调味作用，还能增进食欲、促进消化，某些成分还具有防腐杀菌和抗氧化作用。此外玫瑰花、桂花、虾料、香菇和人参等都可以用于各种风味和特色腐乳，虽然用量不多，但对其质量要求高。

第三节　豆腐坯生产技术

生产豆腐乳首先要制造豆腐坯，即将大豆、冷榨豆饼或低温浸出豆粕制成豆腐，再经压榨及划块而制成坯块。豆腐乳的品种虽然繁多，但豆腐坯的制造方法则基本相同，所不同的仅是豆腐坯的大小及其含水量，其因品种不同而各异。

一、豆腐坯生产工艺流程

豆腐坯生产工艺流程见图4-1。

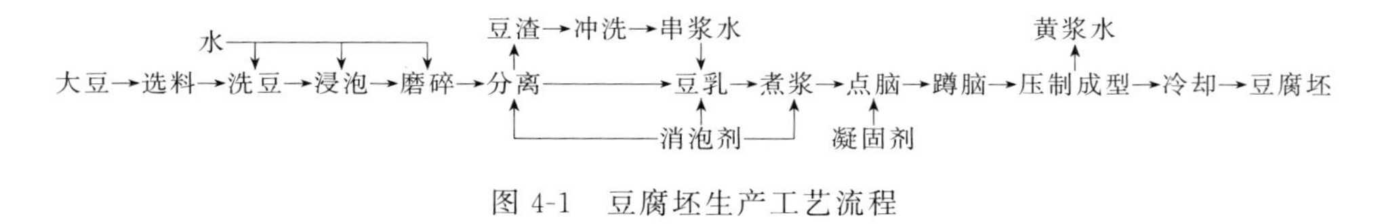

图4-1　豆腐坯生产工艺流程

二、豆腐坯生产操作要点

1. 选料

豆腐坯的生产，通常使用当年收获的新豆，大豆贮存期最长不得超过2年，大豆应贮存在干燥、通风条件良好的库房内，其含水量为12%～14%，如超过14%，容易生长杂菌，严重时还会发生霉变。

在收割、运输环节中，有时会有泥土、沙子、草屑、石块及金属碎屑等杂物混入大豆中，占3%～5%，这些杂质不仅有碍产品的卫生和质量，严重时还会损坏设备，所以必须清除。

2. 洗豆

经过选料后的大豆，必须进行清洗，因为大豆表皮带有大量微生物，如不进行清洗处理而进入豆乳中，这些微生物会在豆腐加工过程中不断繁殖生长，导致豆浆的酸度改变，造成豆浆点脑困难，严重时豆脑不能凝固成型。

清洗大豆可在搅拌条件下进行，一般清洗2～3次，水清为止。清洗后的水要及时放出。

常用设备有旋转式洗豆机和鼓风式清洗机两种。前者是通过水的流动和大豆之间的摩擦力，除去大豆表皮上的污泥等杂物，后者是利用空气使洗涤水剧烈翻动，可加速去污，同时能保持豆粒的完整。

3. 浸泡

大豆浸泡是为蛋白质溶出提取创造条件。大豆中的蛋白质组织较紧密，外壳也较坚硬。浸泡的目的是使大豆充分吸收水分。吸水后的大豆蛋白质胶粒周围的水膜层增厚，水合程度提高，豆粒的组织结构也变得疏松，促使细胞壁膨胀破裂；同时，豆粒外壳软化，容易磨碎，使大豆中蛋白质随水分溶解出来，形成豆乳。此外，大豆浸泡还可以降低有害因素的活性，如使血细胞凝集素受破坏或钝化，减少有害物质的含量。

(1) 浸泡温度与时间 大豆浸泡时间长短，直接关系到产品质量与原料利用率。在浸泡过程中，大豆生理活性大大增强，呼吸作用旺盛，品温升高。浸泡时间过长，大豆中的水解酶作用强烈，部分蛋白质被酶水解而损失，大豆中的蛋白质因变性而使豆体发糟，不易粉碎为细颗粒。同时，过长的浸泡时间也会引起微生物的繁殖，使浸泡水pH下降，影响蛋白质提取率，制成的豆浆泡沫增多，给下步工序带来困难。如果浸泡时间过短，大豆组织不能达到充分吸水膨胀的目的，造成大豆组织软化及疏松程度都不够，导致蛋白质难以提取，豆渣中残留蛋白质增多。

浸泡时间长短要根据豆的品种、颗粒大小、新鲜程度、水温及豆含水量多少而定，其中受浸豆水温度的影响最大。一般水温高，浸泡时间短，反之水温低，浸泡时间则长。浸豆水温与时间可参照表4-2。

表4-2 浸泡大豆水温与时间

项目	浸泡水温/℃	浸泡时间/h
间断生产	5～10	18～22
	15～20	10～15
	25～30	5～8
连续生产	20	5.5
	25	4.5
	30	3
	37	2.5

浸泡的适宜程度可观察大豆外观决定，以大豆分开两瓣、中心没有凹陷为宜。实验室检测浸泡后大豆的含水量，在60%左右视为浸豆适当。

需要注意的是，大豆浸泡时，随着温度增高和时间延长，其固形物损失会增加。若大豆浸泡2h，温度由20℃上升至37℃，固形物损失由0.7%增至1.25%；浸泡24h，固形物损失由5%增至10.4%。浸泡水温不宜过高，水温高于20℃，长时间浸泡会产生气泡，这就是蛋白质在水解或腐败。为不过分延长浸泡时间而影响设备利用率，温度以15～25℃为宜。为了防止浸豆过程中自然升高品温，最好在中间更换一次浸豆水。同时由于浸豆水浓度的降低，加快了大豆的吸水渗透作用，可缩短浸泡时间。严禁使用已经用过的浸豆水或贮存时间过长的陈水。

(2) 浸泡用水量 加水量与浸豆的质量有密切关系。加水量过少，浸泡不透现象会发生。豆粒浸泡后体积膨胀增大，上层大豆露出水面，豆粒不能充分吸收水分，中心发硬，会影响大豆蛋白质的溶出及提取。若浸泡大豆用水量过大，既浪费了水资源，又损失了大豆中的水溶性物质。浸豆水中含水溶性蛋白质0.3%～0.4%，随着用水量的增加，大豆水溶性蛋白质损失也增加。大豆浸泡用水量一般控制在大豆：水为1：2.5左右，浸泡后的大豆体积增加了1.7～2.5倍。

(3) 水质的影响 水质不但影响浸泡时间，而且直接影响豆腐的得率和质量。用自来水与软水浸泡大豆，豆腐得率高，泡豆时间短。含钙盐和镁盐的水，因 Ca^{2+} 与 Mg^{2+} 会使豆浆中蛋白质凝固，故影响蛋白质的提取。浸豆水中含有其他盐类，也会妨碍大豆的充分膨胀。

(4) pH的影响 浸豆用水的pH，也影响浸泡效果。当水的pH较低，在偏酸性情况下，大豆蛋白质胶体吸水困难，得率降低。夏季水温较高，为防止浸泡水变酸，可以换水2～3次，也可以适当加碱，但加碱不可过量，否则给点脑造成困难。近年来，采用 Na_2CO_3 调节浸豆水的pH。微碱性的浸豆水能将大豆中一部分非水溶性蛋白质转化为水溶性蛋白质，从而提高原料利用率。新大豆浸泡时一般可不添加 Na_2CO_3，陈大豆为原料时，添加 Na_2CO_3 不仅提高出品率，而且可以改善豆腐坯质量，使豆腐坯弹性好、有光泽。通过生产实践总结，Na_2CO_3 的添加量掌握在大豆用量的0.3%左右为宜，多加会造成点脑困难，影响产品质量，用量太少则效果不明显。

4. 磨碎

浸泡后的大豆需借助机械力进行磨碎，从而破坏大豆的组织细胞，使蛋白质释放出来，分散到水中，形成豆乳。影响蛋白质提取率和豆腐坯质量的主要因素有磨碎细度、加水量、加水温度及pH。

(1) 磨碎细度 大豆蛋白质存在于5～15μm的球蛋白体中，蛋白体之间有脂肪球和少量淀粉颗粒，粉碎细度应接近大豆蛋白体直径，细度为100～120mm时，颗粒直径为10～12μm，既有利于蛋白质溶出，又有利于纤维分离。如果粒度过小，会使一些纤维组织等不溶性成分随蛋白质一起过滤到豆乳中，制成的豆腐坯粗糙、无弹性，有时还会堵塞分离筛网眼，影响分离操作，降低出品率。粉碎过粗，颗粒过大，大部分大豆组织膜未能破裂，会影响蛋白质分子释放，蛋白质不能充分提取出来，同样降低出品率。

(2) 加水量 大豆磨碎的同时要加水制成豆糊，加水不但能起到降温作用，防止机械力产生的热量使蛋白质变性，还能使蛋白质进行水合作用，为豆浆分离打好基础，有利于蛋白质抽提。加水量影响蛋白质提取率。加水量大，造成豆乳浓度低，煮浆时热能消耗多，又由于蛋白质分子过于分散，点脑时不能形成较好的网状组织，导致豆腐坯粗糙易碎。加水量少，豆糊温度上升快，蛋白质容易发生变性，黏度增加，影响蛋白质提取。豆浆浓，点脑时凝固剂与蛋白质作用缓慢，阻力过大，阻碍蛋白质凝固。磨浆过程中，加水量控制在1：6左右为宜，1kg浸泡的大豆加2.8kg左右的水，另有部分水用于豆糊分离、豆渣复磨和洗涤豆渣。

(3) 水温及pH 蛋白质遇热会发生变性，从而降低其溶解度，不利于提取。为了防止蛋白质发生热变性，磨豆时添加水的温度在10℃左右为宜。

蛋白质是两性电解质，在等电点下其溶解度降到最低点，不利于提取。pH高于7时，蛋白质提取率达到最高值，因此实际生产中把豆糊的pH调至7或稍高于7。

大豆磨碎设备主要有石磨、钢磨和砂轮磨。石磨是传统设备，适用于小作坊式手工操作生产。在我国南方使用较多的是钢磨，它具有结构简单、维修方便、效率高、体积小等优点。但大豆磨碎时发热量较大，蛋白质易于变性，出品率不及砂轮磨。砂轮磨磨出的豆糊细，溶出的蛋白质多，蛋白质利用率高。

5. 滤浆

(1) 滤浆是制浆的最后一道工序，目前普遍采用的设备是锥形离心机，转速为1450r/min。离心机的滤布为孔径0.15mm（96～102目）的尼龙绢丝布。

(2) 腐乳生产用的豆浆浓度应掌握在5°Bé左右。对豆浆浓度的要求分为两种，即特大型腐乳的豆浆浓度控制在6°Bé，小块型腐乳豆浆浓度控制在8°Bé。

(3) 豆浆浓度一定要控制住，磨浆、滤浆时均应控制合理的加水量，最后使每100kg大豆出浆1000kg。

6. 煮浆

豆浆加热主要起三个作用，一是使大豆蛋白质适度变性；二是破坏大豆中有害的生物活性成分；三是具有灭菌作用。

大豆蛋白质分子为球状结构，肽链呈卷曲状或折叠状，经加热以后，球状结构舒展变为线状结构，疏水基团由分子内部暴露到外部，加入凝固剂之后，肽链纵横交联成网络组织，形成凝胶状豆脑。加热温度对豆腐坯的坚实度及出品率均有影响。温度过低，点脑后豆腐坯成型困难。温度过高，加热时间过长，又会使蛋白质发生过度变性，蛋白质聚合成更大的分子，降低了在豆浆中的分散性或溶解度，破坏良好的溶胶性质。同时由于蛋白质大分子的形成，点脑时难以形成均匀细腻的网络组织，降低得率。大豆中含有的有害生物活性成分，如胰蛋白酶抑制素、凝血素、皂草苷等，它们对热不稳定，加热时容易被破坏。加热还可以除去大豆豆腥味。

较理想的煮浆方法是快速煮沸到100℃，豆浆加热温度控制在96～100℃，保持5min。或者高温短时法，120℃几秒钟完成煮浆，如能采用140～145℃、1～2s完成煮浆就更加理想，对除去豆腥味效果也较好。温度在80℃以下，则达不到要求。

煮浆设备主要有敞口式常压煮浆锅、封闭立式高压煮浆锅、箱体阶梯连续煮浆器等。箱体阶梯连续煮浆器煮浆，豆浆受热均匀，可防止部分蛋白质因不产生热变性而损失，同时各槽可连续升温，加热时间和温度控制都较准确。

7. 点脑与蹲脑

点脑又称点浆，即在豆浆中加适量凝固剂，将发生热变性的蛋白质表面的电荷和水合膜破坏，使蛋白质分子链状结构相互交联，形成网络状结构，大豆蛋白质由溶胶变为凝胶，制成豆脑。

点浆时，豆浆固形物含量控制为6%～7%，pH为6.8～7.0。目的是尽可能多地使蛋白质凝固，pH偏高，用酸浆水调节，偏低以1%碳酸氢钠调节。

点浆温度一般控制在75～80℃。特大型（7.2cm×7.2cm×2.4cm）腐乳和中块型（4.1cm×4.1cm×2.4cm）腐乳点浆温度常在85℃。

点浆的凝固剂浓度要合适。点浆的关键是凝固剂与豆浆要充分混合均匀，可采用两种方式。如果以石膏作凝固剂，先将石膏用水稀释至一定浓度，再和豆浆对流混合，因为石膏与豆浆混合后，凝固反应慢，冲浆就可以达到均匀凝固的要求。用盐卤作凝固剂时，先将盐卤调至一定浓度，生产上一般使用的盐卤浓度在20～24°Bé，小白方腐乳在14°Bé。边点入豆浆中边搅拌，搅拌方法有机械搅拌和人工打耙。搅拌起始速度要快，随着凝固块的形成，搅拌速率越来越慢，至最后停止。因为盐卤与豆浆反应速率快，接触豆浆后立即凝聚结团，如果不搅拌，凝固则不均匀。凝固剂添加速度要缓慢、均匀，不可一次全部倒入豆浆中，也不要太慢，整个过程在1～2min完成。

点浆以后，需静置15～20min，称为蹲脑。大豆蛋白质由溶胶状态转变为凝胶状态，需要一定时间来完成。豆浆中添加凝固剂后，凝固物虽然已经形成，但时间过短，凝固物内部结构还不稳定，蛋白质分子之间的联结还比较脆弱。豆腐坯成型时，由于受到较强压力，已联结的大豆蛋白质组织容易破裂，豆腐坯质地粗糙、保水性差。静置时间过长，温度过低，豆腐坯成型有困难。凝固时间适当，形成的凝固物结构细腻，保水性好。

传统的手工点浆及蹲脑在陶制缸中进行，现代化的操作使用凝固机。凝固机主要由豆浆定量部件、传动部件、制脑部件、送脑部件等部分组成。

8. 压榨

压榨也叫制坯，点浆完毕，待豆腐脑组织全部下沉后，即可上箱压榨。成型箱内须先铺好包布，避免豆脑成型时外流，同时使豆腐坯表面形成密纹，防止水分流失。上箱时，将豆脑均匀泼在成型箱内，豆脑厚度高于成型箱。泼脑后加盖板，盖板小于成型箱，然后在盖板上加压，防止榨箱倾斜。榨出适量黄泔水后，陆续加大压榨力度，直到黄泔水基本不向外流淌为止。如果为手工操作，一缸重200kg豆脑上箱需3min。压制成型时，豆脑温度应在65℃以上。温度低不易出水，豆腐难以成型。加压要均匀，压力为150～200kPa，时间15min左右。如果豆脑温度低、压力不足、加压时间短，则蛋白质之间结合不牢固，形成的豆腐坯易碎、保水性差。反之，豆腐坯过硬。成型后的豆腐坯含水量在70%左右，春秋季一般控制在70%～72%，冬季为71%～73%。

成型设备有两种，一种是间歇式，另一种是自动成型设备。间歇式设备成型箱有木质的，也有铝板的，四周围框及底板都设有水孔，压上盖板加压之后，豆腐中多余的水从孔中流出。自动成型设备则是泼脑、上盖板、加压等工序全部自动化。

9. 划坯

划坯是压榨成型的最后工序，压榨结束，揭开包布，暴露豆腐坯，并将其摆正，按品种规格划块。划块有热划、冷划两种，压制成型的豆腐坯温度在60℃以上，如果趁热划块，则划时规格要适当放大，冷却后的大小才符合规格；如果冷却划块，就按规格大小划块。划块大小各地区大同小异，上海地区生产通常规格为4.8cm×4.8cm×1.8cm，称为大红方、大油方、大糟方及大醉方；江苏、南京地区生产规格通常为4.1cm×4.1cm×1.6cm，称为小红方、小油方、小糟方及小醉方。划块后送入培菌间，分装在培菌设备中发霉，进入前发酵。

豆腐坯的质量标准因品种而异，感官要求块形整齐、无麻面、无蜂窝，符合本品种的大小规格，手感有弹性，含渣量低。要求含水量为68%～72%，蛋白质含量大于14%。

第四节　腐乳发酵技术

腐乳生产中在豆腐坯上培养微生物的过程，统称为发酵。腐乳发酵是一个复杂的生化过程，包括前期发酵与后期发酵，前期发酵是在豆腐坯上培养毛霉或根霉，其菌丝布满豆腐坯表面，形成一层柔韧而细致的皮膜，并积累了大量的蛋白酶，以便在后期发酵中将蛋白质慢慢水解；内部呈现乳白色或略黄的细泥状，类似乳脂，欧美称之为中国乳酪。后期发酵则是将毛坯盐腌，再根据不同品种的要求予以配料，然后装坛嫌气发酵直至成熟。

一、腐乳发酵的相关微生物

发酵豆腐乳虽然现在已应用纯菌种于豆腐坯上，但在敞开的自然条件下培养，外界的微生物难免侵入，料中也带有微生物，所以豆腐乳发酵中所用微生物种类十分复杂。

豆腐乳发酵中，毛霉占主要地位，而且也只有毛霉的菌丝高，能包围在豆腐坯外面，以保持豆腐乳的外形。当前全国各地生产豆腐乳应用的菌种多数是毛霉菌。如 AS3.25（五通桥毛霉）、AS3.2778（放射状毛霉）。根霉的菌丝也高大，虽然它的菌丝粗糙不如毛霉柔软细致，但由于它耐夏季高温，可使豆腐乳常年生产，近 10～20 年来，南京、上海、无锡等地区已应用根霉制造豆腐乳，且日趋发展。

1. 优良菌种的条件

① 不产生毒素，菌丝壁细软，棉絮状，呈白色或淡黄色；

② 生长繁殖快速，抵抗杂菌力强；

③ 生长繁殖所适宜的温度范围大，不受季节限制；

④ 有蛋白酶、脂肪酶、肽酶及有益于豆腐乳质量的酶系；

⑤ 能使产品质地细腻柔糯，气味正常良好。

2. 主要微生物种类

（1）五通桥毛霉 由四川乐山地区五通桥竹根滩德昌酱园生产豆腐坯分离而得。此菌系当前我国推广应用的优良菌种之一，编号为 AS3.25。该菌种的形态如下所述。

菌丝：高为 10～35mm，菌丝呈白色，衰老后稍黄。

孢子梗：不分枝，很少成串或假轴状分枝，宽为 20～30μm。

孢子囊：呈圆形，直径为 60～100μm，色淡，囊膜成熟后，多溶于水。

中轴：呈圆形或卵形，大小为 6μm×10μm×(7～13)μm。

厚垣孢子：量很多，梗上都有孢囊，直径在 20～30μm。

生长适温：10～25℃，低于 4℃或高于 37℃则不能生长。

（2）腐乳毛霉 从浙江绍兴、江苏苏州、镇江等地生产的腐乳上分离。

菌丝：在大豆等培养基上，前期呈白色，后期为灰黄色。

孢子囊：呈球形，灰黄色，直径为 1.46～28.4μm。

孢子轴：呈圆形，直径为 8.12～12.08μm。

孢囊孢子：呈椭圆形，平滑，大小为 (4.9～15.9)μm×(3.2～8.0)μm。

生长适温：29℃。

（3）总状毛霉 菌丝：初期呈白色，后期呈黄褐色，高为 5～20mm。

孢子梗：前期不分枝，后期则有单轴式不规则分枝，长短不一，直径为 8～12μm。

孢子囊：呈球形、褐色，直径为 20～100μm，孢子囊膜不溶于水，成熟后消解。

孢子轴：呈卵形或球形，直径为 35～70μm 或 (17～60)μm×(10～42)μm 。

孢囊孢子：呈短卵形，直径为 6～10μm 或 (4～7)μm×(5～10)μm。

厚垣孢子：大量形成于菌丝体上，在孢子梗、轴上，大小均一；光滑，无色或黄色。

生长适温：23℃，在 4C 以下，37℃以上都不生长。

（4）雅致放射毛霉 从北京腐乳厂和台湾地区腐乳中分离而得，也是我国当前推广应用的优良菌种之一，编号 AS3.2778。

菌丝：呈棉絮状，高约 10mm，白色或浅橙黄色，有匍匐菌丝和不发达的假根，色泽与菌丝相同，不如根霉的假根发达。

孢子梗：呈直立状，分枝多集中在顶端，主枝顶端有一较大的孢子囊，孢子梗主枝直径约 30μm，上各有一横隔。

孢子囊：呈球形，主枝上的直径约 30μm，有时可达 120μm，分枝上较小，直径为 20～50μm；衰老后，呈深黄色，外壁粗糙，有草酸钙结晶；成熟后，孢子囊壁消解或裂开。

孢子轴：在较大的孢子囊内的孢子轴呈卵形或梨形，大小为 (50～72)μm×(30～48)μm，在较小的孢子囊内的孢子轴呈球形或扁球形，直径为 12～30μm 。

孢子：呈圆形，光滑或粗糙，壁厚，呈黄色、含油脂，生长适温为 30℃。

(5) 根霉 南京蔬菜公司发酵厂选用蛋白酶活力较强的根霉菌发酵豆腐乳。根霉生长温度比毛霉高，生长速率较快，在高温季节也能生长，不受季节性生产的限制，而且在豆腐坯上的生长繁殖期也由 7d 左右缩短至 2d 左右。炎热天气室温高，前期发酵时间更为缩短。此种名尚未鉴定。江苏宜兴和桥酱厂对此菌进行紫外线诱变后获得新菌株，定名为“新春三号”，其特点如下：

① 耐高温，生长快，可减轻杂菌污染，前期发酵易管理，一般在 25～28℃，只要生长 40h 左右就很丰满。

② 菌丝长平均达 1.8cm，色泽洁白。

③ 菌丝厚密，抹平后毛层厚实，包得紧，无腻滑不爽现象。

④ 老化较慢。

二、腐乳发酵中的化学变化

豆腐乳发酵是利用豆腐坯上培养的毛霉或根霉，培养及腌制期间由外界侵入的微生物，以及配料中加入红曲的红曲霉、面糕曲的米曲霉、酒类中的酵母菌等所分泌的酶类，在发酵期间，特别是后期发酵中产生极其复杂的化学变化，促使蛋白质水解成可溶性的低分子含氮化合物。其中淀粉糖化，糖分发酵成乙醇和其他醇类及有机酸，同时辅料中的酒类以及添加的各种香辛料等也共同参与作用合成复杂的酯类，最后形成豆腐乳特有的色、香、味物质，使成品细腻、柔糯可口。

经过微生物作用后，水溶性蛋白质含量大幅度增加。发酵后蛋白质分解成氨基酸的种类较多，各种氨基酸的含量，如赖氨酸、丙氨酸等含量比较高，使豆腐乳容易消化，口味鲜美。

豆腐毛坯用食盐腌制，使盐分渗透，析出水分，给豆腐乳以必要的咸味，食盐又能防止毛霉继续生长并阻止杂菌繁殖。

毛霉的菌丝只限于生长在豆腐块的表面，不能深入豆腐块的内部。

豆腐乳后期发酵中添加多量酒液，目的是在成熟过程中防止杂菌污染。同时醇类还可以与有机酸结合形成酯类，赋予豆腐乳以特殊风味。

三、腐乳发酵工艺

腐乳发酵工艺流程见图 4-2。

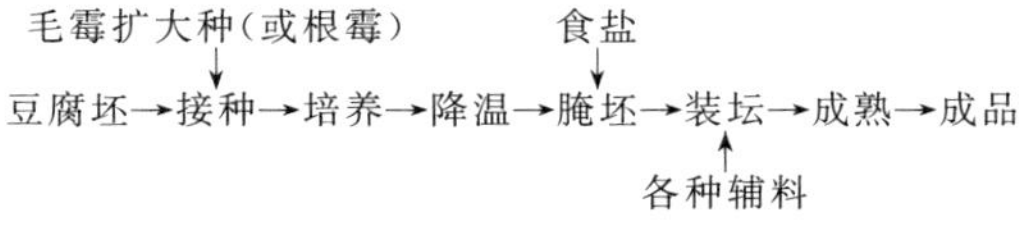

毛霉扩大种(或根霉)　　　　食盐
↓　　　　　　　　　　　　↓
豆腐坯→接种→培养→降温→腌坯→装坛→成熟→成品
　　　　　　　　　　　　　　　↑
　　　　　　　　　　　　各种辅料

图 4-2　腐乳发酵工艺流程

1. 前期发酵

(1) 以毛霉菌的纯种培养为例，介绍如下：

① 毛霉菌粉的制备过程

毛霉菌粉制备工艺流程见图 4-3。

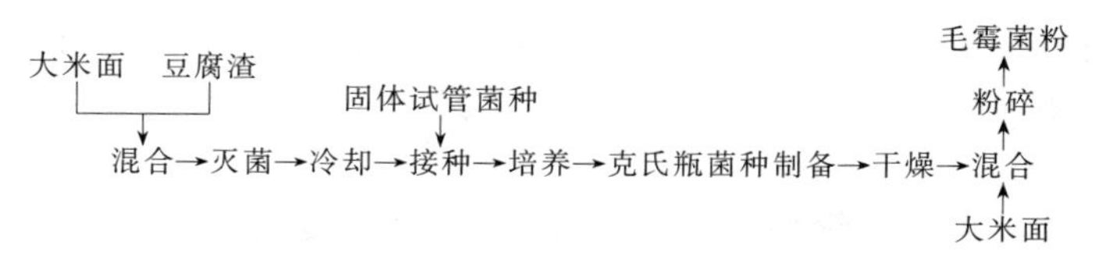

图 4-3 毛霉菌粉制备工艺流程

a. 固体试管菌种制备：大豆浸渍，按 1∶3 加水，文火煮沸 4h，滤出豆汁，每 1g 大豆可滤出豆汁 2g，将豆汁加入 2.5%饴糖、2.5%琼脂，加热使琼脂熔化，分装于试管中，置 100kPa 压力下灭菌 1h，摆成斜面冷却。在无菌条件下，将毛霉菌种接种于斜面上，置恒温箱中在 20～25℃培养 7d，即为固体试管菌种。

b. 克氏瓶菌种制备：取新鲜豆腐渣与大米面按 1∶1 比例混合均匀，分装于克氏瓶中，每瓶约 250g，且 100kPa 压力下灭菌 1h 后，冷却至室温，在无菌条件下接种，每 1 支固体试管菌种可接克氏瓶装菌 10 瓶左右。接种后置 20～25℃恒温箱内培养 5～6d，即得克氏瓶菌种。

c. 毛霉菌粉制备：将成熟菌种从克氏瓶中取出，干燥，每瓶菌种加 2～2.5kg 大米面混合、粉碎即可作为菌粉使用。使用前，先将豆腐坯冷却至 15～20℃，然后在其六面均匀地接上菌粉。

② 毛霉菌液的制备过程

毛霉菌液制备工艺流程见图 4-4。

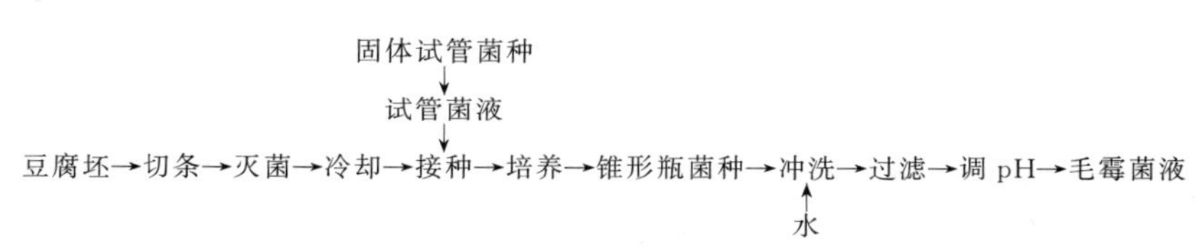

图 4-4 毛霉菌液制备工艺流程

a. 固体试管菌种制备：取蔗糖 3g、硝酸钠 0.3g、磷酸二氢钾 0.1g、氯化钾 0.05g、硫酸镁 0.05g、硫酸亚铁 0.001g、琼脂 2g、水 100mL，混合后加热，使琼脂全部溶解。待溶液稍冷后，调 pH 至 4.6 左右分装于试管中，置 150kPa 压力下灭菌 30min，摆成斜面冷却至室温。无菌条件下将毛霉菌种接种于斜面培养基上，置恒温箱内 25～30℃下培养 3～4d，备用。

b. 锥形瓶菌种制备：将豆腐坯切成 5cm×2cm×0.5cm 的条状，置于 500mL 锥形瓶中，每瓶放 3～5 条，于 150kPa 压力下灭菌 1h，冷却至 30℃进行接种。接种时，先将固体试管菌种用无菌水冲洗，使菌丝及孢子悬浮于水中，然后，在无菌条件下将菌液均匀地接种于锥形瓶豆腐条上，要求每块豆腐条均能与菌液接触。每支固体试管菌种悬浮液可接种锥形瓶装菌 5～6 瓶。接种后，置于恒温箱中在 25～28℃下培养 3～4d，取出备用。

c. 毛霉菌液制备：在成熟的锥形瓶菌种中添加冷水，每瓶加 100～150mL，分 3 次冲洗，使毛霉菌孢子充分洗出。洗后，用纱布把毛霉菌丝滤出，并将清液 pH 调至 4.6 左右，制成毛霉菌液。

在生产中，每 1kg 黄豆生产的豆腐坯，用锥形瓶菌液 3 瓶。接种时，用喷雾器将菌液均匀地喷洒在豆腐坯上。

(2) 接种 当使用毛霉（根霉）菌粉作菌种时，需待豆腐坯降温至 15～20℃，均匀地将菌粉沾在白坯的六面，然后将白坯装入笼格。装笼格时，坯间距离约 2cm，使空气流通，有利于毛霉（根霉）的繁殖及排除CO_2气体。如使用毛霉（根霉）菌液作菌种，则先将豆腐坯装入笼屉中，排好后，再将菌液均匀地喷洒在白坯表面。接种后，入发酵室进行前发酵。

接种时应使用新鲜菌液，特别在夏季菌液不能放置时间过长。使用前要认真观察菌丝生长是否旺盛，是否有杂菌污染，如发现有异常现象，则不能用于接种。菌液使用前应摇匀，只有孢子呈悬浮状态，才能接种均匀。喷雾接种应注意喷雾均匀，使豆腐坯的前、后、左、右、上五面都喷到菌液，这样菌丝才能长势一致，繁殖速度一致。如果使用菌粉作菌种，先将豆腐白坯晾凉后，将菌粉均匀撒在豆腐坯表面，然后用手将豆腐坯叠放起来，使原来没有菌粉的底部与下一块的表面接触，并沾上菌粉，摆入笼格，豆腐坯的6个面都被接上菌种后，进行前期培养。

(3) 培养 豆腐坯接种后，笼格或框置于培养室（套合）堆高，上层加盖。夏天豆腐坯接种后先铺于地上，使其凉透并挥发掉水分，以免细菌迅速繁殖。

培养所需时间与室温、品温、含水量、接种量以及装笼的条件有关。温度高、接种量大，生长较快，反之较慢。春、秋季节室温一般在20℃左右，豆腐坯接种后14h左右，菌丝开始生长。至18h左右已全面生长，需要翻笼格一次，作用一是调节上下温差，防止部分笼格内品温过高影响质量；二是补给空气，使霉菌正常繁殖。到28h菌丝已大部分生长成熟，需要进行第二次翻笼。至32h左右，可以适当降温并使之老化。至45h散开笼格降温。

冬季室温一般保持在16℃，培养20h后，可见菌丝生长，但菌丝较短。至44h进行第三次翻笼，此时菌丝生长较浓。至52h菌丝基本长足，便开始适当降温。至68h散开笼格冷却。

夏季室温一般为30～32℃，最高达35℃，故菌种生长较快，但不易发好。豆腐坯接种后，表面水分要吹干后才可进入培养室，入室须待水分再度挥发后再盖布。至10h后见菌丝生长，13h时第一次翻蒸笼格；20h时菌丝已全面生长，进入第二次翻笼；25h时菌丝已较长，进行第三次翻笼；28h时菌丝已基本长足，开始适当降温并使之趋向老化；32h时散开笼格降温，前期发酵结束。降温时间应在菌种全面生长情况下进行。过早，影响菌丝的生长繁殖，过晚，则因温度升高而影响质量。经过降温一方面使菌丝老化，增强发酵作用；另一方面经迅速冷却，可将发酵中的霉气散发掉。

培养期间要加强管理，控制温度，及时翻笼格，及时冷却，使霉菌正常生长繁殖，在豆腐坯上长满白色菌丝，外形酷似白兔毛。

2. 后期发酵

(1) 腌坯 腌坯分缸（或水泥池）腌及箩筐腌两种。缸腌是把豆腐坯相互依连的菌丝分开及抹倒，置于大缸中盐腌。大缸下面距缸底18～20cm，铺圆形木板一块，中心有直径约15cm的孔，将豆腐毛坯放在木板上沿缸壁外周逐渐排至中心，每圈相互排紧。腌坯时要注意使刀口（刀口是指未长菌丝的一面）靠边，勿朝下，防止成品变形。

分层加盐：每万块（长×宽×高：4.1cm×4.1cm×1.6cm）春、秋季用盐60kg，冬季用盐57.5kg，夏季用盐62.5～65kg。腌坯时间冬季为13d左右，春秋季为11d左右，夏季8d左右。青方一般都在夏季生产，每万块（长×宽×高：4.2cm×4.2cm×1.8cm）用盐为47.5～50kg。由于缸内食盐溶化向下渗透，要避免下层浸渍过度。操作时先在底部木板上撒一薄层食盐，再采用分层加盐与逐层增加方法，最后在缸面铺盐应稍厚，以达到防腐目的。腌坯要求平均含盐量在16%左右，腌坯3～4d要压坯，即再加入食盐水（或好的毛花卤，即“腌毛坯后的盐水”）。超过腌坯面，使上层咸度增加。腌渍至准备配料装坛前一天，一般 10d 左右，由中心圆洞中取出盐水后放置过夜，使每块腐乳坯干燥收缩。装坯时如果发现有食盐中泥沙杂质附着在豆腐毛坯的皮膜上，须用洁净的毛花卤洗净和沥干后再配料。箩筐腌是把腐乳毛坯平放，腌坯受盐面大，所以腌坯时间短，毛花卤淋掉，口味好，但手续烦琐，用盐量多。

(2) 配料与装坛 配料与装坛贮藏是豆腐乳后熟的关键。豆腐乳的品种很多，各地区主要是依据豆腐坯厚薄以及配料的不同制成各种品种。

配料前先把缸内腌坯取出，块块搓开，再点块计数装入洗净干燥的坛内，并根据不同品种给予不同配料。现以上海地区销量较好的小红方、小油方、小糟方、小醉方、青方及小白方为例，说明其生产方法。

小白方：每万块（长×宽×高：4.1cm×4.1cm×1.6cm）用酒总量为 100kg，乙醇含量为 15%～16%，面曲 2.8kg，红曲 4.5kg，糖精 15g，一般每坛为 280 块，每万块可盛 36 坛。

① 染坛红曲卤配制：红曲 1.5kg，面曲 0.6kg，黄酒 6.25kg。浸泡 2～3d，磨至细碎成浆后再加入黄酒 18kg，搅匀备用。

② 装坛红曲卤配制：红曲 3kg，面曲 1.2kg，黄酒 12.5kg，浸泡 2～3d，磨至细腻成浆后再加入黄酒 57.8kg，糖精 15g（用热开水溶化），搅匀备用。

红方装坛方法是腌坯事先在染坛红曲卤中染红，块块搓开，要求六面染到，不留白点。染好后装入坛内，然后将装坛红曲卤放入，至液面超过腐乳约 1cm。每坛再按顺序加入面曲 150g，荷叶 1～3 张，封面食盐 150g，最后加封面土烧酒 150kg。

小油方：每万块（长×宽×高：4.1cm×4.1cm×1.6cm）用酒总量为 100kg，装坛后灌酒卤超过腐乳 1cm，然后每坛面上加白砂糖 250g，依序加荷叶 1～2 张，封面食盐 150g，封面再加土烧酒 150g。油方灌卤全部为混合酒（酒精度为 16%vol 左右），糖精 50g 用热开水溶化，混合在混合酒内。

小糟方：每万块（长×宽×高：4.1cm×4.1cm×1.6cm）用酒总量为 95kg（包括糟米中加酒），酒精度为 14%vol 左右，糟米折合糯米为 20kg，即每坛平均放 0.5kg 糟米。糟方装坛方法是装一层腌坯加一小碗糖精，每坛封面食盐 150g，但不加封面酒。

小醉方：每万块（长×宽×高：4.1cm×4.1cm×1.6cm）用酒总量为 105kg，腌坯装坛后，先加花椒少许（10 多粒），全部用黄酒灌卤，灌至超出腐乳面 1cm，依序加荷叶 1～2 张，封面食盐 150g，封面土烧酒 150g。

青方：青方（长×宽×高：4.2cm×4.2cm×1.8cm）是一种季节性销售商品，一般在春夏季生产，青方腐乳掌握含水量为 75%～76%。装坛时使用的灌卤液为 8～8.5°Bé。青方卤要当天配料当天应用，灌卤至封口为止，每坛加封面土烧酒 50g。

(3) 包装与贮藏 豆腐乳按品种配料装入坛内后，擦净坛口，加盖，再用水泥或猪血封口，也可用猪血拌和石灰粉末，搅拌成糊状物，刷纸盖一层，最后在上面用竹壳封口包扎。

豆腐乳的后期发酵主要是在贮藏期间进行，由于豆腐坯上生长的微生物与所加入的配料中的微生物，在贮藏期内引起复杂的生化作用，从而促使豆腐乳成熟。

豆腐乳的成熟期因品种不一、配料不一而有快慢，在常温情况下，一般 6 个月可以成熟。糟方与油方因糖分高，宜于冬季生产，以防变质。青方与白方因含水量大、氯化物少、酒精度低，所以成熟快，但保质期短，青方 1～2 个月成熟，小白方 30～45d 成熟，不宜久藏。

(4) 成品 豆腐乳贮藏到一定时间，当感官鉴定细腻柔糯，理化检验符合标准要求时，即为成熟产品。

第五节 腐乳生产的质量控制

一、感官指标

腐乳的感官指标应符合 SB/T 10170—2007 的规定，见表 4-3。

表 4-3 腐乳的感官指标

项目	要求			
	红腐乳	白腐乳	青腐乳	酱腐乳
色泽	表面呈鲜红色或枣红色，断面呈杏黄色或酱红色	呈乳黄色或黄褐色，表里色泽基本一致	呈豆青色，表里色泽基本一致	呈酱褐色或棕褐色，表里色泽基本一致
滋味、气味	滋味鲜美，咸淡适口，具有红腐乳特有气味，无异味	滋味鲜美，咸淡适口，具有白腐乳特有香味，无异味	滋味鲜美，咸淡适口，具有青腐乳特有之气味，无异味	滋味鲜美，咸淡适口，具有酱腐乳特有之香味，无异味
组织形态	块形整齐，质地细腻			
杂质	无外来可见杂质			

二、理化指标

腐乳的理化指标应符合 SB/T 10170—2007 的规定，见表 4-4。

表 4-4 腐乳的理化指标

项目		要求			
		红腐乳	白腐乳	青腐乳	酱腐乳
水分/%	≤	72.0	75.0	75.0	67.0
氨基酸态氮(以氮计)/(g/100g)	≥	0.42	0.35	0.60	0.50
水溶性蛋白质/(g/100g)	≥	3.20	3.20	4.50	5.00
总酸(以乳酸计)/(g/100g)	≤	1.30	1.30	1.30	2.50
食盐(以氯化钠计)/(g/100g)	≥	6.5			

三、卫生指标

腐乳的砷、铅、黄曲霉毒素 B_1、大肠菌群、致病菌应符合 GB 2712—2014 的规定。

几种地方特色腐乳介绍

腐乳是我国的传统产品，历史悠久，品种繁多，深受广大群众的欢迎。腐乳制造方法大同小异，但由于生活习惯的不同，后发酵中的配料差别很大，使各地区产品各有其独特风味。现以几种地方特产的后发酵配料为重点进行分述。

一、臭豆腐乳

臭豆腐乳也称青方，是深受人们喜爱的佐餐品，特点是色泽清淡，外包一薄层絮状长毛菌丝，质地柔软，块形完整不碎，口味细腻而后味绵长，有一股独特的硫化合物的浓烈臭味，但能增进食欲和帮助消化，所以畅销各地市场，著名的产品有北京王致和臭豆腐乳。

每 100kg 大豆，做成约 1000kg 的豆浆，用 4kg 左右 25°Bé 的盐卤凝固，制得约 150kg 含水量约 65%的豆腐干，切成长×宽×高为 4.3cm×4.3cm×1.5cm 的豆腐坯 6000 块（比一般豆腐坯稍大）。在室温 20℃、相对湿度约 90%的条件下，进行自然培养。几天后，豆腐坯的表面长满了浓密洁白如棉絮状的菌丝，完成前期发酵。然后将黏膜的腐乳坯每块分开放入缸中，放一层豆腐毛坯撒一层精盐，加花椒20粒，放到距缸口20cm处，盖精盐一层，坯面用板加压后加盖，置常温处。用盐量为每100块坯约400g。2～3d后，盐全部溶解，加入鲜的或干的荷叶1～2片，用石片压好，再加黄浆水（点浆时的豆腐水母液）及精盐6%、以浸过豆腐毛坯约5cm为度，最后加盖并用石灰泥或猪血料将缸口密封。一般当年2～8月间腌制的腐乳坯放在阳光下，利用日晒夜露进行后期发酵，而将当年9月至次年1月间腌制的腐乳坯放在温度约17℃的室中进行后期发酵，经过3～4个月即为成品。

二、太方腐乳

杭州酿造厂的“太方腐乳”，颜色鲜红绚丽，质地细腻柔绵，口味鲜美微甜，腐乳香气浓郁，为“苏杭”等地方名特产品。

太方腐乳制造是每100kg大豆，出豆腐乳坯950块，每块长×宽×高为7cm×7cm×2cm，每4块为1kg，含水分为75%左右。每1000块豆腐坯需用食盐88～90g，黄酒90kg，面糕曲20kg及红曲1.4kg，后发酵6个月成熟。

三、绍兴腐乳

绍兴腐乳是浙江省著名特产食品之一，出产于绍兴地区。在400多年前的明朝嘉靖年间，即已远销国外，产品质量优良，风味特殊，声誉仅次于绍兴酒，绍兴腐乳以醉方最好，色泽黄亮，卤汁黏稠，肉质细腻，块形整齐，味鲜气香。

【复习题】

1. 简述腐乳的类型。
2. 腐乳生产中常用到哪些原料？
3. 画出腐乳坯的生产工艺流程图并解释操作要点。

实训四　豆腐乳生产工艺

【目的要求】

了解豆腐乳发酵的原理，学习制作豆腐乳的基本技术。

【实训原理】

豆腐乳，又名腐乳，是我国传统发酵食品。它以大豆为原料，先加工成豆腐，再在豆腐坯上接种纯种使之长霉，经腌坯、发酵而成。其生化作用是利用霉菌（主要是毛霉菌）分泌的蛋白酶、淀粉酶、脂肪酶等多种酶系及后发酵中带进的其他微生物产生的酶类，使原料酶解并发生复杂的生化反应，从而形成多种氨基酸、糖、醇类及芳香酯等化合物。成品营养丰富，质地细腻柔糯，为风味独特的佐餐品。

【实验材料及设备】

1. 原料

五通桥毛霉（编号AS3.25）斜面菌种。

2. 器材

豆腐块斜面培养基、豆腐、蒸锅、小刀、木盒、手持喷雾器、食醋、接种环、接种钩、发酵罐（罐头瓶）等。

【实训方法】

1. 菌种复壮

取豆腐块斜面培养基1支，用接种钩以无菌操作法挑取毛霉斜面菌种少许于豆腐块培养基上，置20～22℃培养4d，待斜面上菌丝充分生长，孢子囊已形成并丰盛时即可，4℃冰箱保存，备用。

2. 孢子悬浮液制备

取经复壮的毛霉菌种1支，于菌种管中加入数毫升无菌水或凉开水，用接种环充分刮洗斜面菌苔即得浓菌液，倒入一干净烧杯中，再加入无菌水至约100mL备用。

3. 豆腐处理

称取豆腐2500g，分割成5～6大块，置常压笼箅上蒸至上汽15min左右，离火冷却。

4. 酸化与接种

经杀菌已冷却到20℃左右的豆腐，用小刀划成长×宽×高为3.5cm×3.5cm×1.5cm的豆腐坯，分层均匀排布放入笼格或木框竹底盘中，坯块侧面竖立，四周留空，间隔1.5cm左右，便于菌丝伸长及通风散热；另取稀释1倍的食醋50mL（需加热消毒），装入喷雾器进行坯块的喷雾酸化，再以毛霉的孢子悬浮液作喷雾接种，使菌液均匀洒在坯块上，加笼盖或扣盘、保温、保湿、保洁。

5. 培养

置笼格或木盘于18～22℃培养，于22～26h可见菌丝生长，48～72h菌丝茂密。需注意通风散温（重叠笼格需上下倒笼调温），防高温烧坯而变质。培养5d左右，菌丝老化，有大量露珠出现并略有氨味即达成熟，前发酵完成。

6. 搓毛与腌坯

分开毛坯，抹倒菌丝，使坯块形成皮膜状包衣，利于成形。取带假底腌缸，将毛坯逐块紧排放于假底上，使刀口（未长菌一面）朝缸边，由缸壁周围向中心排放，分层加盐（逐层增加盐量的方法）。面层应再撒一层。2.5kg豆腐需盐0.3～0.5kg，要求盐坯含盐量为16%左右，腌3～4d后，补加少量稀盐水，使盐卤水超过坯面，腌坯时间8～13d（依季节而定）。于拌料装缸前，放掉盐卤水，使腌坯干燥收缩。

7. 配料装坛（瓶）

后发酵关键在于配料，以食用者嗜好与品种而定。

逐块取出腌坯，点数排布入坛，分别加入醅好的汤料，并超过坯面约1cm，严封坛（瓶）口，置常温下经4～6个月成熟，即完成后发酵。

配料参考（以2.5kg豆腐计）：黄酒，750～1000g；精盐，100～150g；花椒粉，25～50g；辣椒面，50～100g；姜末，适量。

此外，还可配以葡萄酒、醪糟汁、玫瑰汁、橘皮汁、面酱、红曲等，制成不同品种、不同风味的产品。

【实训报告】

列出豆腐乳发酵的工艺流程，指明生产中的关键步骤，并说明原因。

第五章　食醋生产技术

知识目标

1. 熟悉食醋的制作原理。
2. 掌握食醋等制品生产的原辅材料、发酵制作过程和生产工艺。
3. 熟悉重要种类的食醋、食醋制作工艺的操作要点。

能力目标

1. 能对食醋类制品的各个环节进行质量控制。
2. 能够利用简单的生产工艺流程及方法进行常见食醋产品的加工制备。
3. 能够对常见的食醋制品进行基本的检验和鉴定。

思政与职业素养目标

食醋是我国传统的调味品之一，通过理论知识学习使学生具备扎实的知识结构和较强的创新精神。

第一节　概　　述

食醋是我国人民日常生活中不可缺少的传统酸味调味品，它既能增进食欲，又能调节菜肴风味，并且具有抗疲劳、抗氧化、软化血管、预防动脉硬化等多种功效，在烹调中位居“五味之首”。

中国是世界上谷物酿醋最早的国家，早在公元前8世纪就已有了醋的文字记载。春秋战国时期，已有专门酿醋的作坊，到汉代时，醋开始普遍生产。南北朝时，食醋的产量和销量都已很大，《齐民要术》曾系统地总结了我国劳动人民从上古到北魏时期的制醋经验和成就，书中共记载了22种制醋方法，这也是我国现存史料中，对粮食酿醋的最早记载。

一、食醋的主要成分

食醋作为一种富含营养的常见液体酸味调味品，不仅具有一定的鲜味和香气，同时还具有多种药理功效，这与食醋中所含有的化学成分密不可分。酿造食醋的成分除水以外，主要化学成分都是醋酸，一般食醋中所含醋酸为40～80g/L。醋酸又称为乙酸，是具有刺激性气味的一种液体有机酸。乙酸的熔点很低，因此96%以上的醋酸通常称为冰醋酸。在有机酸中，醋酸属于羧酸类，羧基是羧酸的特征官能团，由羰基和羟基组成，它们之间相互联系、相互制约，受p-π共轭影响，使羧基上氢氧键（—OH）中的电子密度更接近氧原子，致使氢容易电离为H^+，从而表现出了明显的酸性。食醋中除醋酸外，其他主要成分包括有机酸、糖类、醇类、各种氨基酸等，此外还含有醛类、酮类、酯类、酚类、维生素、微量元素等微量成分。

二、食醋的分类

1. 按酿制原料分类

① 按原料处理方法分类，粮食原料不经过蒸煮糊化处理，直接用来制醋，称为生料醋；经过蒸煮糊化处理后酿制的醋，称为熟料醋。

② 按制醋用糖化曲分类，则有麸曲醋、老法曲醋。

③ 按醋酸发酵方式分类，则有固态发酵醋、液态发酵醋和固稀发酵醋。

④ 按食醋的颜色分类，则有浓色醋、淡色醋、白醋。

⑤ 按风味分类，陈醋的醋香味较浓；熏醋具有特殊的焦香味；甜醋则添加有中药材、植物性香料等。

2. 按酿制工艺分类

酿造食醋是指单独或混合使用各种含有糖类的物料或酒精，经微生物发酵酿制而成的液体调味品。酿造食醋又可分为粮谷醋（用粮食等原料制成）、糖醋（用饴糖、蔗糖、糖类原料制成）、酒醋（用食用乙醇、酒尾制成）。粮谷醋根据加工方法的不同，可再分为熏醋、陈醋、香醋、麸醋等。执行标准参照GB/T 18187—2000。

醋以酿造醋为佳，其中又以粮谷醋为佳。

第二节　食醋生产的原料及相关微生物

一、常用原料及处理

1. 常用原料

（1）粮食　长江以南习惯采用大米和糯米为酿醋原料，长江以北多以高粱、玉米、小米作为酿醋原料，而制曲原料常用小麦、大麦、豌豆等。

薯类作物产量高，淀粉含量丰富，并且原料淀粉颗粒大，蒸煮易糊化，是经济易得的酿醋原料。用薯类原料酿醋可以大大节约粮食。常用的薯类原料有甘薯、马铃薯、木薯等。

（2）农产品加工副产物　一些农产品加工后的副产物，含有较为丰富的糖类或酒精，可以作为酿醋的代用原料。利用农产品加工的副产物酿醋，不仅可以节约粮食，还是综合利用、变废为宝的有效措施，常用于酿醋的农产品加工副产物有麸皮、米糠、高粱糠、淘米水、淀粉渣、甘薯渣、甜菜头尾、糖糟、废糖蜜、酒糟等。农产品加工副产物作为酿醋原料，其成分不一定适宜，有的原料有效成分过于稀薄，有的原料有效成分过于浓厚，需要进行适当调整。

(3) 果蔬类原料 水果和有的蔬菜中含有较多的糖类，在果蔬资源丰富地区，可以采用果蔬类原料酿醋。常用于酿醋的水果有梨、柿、苹果、菠萝、荔枝等品种的残果、次果、落果或果品加工副产物，如皮、屑、仁等。能用于酿醋的蔬菜有番茄、菊芋、山药、瓜类等。此外，野生植物原料，如野果、橡子、酸枣、桑葚、蕨根，目前也可用于酿醋。

不同的原料会赋予食醋成品不同的风味，如糯米酿制的食醋残留的糊精和低聚糖较多，口味浓甜；大米蛋白质含量低、杂质少，酿制出的食醋纯净；高粱含有一定量的单宁，由高粱酿制的食醋芳香；坏甘薯含有甘薯酮，常给甘薯醋留下不愉快的苦涩味；玉米含有较多的植酸，发酵时能促进醇甜物质的生成，所以玉米醋甜味突出。不同的水果会赋予果醋各种果香，选用不同的原料，可以酿出不同风格的食醋。

2. 原料的处理

原料处理是酿造食醋生产过程中的一个重要环节。首先，需将原料粉碎，要求通过2.5mm筛孔，以达到增加淀粉颗粒吸水面积、迅速膨胀、便于蒸煮的目的。原料粉碎越细，表面积越大，黑曲霉繁殖面积越大，在发酵过程中分解效果就越彻底，可提高原料的利用率。粉碎的原料按30%～40%加水拌匀，使原料含水量达到45%左右，润料1～2h。

原料蒸煮前，先将蒸锅底部铺垫一层高粱壳或其他填充料，再以“追汽压料”方式撒料装锅，至蒸汽焖1h。原料蒸煮后出锅，用扬渣机晾于鼓风板上，温度降至25～30℃（冬季要高些），按主料55%的比例加入麸曲，7%的比例加入酵母液，拌匀。

二、食醋生产的基本原理

食醋生产的基本原理是以淀粉为原料，经加热糊化，通过曲霉菌（糖化曲）的糖化过程，酵母菌进行酒精发酵（酒化），最后由醋酸菌将酒精氧化为醋酸（醋化）而成。成品总酸含量最低在4.5%（以醋酸计），除主要成分醋酸外，还含有其他有机酸、糖、醇、醛、酮、酯、酚及各种氨基酸，是色、香、味、体俱佳的酸性调味品。

三、食醋酿造的相关微生物

1. 曲霉菌

曲霉菌含有多种活化的强大酶系，因此常用其制糖化曲。该菌属可分为黑曲霉群和黄曲霉群两大类。从它们的酶系种类活力而言，黑曲霉更适合酿醋工业的制曲。常用的优良菌株为黑曲霉AS3.4309，菌丛黑褐色，酶系纯，糖化酶活力强，耐酸，但液化力不高，发育温度为37～38℃，最适pH为4.5～5.0。

2. 酵母菌

食醋酿造过程中，淀粉原料经糖化产生葡萄糖，葡萄糖在酵母菌酒化酶系的作用下进行酒精发酵生成乙醇和CO_2转化酶等，酵母菌培养和发酵的最适温度为25～30℃。酿醋用的酵母菌因酿造原料不同而品种各异，常用的有南阳混合酵母（1308酵母）、K氏酵母、AS2.1189。

3. 醋酸菌

醋酸菌是指氧化乙醇生成醋酸的细菌的总称。按照醋酸菌的生理生化特性，可将醋酸菌分为葡萄氧化杆菌属和醋酸杆菌属两大类。

常用的醋酸菌有 AS1.41 醋酸菌和沪酿 1.01 醋酸菌。

第三节　食醋生产工艺

一、食醋生产工艺分类

食醋的生产工艺分为固态法及液态法两类。

1. 固态发酵

食醋固态发酵法是一种传统工艺，产品质量高、风味好、酸味柔和、回味绵长等，这与所用原料精良、参与酿造的微生物种类较多、酶系较全、生产周期较长、经过陈酿等因素有关。但也存在缺点，即淀粉利用率低、生产周期长、劳动强度大、机械化程度低等。

传统的固态法酿醋工艺主要有 3 种。

(1) 用大曲制醋　以高粱为主要原料，利用大曲中分泌的酶，进行低温糖化与酒精发酵后，将成熟醋醅的一半置于熏醅缸内，用文火加热，完成熏醅后，再加入另一半成熟醋醅淋出的醋液浸泡，然后淋出新醋。最后，将新醋经三伏一冬日晒夜露与捞冰的陈酿过程，制成色泽黑褐、质地浓稠、酸味醇厚、具有特殊芳香的食醋。著名的有山西老陈醋。

(2) 用小曲制醋　以糯米和大米为原料，先利用小曲（又称酒药）中的根霉和酵母等微生物，在米饭粒上进行固态培菌，边糖化边发酵。再加水及麦曲，继续糖化和酒精发酵。然后酒醪中拌入麸皮成固态后入缸，添加优质醋醅作种子，采用固态分层发酵，逐步扩大醋酸菌繁殖。经陈酿后，采用套淋法淋出醋汁，加入炒米色及白糖配制，澄清后，加热煮沸而得香醋。著名的有镇江香醋。

(3) 以麸皮为主料　用糯米加酒或醪汁制成醋母进行醋酸发酵，醋醅陈酿一年，制得风味独特的麸醋。著名的有四川保宁（今阆中县）麸醋及四川渠县三汇特醋。

固态发酵法酿醋，由于是利用自然界野生的微生物，所以发酵周期长，醋酸发酵中又需要翻醅，劳动强度大。目前常采用纯种培养麸曲作糖化剂，添加纯种培养酵母菌制成的酒母，进行酒精发酵，再用纯种培养醋酸菌制成的醋母，进行醋酸发酵而制得食醋。也有采用酶法液化通风回流法，将原料加水浸泡磨浆后，先添加细菌 α-淀粉酶加热液化，再加麸曲糖化，糖化醪冷却后加入酒母进行酒精发酵，待酒精发酵结束，将酒醪、麸皮、砻糠与醋母充分混合后，送入设有假底的醋酸发酵池中，假底下有通风洞，可让空气自然进入，利用自然通风及醋回流代替翻醅，并使醋醅发酵温度均匀，直至成熟。酶法液化通风回流法的产量，出醋率和劳动生产率均比传统法高。

2. 液态发酵

液态发酵醋尤其是液态深层自吸发酵食醋，是近几年发展较快的一种食醋工艺，其优点是原料利用率高，机械化程度高，劳动强度小，单位产能占地面积小，且采用全封闭发酵生产，工作环境较好，但风味与传统食醋相比较，有一定差异，具有清香的风味。

传统的液态法酿醋工艺有多种：

(1) 以大米为原料，蒸熟后在酒坛中自然发霉，然后加水成液态，常温发酵 3～4 个月。醋醪成熟后，经压榨、澄清、消毒灭菌，即得色泽鲜艳、气味清香、酸味不刺鼻、口味醇厚的成品。著名的有江浙玫瑰米醋。

(2) 以糯米、红曲、芝麻为原料，采用分次添加法，进行自然液态发酵，并经 3 年陈酿，最后加白糖配制而得成品。著名的有福建红曲老醋。

（3）以稀释的酒液为原料，通过有填充料的速酿塔进行醋酸发酵而成，如辽宁省丹东白醋。

液态发酵法制醋也渐采用深层发酵新工艺。淀粉质原料经液化、糖化及酒精发酵后，酒醪送入发酵罐内，接入纯种培养逐级扩大的醋酸菌液，控制品温及通风量，加速乙醇的氧化，生成醋酸，从而达到缩短生产周期的目的。发酵罐类型较多，现已趋于使用自吸式充气发酵罐。它于20世纪50年代初期被联邦德国首先用于食醋生产，称为弗林斯醋酸发酵罐，并在1969年取得专利。日本、欧洲等相继采用。我国自1973年开始使用。

二、食醋生产工艺流程及操作要点

1. 食醋生产工艺流程

（1）原料 传统制法以黄酒糟为主要原料，但产量较低，现改为优质糯米。

（2）辅料 麸皮、稻壳、食盐、食糖。

（3）配料 糯米1000kg、麸皮1700kg、稻壳940kg、酒曲4kg、麦曲60kg、食盐40kg、食糖12kg。

（4）工艺流程 糯米→浸泡→蒸煮→酒曲→酒发酵→麸皮、稻壳→醋发酵→加盐→陈酿→淋醋→煎醋→成品。

（5）操作

① 浸泡糯米，要求米粒浸透无白心，一般冬季浸泡24h，夏季15h，春秋季18～20h。然后捞出放入箩筐，用清水反复冲洗。沥干后蒸煮，要求熟透，不焦、不黏、不夹生。蒸饭取出后用凉水冲淋冷却，冬季至30℃，夏季25℃，然后拌入酒药，拌匀后装缸搭成“V”形，再用草盖封缸，防止污染和注意保温。

② 保持发酵品温，一般发酵4d后，饭粒上浮，汁有酒香气，再添加水分和麦曲，保持品温。24h后开耙，以后每天开耙1～2次，直到酒醪成熟。

③ 向酒醪中加入麸皮拌匀，取发酵好的成熟醋醅适量，再加少许稻壳及水，用手充分搓拌均匀，放于醅面中心处，再上覆一层稻壳，不需加盖，进行发酵。

④ 发酵3～5d后，即将上覆稻壳揭开，把上面发热的醅料与下层醅料再加适量稻壳充分拌匀，进行过勺，一缸料醅分10次逐层过完，每天一次，每次皆添加适量稻壳，并补加部分温水。过勺完毕，原缸“露底”，料醅全部过到另一缸。

⑤ 过缸后，应天天翻缸，即将缸内的醋醅全部翻过装入另一缸。其间应注意掌握温度。经过7d发酵，温度开始下降，酸度不再上升，即表明发酵完毕。

⑥ 醋醅成熟后，立即向缸中加盐，并进行拼缸，做到缸满醅实，醅面上覆一层食盐，缸口用塑料布封严，进行陈酿。封缸7d后，再翻缸一次，整个陈酿期20～30d，陈酿时间越长，风味越好。

⑦ 将陈酿后的醋醅加水加色浸泡，进行淋醋，采用套淋法，循环泡淋，每缸淋醋3次。

⑧ 将头汁醋加糖搅拌溶化，澄清后过滤，加热煮沸，趁热装入容器，密封存放。

2. 操作要点

（1）制曲时间 制曲时间选择在八月中旬，气温为28～30℃。

（2）制曲步骤

① 将麦、芝麻、绿豆浸泡后，破碎、蒸熟。

② 将全部辅料放入容器，并加水进行搅拌至手握成团落地即散为止。

③ 成块，即将搅拌好的曲料装入模具内制成块料。

④ 将曲坯放在柴火上，并用麻袋盖上，放在阴处使之发霉，4～6d出现黄绿色霉菌。

⑤ 晒曲至干。

⑥ 阴凉处保存。

(3) 发酵

① 将红薯干或高粱煮熟，使之淀粉糊化，主要变化为：原料中的淀粉经过蒸熟转化为溶解状态，以便被酵母菌利用。

② 将煮熟的原料晾到25℃左右，然后与粉碎的成曲混合均匀装缸放置在阳台自然发酵。主要变化为：淀粉在曲中淀粉酶的作用下产生葡萄糖，葡萄糖在曲中酵母菌酒化酶的作用下产生乙醇和二氧化碳。

③ 发酵前期是酵母菌迅速繁殖的时期。主发酵期是葡萄糖在酒化酶的作用下转化成酒精的时期，同时产生 CO_2 气体，温度上升。注意不能超过30～40℃，可用木棒搅拌进行机械降温，每天一次。发酵后期乙醇达到一定的积累，糖分基本耗尽，发酵作用缓慢。整个过程大约一个月。通过酒精发酵，发酵醪中乙醇含量一般可达7%。

④ 醋酸发酵阶段，乙醇在曲中醋酸菌的作用下生成乙酸。由于醋酸菌是好气性微生物，所以要不断地翻醅，在增加空气的同时降低醅温，每天翻醅一次。发酵7d后，醋酸含量达7%～8%，即可用3%的食盐终止发酵。醋酸发酵温度控制在28～30℃。

三、食醋色、香、味、体的形成

1. 酸味的形成

原料中的淀粉经霉菌（或酶制剂）、酵母菌和醋酸菌的分解生成了醋酸，是食醋中酸味的主要来源。除醋酸外，食醋中还含有乳酸、延胡索酸、琥珀酸、苹果酸、柠檬酸、酒石酸、α-酮戊二酸等不挥发性酸。

2. 甜味的形成

食醋中的甜味来源于各种原料，其中以葡萄糖与麦芽糖居多，此外还有甘露糖、阿拉伯糖、半乳糖、糊精、蔗糖等。另外，甘油、甘氨酸等也具有一定的甜度。

3. 鲜味的形成

食醋中的鲜味来源于食醋中的氨基酸，如谷氨酸及谷氨酸钠盐均有鲜味。

4. 咸味的形成

醋酸发酵完毕之后，加入食盐不仅能抑制醋酸菌对乙醇的进一步氧化，而且还可赋予食醋咸味，并促成各氨基酸的形成。

5. 苦味、涩味的形成

食醋的苦味和涩味主要来源于盐卤。另外，微生物在代谢过程中形成的胺类，如四甲基二胺、1,5-二氨基戊胺都是苦味物质，它们赋予食醋苦味。有些氨基酸也呈苦味。过量的高级醇也会导致食醋苦涩味的形成。

6. 香味的形成

食醋中香味物质含量很少，但种类很多。只有当各组分含量适当时，才能赋予食醋特殊的芳香。

7. 色素的形成

食醋的色素来源于原料本身和酿造过程中发生的一些变化。原料中如高粱含单宁较多，易氧化生成黑色素。原料分解生成的糖和氨基酸发生美拉德反应生成氨基糖呈褐色，葡萄糖在高温下脱水生成焦糖。另外，还可人工添加色素，如添加酱色或炒米色，以增加色泽。

8. 醋体的形成

食醋的体态取决于可溶性固形物的含量。组成可溶性固形物的主要物质有食盐、糖分、氨基酸、蛋白质、糊精、色素等。固形物含量高，体态黏稠；反之则稀薄。

第四节 食醋的质量控制

一、感官要求

感官要求应符合《食品安全国家标准 食醋》(GB 2719—2018) 的要求，见表5-1。

表 5-1 食醋的感官要求

项目	要求	检验方法
色泽	具有产品应有的色泽	取2mL试样置于25mL具塞比色管中，加水至刻度，振摇，观察色泽。取30mL试样置于50mL烧杯中观察状态。用玻璃杯搅拌烧杯中试样，品尝滋味，闻其气味
滋味、气味	具有产品应有的滋味和气味，尝味不涩，无异味	
状态	不浑浊，可有少量沉淀，无正常视力可见外来异物	

二、理化要求

理化要求应符合《食品安全国家标准 食醋》(GB 2719—2018) 的要求，见表5-2。

表 5-2 食醋的理化要求

项目	指标	检验方法
总酸(以乙酸计)/(g/100mL)		GB/T 5009.41—2003
食醋 ≥	3.5	
甜醋 ≥	2.5	

三、污染物限量和真菌毒素限量

1. 污染物限量应符合 GB 2762—2017 的规定。

2. 真菌毒素限量应符合 GB 2761—2017 的规定。

四、微生物限量

微生物限量应符合《食品安全国家标准 食醋》(GB 2719—2018) 的要求，见表5-3。

表 5-3 微生物限量

项目	采用方案[①]及限量				检验方法
	n	c	m	M	
菌落总数/(CFU/mL)	5	2	10^3	10^4	GB 4789.2
大肠菌群/(CFU/mL)	5	2	10	10^2	GB 4789.3 平板计数法

① 样品的分析及处理按 GB 4789.1—2016 执行

1. 食醋的种类有哪些？

2. 食醋酿造的原料有哪些?
3. 参与食醋酿造的微生物有哪些类群?
4. 食醋酿造的基本原理是什么?
5. 描述食醋生产过程中的主要生物化学变化。

实训五 食醋生产工艺

【目的要求】

了解食醋酿制的基本原理及麸曲醋的主要工艺，掌握麸曲醋糖化曲种的制作及简易酿醋技术。

【实训原理】

食醋是我国传统的酸性调味品，酿制工艺多样，产品各具特色。其基本原理是以淀粉质为原料，经加热糊化，再经曲霉菌（糖化曲）的糖化过程，酵母菌的酒精发酵（酒化），最后由醋酸菌将乙醇氧化为醋酸（醋化）而成。成品总酸含量最低在 4.5%（以醋酸计），除主要成分醋酸外，还含有其他有机酸、糖、醇、醛、酮、酯、酚及各种氨基酸，所以是色、香、味、体俱佳的酸性调味品。

麸曲醋的工艺是目前生产中广为采用的方法。

【实训材料】

1. 菌种

甘薯曲霉（*Aspergillus batatae*，编号 AS3.324）

啤酒酵母：K 氏酵母。

醋酸杆菌（*Acetobacter*）：沪酿 1.01 或中科 1.41（*A. rancensa* var. *rbndans*）的斜面菌种。

2. 培养基

(1) 醋酸菌斜面培养基（中科 1.41，沪酿 1.01）

① 葡萄糖 100g；酵母膏 10g；$CaCO_3$ 20g；琼脂 18～20g；蒸馏水 1000mL，调 pH6.8。

② 乙醇（95%）20mL；葡萄糖 10g,；酵母膏 10g；$CaCO_3$ 15g（干热灭菌）；琼脂 18～20g；自来水 1000mL。乙醇在培养基灭菌后加入。

(2) 马铃薯葡萄糖琼脂斜面培养基 马铃薯汁 1000mL；葡萄糖 20g；琼脂 18～20g。

马铃薯去皮、挖芽眼、洗净、切片，称取 200g 放入 1000mL 自来水中文火煮沸 30min，双层纱布过滤，滤液加水补至 1000mL。

(3) 豆芽汁蔗糖琼脂培养基（分离培养真菌） 豆芽汁 1000mL；蔗糖 20g。

【实训方法】

1. 种曲制备

(1) 麸曲制备 麸曲是麸曲醋生产的糖化剂，制备流程如下：

试管菌种培养→锥形瓶扩大培养→麸曲生产

① 试管斜面培养（一级种）：取马铃薯蔗糖琼脂斜面培养基 1 支，用接种环接入

AS3.324 甘薯曲霉菌种少许，置 30℃下培养 3～4d，待长满黑褐色菌丝后取出，4℃冰箱保存，备用。

② 锥形瓶（或罐头瓶）扩大培养（二级种）：称取麸皮 100g，草木灰少许，混匀后加水 90～100mL，充分拌匀，稍焖，分装于瓶中。每瓶装瓶占瓶高 1/3 左右，加棉塞或双层纸盖包扎，在 121℃下灭菌 40min，取出趁热摇散。冷却后，以无菌操作法，从斜面菌种管上挑取菌种 1 环，接入麸皮培养基中，充分摇匀，置 28～30℃下培养 18～20h，当菌丝布满培养基时，进行第一次摇瓶，充分打散菌丝块，培养 5～6h 再摇瓶一次，继续培养 3d 后，至菌丝充分生长，孢子成熟呈黑褐色时取出，保存，备用。

③ 麸曲制备（三级种）即生产用曲种制备流程如下：

AS3.324 斜面菌种→三角瓶曲种
↓
谷糠、麸皮、水 → 拌匀 → 蒸料 → 摊晒→接种→堆积→装盘→入曲室→成曲

a. 配料：麸皮 100g，掺入谷糠 15%～20%，加水 110%～115%，充分拌匀，适当焖料，要求含水量为 56%～58%，高温季节生产可添加冰醋酸（0.3%），抑制杂菌污染。

b. 蒸料：常压蒸料 1h，蒸透而不黏，熟料出锅需过筛疏松，冷却。待物料降温至 40℃左右时，接入锥形瓶曲种，接种量按干物料 0.2%～0.3%，搅拌均匀。接种后先堆积成丘状，高 30～40cm，室温 28℃下使品温保持 30～31℃，约 6h 后，品温上升至 35℃左右时，可翻拌一次，并转入曲盘或竹帘、竹匾内，厚度为 1.5～2cm，室温控制在 28～30℃，品温在 36℃左右，培养 16h 后，菌丝生长，曲料变白，需进行划盘破曲和倒换曲盘上下位置以控制品温（勿超过 40℃），并于室内喷水，保持相对湿度在 90%为宜（用干湿球温度计测定）。经 36～40h，品温开始下降，孢子开始出现，此时需开窗通风换气，促进曲子成熟。制曲全程约 70h。成熟后，置阴凉处保存。

成曲外观应是菌丝粗壮浓密，无干皮或“夹心”，无怪味或酸味，具黑曲清香味，曲块结实，手捏松散。

(2) 酒母制备

试管菌种→小锥形瓶培养→大锥形瓶培养→ 罐培养 →酒母
(24h)　(18～20h)　(10～12h)

(3) 醋酸菌培养

试管菌种→锥形瓶培养→大缸固态培养

① 试管斜面培养（一级种）：取醋酸菌斜面培养基 1 支，用接种环接入醋酸菌种少许，置 30℃温度下培养 48h。置 4℃冰箱保存，一月换种一次。

② 锥形瓶扩大培养（二级种）

a. 培养基：酵母膏 1%、葡萄糖 0.3%、水 100mL，装入 500mL 锥形瓶中，每瓶 100mL，加棉塞，$1kg/cm^3$ 灭菌 30min。取出冷却后，以无菌操作法加入 4%的体积分数为 95%的乙醇。

b. 接种、培养：接入试管斜面菌种，每支斜面接 3 瓶，摇匀，于 30℃培养 5～7d。当液面生有菌膜，嗅之有醋酸气味即成熟。

③ 大缸固态培养：取蒸过的制醋的醋酸醪，按 2%～3%接种量接入锥形瓶中，拌匀后，放入下面开孔加塞的缸中，缸口加盖，使醋酸菌在醅内生长。1～2d 后品温升高至 38℃时，采用回流法降温（即将醋汁由缸底孔中放出再回浇在醅面上），要求控制品温不高于 38℃，待发酵至醋酸含量在 4%，即可作为生产用醋酸菌种。此法培养中要防止杂菌污染，若发现醋酸有白花现象或其他异味，应进行镜检。污染杂菌时不能用于生产。

2. 麸曲醋酿造

(1) 原料配比（质量，g）

原料	用量	原料	用量
碎米（或玉米，或薯干）	100	细谷糠	175
蒸料前加水	275	蒸料后加水	125
麸曲	5～10	酒母	40
粗谷糠	50	醋母	50
食盐	3.75～7.5		

(2) 原料处理及蒸料 淀粉质原料去杂，粉碎，与细谷糠拌匀，按量加水，使原料吸水拌匀。上笼，常压蒸料 1h，焖料 1h，出锅，粉碎，降温至 30～40℃，第二次加入冷水，翻拌均匀，摊开。

(3) 淀粉糖化与酒化 按量接入麸曲与酒母，翻拌均匀入缸。加无毒塑料膜盖缸，在室温 20℃以上培养。当品温上升到 36～38℃，倒醅于另一缸中。若再次升温到 38℃时，进行第二次倒醅，待发酵 5～6d，品温降至 33℃，表明糖化和酒精发酵结束。此时醅内乙醇含量为 8%左右。

(4) 醋酸发酵 酒精发酵结束后，按量加入清蒸后的粗谷糠（大米壳）和醋母混拌均匀（若按装缸量计，150kg 料醅加粗谷糠 10kg、醋母 8kg）。发酵时品温在 2～3d 后升温，控温在 39～41℃，室温以 25～30℃为宜。每天倒缸 1～2 次，使醋醅松散通氧，经 12～15d 后品温下降，至 36℃以下，醋酸含量为 7%～7.5%时，发酵结束。

(5) 加盐及后熟 按醋醅量的 1.5%～2%加入食盐，翻料后置室温下 2d 后熟，以增色增香。

(6) 淋醋 设假底的淋缸或淋池，移入醋醅，加水常温浸泡 20～24h，开淋。先后淋 3 次，弃渣。

(7) 陈酿 将制好的醋液或醋醅置室温下 1 月至数月，可提高醋的品质、风味及色泽。

(8) 灭菌 用火加热至 85～90℃，30～40min，即巴氏杀菌。加热过程不断搅动，使受热均匀。

(9) 成品分装 灭菌后，在含醋量低于 5%的醋液中加入 0.1%苯甲酸钠防腐剂，以免变质。含酸量高者可直接装瓶或供食用。

一般含酸量在 5%的醋液，100kg 原料可出成品醋 700kg。含酸量高，产量相应减少。

【实训报告】

记录麸曲醋的麸曲制备与酿制过程。

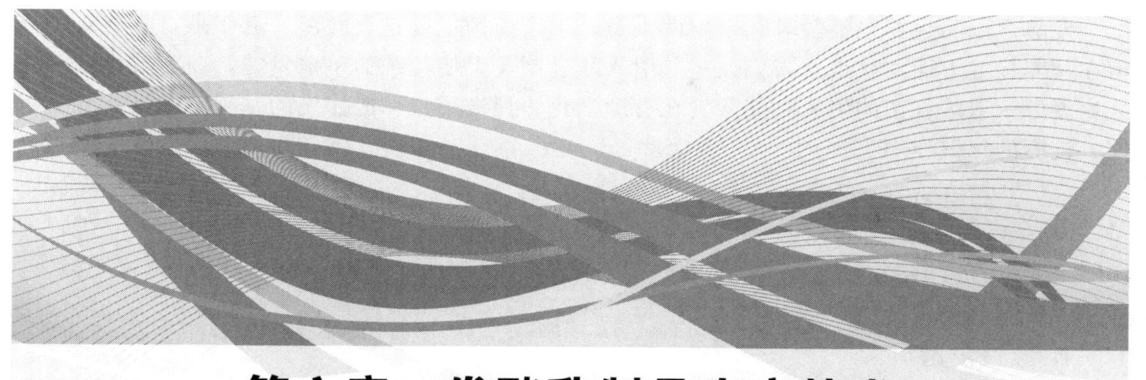

第六章 发酵乳制品生产技术

知识目标

1. 熟悉发酵乳制品的制作原理。
2. 掌握酸乳、酸乳饮料等生产的原辅材料、发酵制作过程和生产工艺。
3. 熟悉重要种类的酸乳、酸乳饮料发酵工艺的操作要点。

能力目标

1. 能对酸乳、酸乳饮料的各个环节进行工艺控制。
2. 能够利用简单的生产工艺流程及方法进行常见发酵乳制品的加工制备。
3. 能够对常见的发酵乳制品进行基本的检验和鉴定。

思政与职业素养目标

以发酵乳制品生产加工知识为载体，结合原辅料质量、常见微生物污染、噬菌体污染和包装材料迁移等方面提升发酵乳制品生产的安全质量意识。

第一节 概 述

发酵乳制品是指将具有良好品质的原料乳，经过杀菌作用接种特定的微生物进行发酵，产生具有特殊风味的一类食品。发酵乳制品通常具有良好的风味、较高的营养价值，并具有一定的保健作用，并深受消费者的欢迎。常见的发酵乳制品种类包括酸乳、干酪、酸奶油、马奶酒等。

发酵乳的科学研究始于19世纪末，经历了三次大的变革：1910年，俄国著名科学家梅契尼可夫指出：酸牛乳中的保加利亚乳酸杆菌在人体肠道内可抑制腐败菌的繁殖，在世界范围掀起了第一轮消费发酵乳的热潮；第二次世界大战后，专用纯菌种开始使用并能利用现代化装置进行工业化生产，使得酸乳制品生产实现了现代化、规模化；20世纪60年代以来，其他有益菌如双歧杆菌、嗜酸乳杆菌、干酪乳杆菌等菌群在人体肠道的存在及其特殊性功能也逐渐被人们所认识，从而引发了发酵乳制品的第三次革命。

发酵乳制品主要包括酸乳和干酪两大类，生产菌种主要是乳酸菌。近年来，随着双歧杆菌在营养保健方面的认识，人们便将其引入酸乳制造，使传统的单株发酵，变为双株或三株共生发酵。双歧杆菌的引入，使酸乳在有助消化、促进肠胃功能作用的基础上，又具备了防癌、抗癌的保健作用。

一、发酵乳制品的分类

常见的发酵乳制品主要包括酸乳、开菲尔乳、酸奶油、乳酒（以马乳为主）、干酪等。具体可以分为以下几种。

1. 酸性发酵乳

酸乳（保加利亚）；发酵乳酪（美国）；嗜酸菌乳（德国）；双歧杆菌乳（德国）；保加利亚乳（保加利亚）；冰岛酸乳（冰岛）。

2. 醇性发酵乳

牛乳酒（Kefir）——高加索；马乳酒（Koumiss）——中亚；蒙古乳酒——蒙古。

3. 酸性奶油

格拉德菲尔——斯堪的纳维亚半岛。

4. 浓缩发酵乳

乐口托福——斯堪的纳维亚半岛。

二、乳制品的发酵机制

1. 发酵剂的概念

发酵剂是一种能够促进乳的酸化过程，并含有高浓度乳酸菌的特定微生物培养物。

2. 发酵剂的种类

发酵剂按发酵剂制备过程分类：

(1) 乳酸菌纯培养物　一般多接种在脱脂乳、乳清、肉汁或其他培养基中，或者用冷冻升华法制成的一种冻干微生物菌种。

(2) 母发酵剂　生产发酵剂的基础。

(3) 生产发酵剂　生产发酵剂即母发酵剂的扩大培养，是用于实际生产的发酵剂。

发酵剂按使用发酵剂的目的分类：

(1) 混合发酵剂　这一类型的发酵剂含有两种或两种以上菌种，如保加利亚乳杆菌和嗜热链球菌，按1∶1或者1∶2比例混合的酸乳发酵剂，且两种菌种比例的改变越小越好。

(2) 单一发酵剂　这一类型发酵剂只含有一种菌种。

3. 发酵剂的作用

(1) 乳酸菌发酵乳糖生成乳酸，pH下降，能赋予产品一定的酸度。

(2) 产生滋味、香味和黏稠物等物质，从而使酸乳具有典型的风味。

(3) 具有一定的降解脂肪、蛋白质的作用，从而促进消化吸收，提高产品的营养价值。

(4) 酸化过程抑制了腐败菌的生长，延长了产品的保存时间。

4. 常见的发酵剂菌种类型

(1) 链球菌属　嗜热链球菌是应用于乳品发酵中的菌种，属于链球菌属。

(2) 乳酸乳球菌属 在乳品发酵中意义最为重要的乳酸乳球菌有2个亚种，乳酸乳球菌乳酸亚种和乳酸乳球菌乳脂亚种。

(3) 明串珠菌属 属于乳酸异型发酵的嗜温性球菌。应用于乳品生产的明串珠菌能利用柠檬酸代谢生成丁二酮、CO_2、3-羟基丁酮等。明串珠菌种可以作为乳品发酵剂的有肠膜明串菌乳脂亚种，另一个是乳酸明串珠菌。

(4) 肠球菌属 在南欧生产的干酪中，人们用肠球菌作为发酵剂。此外，也利用它们作为益生菌，以便预防和治疗肠道菌群失调疾病，仅有粪肠球菌和屎肠球菌可以作为重要的益生菌。

(5) 乳杆菌属 乳杆菌属是一类由遗传和生理特性多样的杆状乳酸菌构成。基于发酵的最终产物，可分3组，即同型发酵、兼性异型发酵和专性异型发酵的乳杆菌，形态见图6-1。

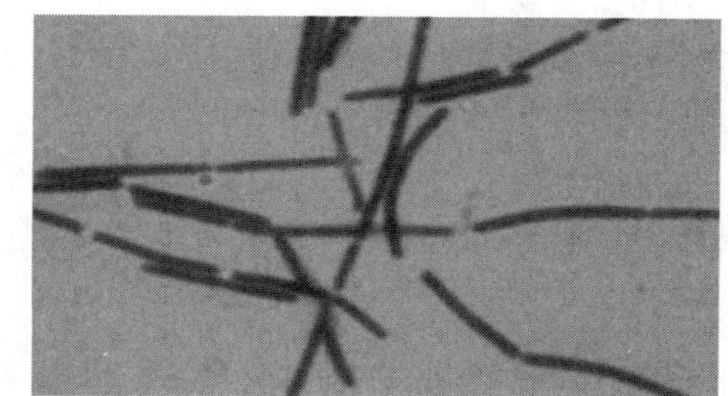

图6-1 乳杆菌形态

同型发酵菌：嗜酸乳杆菌、瑞士乳杆菌、德式乳杆菌。

兼性异型发酵菌：干酪乳杆菌、植物乳杆菌、米酒乳杆菌。

专性异型发酵菌：短乳杆菌、发酵乳杆菌。

(6) 双歧杆菌属 双歧杆菌属于放线菌科，其代谢产物是乳酸和乙酸，两者的比例为2∶3。作为益生菌应用的最重要的双歧杆菌是长双歧、两歧双歧和动物双歧。

(7) 酵母菌 除乳酸菌外，传统发酵乳中还存在酵母菌。其中，开菲尔假丝酵母、马克斯克鲁维氏酵母和高加索乳杆菌是经常能分离到的主要微生物种类。

5. 发酵剂的制备

发酵剂的制备流程见图6-2。

热处理→冷却→接种→培养→冷却→贮存
（热处理←新鲜的或调制的脱脂奶；接种←发酵剂）

图6-2 发酵剂的制备流程

(1) 培养基的杀菌 配制11%的还原脱脂乳，110℃条件下，加热15min，进行灭菌操作。

(2) 冷却 冷却至接种温度。

(3) 接种 把活化好的发酵剂纯培养物定量接种。

(4) 发酵 发酵剂接种混合后，开始进行培养，乳酸菌就开始增殖。培养时间由发酵剂中乳酸菌类型、接种量等因素决定。发酵过程中要注意以下几个方面：

① 发酵时间为3～20h，发酵期间要严格控制温度。

② 在培养过程中，乳酸菌增殖很快，发酵乳糖生成乳酸。

③ 如果该发酵剂含有产香菌，在培养期间还会产生芳香物质，如丁二酮、醋酸和丙酸、各种酮和醛、乙醇、酯、脂肪酸、二氧化碳等。

(5) 冷却 发酵剂酸度达到预定的程度时开始冷却，以阻止细菌的生长，保证发酵剂具有较高的活力，一般冷却至3～5℃。

(6) 发酵剂的保存 冷冻方法，温度越低，保存的越好。用液氮冷冻到－160℃来保存发酵剂，效果很好。

6. 发酵剂的质量检验

(1) 感官检验 感官检验的检查内容主要包括以下几个方面：

① 凝乳的组织状态、色泽、硬度及乳清分离情况。

② 品尝凝乳的酸味与风味（无苦味和异味）。

③ 对发酵剂的要求：应有适当的硬度，富有弹性，组织状态均匀一致，表面光滑，无龟裂，无皱纹，未产生气泡及乳清分离等现象，具有优良的风味，不得有腐败味、苦味、饲料味和酵母味等异味。

(2) 化学检验 主要检查酸度和挥发酸，从乳酸生成状况或色素还原来进行判断。

(3) 微生物检验 用革兰氏染色法染色发酵剂涂片，镜检（油镜）观察乳酸菌形态及球杆菌比例。

(4) 发酵剂污染的检验 通过大肠菌群试验检测粪便污染情况，乳酸菌发酵剂中不许出现酵母菌或霉菌。

(5) 发酵剂活力测定 酸度检查法：经灭菌冷却后的脱脂乳中加入3%的发酵剂，并在37.8℃的恒温箱下培养3.5h，然后测定其酸度，若滴定乳酸度达0.8%以上，则认为活力良好。

发酵剂活力常用的试验方法主要是刃天青还原试验法，其主要步骤包括：在9.0mL脱脂乳中加入1.0mL发酵剂和0.005%的刃天青溶液1.0mL，在36.7℃的恒温箱中培养35min以上，如完全褪色则表示活力良好。

三、发酵乳制品的发展现状及前景

1. 发酵乳制品的发展现状

(1) 品种多、功能全、风味丰富 有芦荟酸奶、黄桃酸奶、草莓酸奶等四十余种酸奶品种。

(2) 发展快 我国乳酸菌饮品目前正以25%的速率快速递增。

(3) 新型发酵剂的研究与开发 制备直投式（可直接使用，有冷冻浓缩型和冷冻干燥型）酸奶发酵剂、高活力酸奶发酵剂。

(4) 新产品的开发与研制

① 长货架期酸乳：保质期比较长；可采取的措施主要包括气体填充；添加防腐剂；灭菌处理。

② 冷冻酸乳：类似于目前市场上的酸乳冰淇淋。其类型主要包括软质和硬质两种。

③ 新型菌种的研究、选育和培养

a. 益生菌在酸乳中和人体内的存活状况；

b. 选育生产降血脂、降血压物质的益生菌菌株；

c. 选育耐氧性能强的嗜酸乳杆菌和双歧杆菌生产菌株以满足商品化生产的要求；

d. 选育产香菌株以提高产品风味质量；

e. 选育抗噬菌体菌株以解决噬菌体污染难题。

2. 发酵乳制品发展前景

(1) 发酵乳制品的功能化

① 活菌对肠胃的调节功能：能维持肠胃微生物平衡，治疗肠胃功能失调。

② 后添加物的生理功能：如芦荟酸奶具有免疫调节、延缓衰老的保健功能。

(2) 发酵乳制品包装的差异化

① 容量差异化：从适合儿童使用的50g到满足家庭需要的1000g不等。

② 材质多样化：塑料、纸和玻璃。

③ 形态多种多样：各种形状的杯、盒、瓶、袋以及新颖的字母杯等。

第二节 酸乳生产技术

酸乳是以生牛（羊）乳或乳粉为原料，经杀菌、接种嗜热链球菌和保加利亚乳杆菌（德氏乳杆菌保加利亚亚种）发酵制成的产品。酸乳含有丰富的营养，易被人体消化吸收。

一、酸乳的营养价值

酸乳中由于乳酸菌的发酵作用，使其营养成分比牛奶更趋完善，更易于消化吸收。

（1）酸乳中的碳水化合物容易消化 牛乳中的碳水化合物以乳糖为主，制成酸乳后有部分分解为葡萄糖和半乳糖，除提供能量外，还有助于婴儿大脑和神经系统的发育。

（2）酸乳中的蛋白质易于吸收 牛乳中的蛋白质经过乳酸菌的发酵，可变成微细的凝块，含丰富的必需氨基酸，营养更高，更易于吸收。

（3）酸乳中脂肪的代谢优于牛乳 酸乳中含3%的脂肪，其脂肪球易于消化；同时酸乳中的磷脂能促进脂肪乳化，从而调节胆固醇浓度。

（4）酸乳更有利于钙的吸收 乳发酵后，原料乳中的钙被转化为水溶性，更易被人体吸收利用。

二、酸乳的种类

通常根据成品的组织状态、口味、原料中乳脂肪含量、生产工艺和菌种的组成将酸乳分成不同类别。

1. 按成品的组织状态分类

（1）凝固型酸乳 发酵过程在包装容器中进行，从而使成品因发酵而保留其凝乳状态。

（2）搅拌型酸乳 原料乳经接种发酵剂后，先在发酵罐中发酵至凝乳，再降温搅拌破碎，冷却分装到容器内即为成品。其具有先发酵凝固，然后搅拌破碎、冷却、灌装的工艺特点。

（3）饮用型酸乳 基本组成与搅拌型酸乳一样，但状态更稀，可直接饮用。

（4）冷冻型酸乳 在发酵罐中发酵，然后像冰淇淋那样被冷冻。

2. 按成品的口味分类

（1）纯酸乳 以乳或还原乳为原料，经发酵而成的产品，不含辅料和添加剂。

（2）加糖酸乳 原料乳中加糖，接菌种发酵而成，糖的添加量较低，一般为6%～7%。

（3）调味酸乳 在酸乳中加入香料（香草香精、咖啡精等）而成，必要时也可加入稳定剂以改善稠度。

（4）果料酸乳 在天然酸乳中加入糖、果料等混合而成，果料的添加比例通常为15%左右，其中约一半是糖。酸乳容器的底部加有果酱的酸乳为圣代酸乳。

（5）复合型或营养健康型酸乳 在酸乳中强化不同的营养素（维生素、食用纤维素等）或在酸乳中混入不同的辅料（如谷物、干果、菇类、蔬菜汁等）而成。这种酸乳在西方国家非常流行，人们常在早餐中食用。

（6）疗效酸乳 包括低乳糖酸乳、低热量酸乳、维生素酸乳或蛋白质强化酸乳。

3. 按原料中脂肪含量分类

（1）全脂酸乳 以全脂乳加工而成，脂肪含量在3.0%以上。

(2) 部分脱脂酸乳 脂肪含量为0.5%～3.0%。

(3) 脱脂酸乳 脂肪含量为0.5%以下。

4. 按发酵后的加工工艺分类

(1) 浓缩酸乳 将正常酸乳中的部分乳清除去而得到的浓缩产品。

(2) 冷冻酸乳 在酸乳中加入果料、增稠剂或乳化剂，然后进行冷冻处理而得到的产品。

(3) 充气酸乳 发酵后在酸乳中加入稳定剂和起泡剂（通常是碳酸盐），经过均质处理即得这类产品。这类产品通常是以充CO_2的酸乳饮料形式存在。

(4) 酸乳粉 通常用冷冻干燥法或喷雾干燥法将酸乳中约95%的水分除去而制成。

三、酸乳生产工艺流程及操作要点

酸乳基本生产流程如图6-3所示。

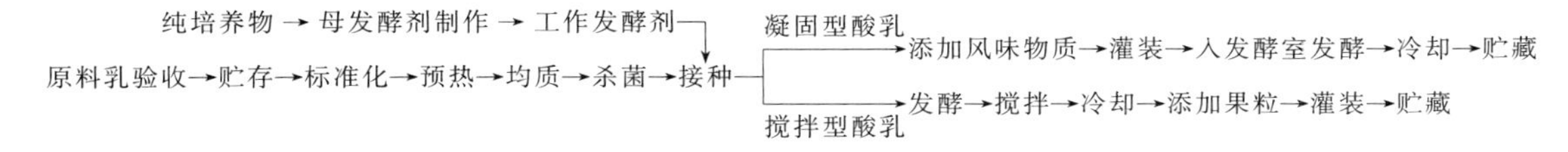

图6-3 酸乳基本生产流程和关键控制点

1. 酸乳生产的关键控制点

(1) 原料乳的质量要求 生产酸乳的原料乳，必须是符合食品安全质量的，要求酸度在18°T以下，杂菌数不高于5.0×10^5CFU/mL，总干物质含量不得低于11.5%，不得使用病畜乳，如患乳腺炎牛的乳和残留抗生素、杀菌剂、防腐剂的牛乳。

(2) 稳定剂 在搅拌型酸乳生产中，通常添加稳定剂，稳定剂一般有明胶、果胶、琼脂、变性淀粉CMC及复合型稳定剂，其添加量应为0.1%～0.5%。

(3) 糖及果料 一般用蔗糖或葡萄糖作为甜味剂，其添加量可根据各地口味不同有所差异，一般以6.5%～8%为宜。果料及调香物质在搅拌型酸乳中使用较多，而在凝固型酸乳中使用较少，果料的种类很多，其含糖量一般在50%左右，果肉主要注意粒度（2～8mm）的选择。

(4) 均质 原料配好后进行均质处理。均质处理可使原料充分混匀，有利于提高酸乳的稳定性和稠度，并使酸乳质地细腻，口感良好。

(5) 热处理 原料乳经过90～95℃（可杀死噬菌体）的热处理，并保持5min效果最好。

(6) 良好的发酵剂 接种量要根据菌种活力、发酵方法、生产时间的安排和混合菌种配比的不同而定。一般生产发酵剂，其产酸活力均为0.7%～1.0%，此时接种量应为2%～4%。如果活力低于0.6%时，则不应用于生产。

加入的发酵剂应事先在无菌操作条件下搅拌成均匀细腻的状态，不应有大凝块，以免影响成品质量。酸乳生产中常用的发酵剂菌种有嗜热链球菌、保加利亚乳杆菌、嗜酸乳杆菌、双歧杆菌等。发酵剂菌种一般不单独使用，大都采用2种以上菌种混合使用。

(7) 酸乳生产中的卫生管理 酸乳生产中，菌种的制备、使用和生产设备等必须严格防止染菌，同时搞好周围环境卫生和个人卫生，并且各工序必须连续生产，防止原料积压变质而导致细菌的污染繁殖，同时防止长时间的停留造成产品乳清析出，影响产品质量。

(8) 保证酸乳运输和贮藏中的冷库系统 酸乳经灌装保温发酵后，立即进入冷库冷却，使温度从42℃降至8℃以下，这一过程称为后发酵，一般需12h。最终酸度应控制在100°T，最后放入4℃左右的冷库中存放待售，使产品的温度始终保持在2～6℃。后发酵的顺利进行和贮藏可防止产品变质。

2. 凝固型酸乳

(1) 凝固型酸乳生产工艺流程 见图6-4。

原料乳预处理→标准化→配料→预热→均质→杀菌→冷却→加发酵剂→灌装→发酵→冷却→后熟→冷藏

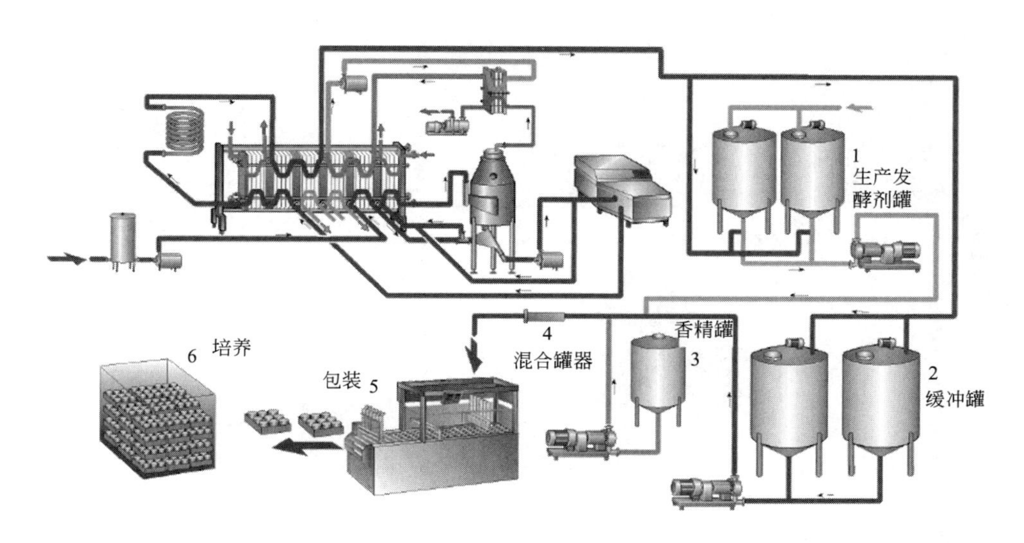

图6-4 凝固型酸乳生产工艺

(2) 凝固型酸乳生产操作要点

① 原料乳的标准化：脂肪含量为0.5%～3%，乳中无脂固形物含量为8.2%以上。

② 脱气：发酵制品原料乳中的空气含量越低越好。

③ 均质：压力为20～25MPa、65～70℃下进行均质。

④ 杀菌：在90～95℃下保持5min处理效果最佳。

⑤ 菌种选择：嗜热链球菌和保加利亚乳杆菌。

⑥ 接种：40～45℃进行接种。

⑦ 发酵：42～43℃下发酵2～4h，获得最佳芳香和最佳风味的pH为4.0～4.4。

⑧ 冷藏：主要目的是终止发酵，质地、口感、风味、酸度等达到所设定的要求。

3. 搅拌型酸乳

(1) 搅拌型酸乳的生产工艺流程 见图6-5。

原乳验收→预处理→标准化→配料→预热（55～60℃）→均质（25MPa）→杀菌（90～95℃/5min）→冷却（45℃）→加发酵剂（2%～3%）→发酵（42～43℃/3～4h）→冷却→搅拌破乳→灌装→后熟（5～8℃）→冷藏。

(2) 搅拌型酸乳生产操作要点

① 发酵：搅拌型酸乳在发酵罐中进行，凝固型是分装后进行。

② 冷却：酸乳完全凝固（pH4.6～4.7）后开始冷却，冷却过快将造成凝块收缩迅速，导致乳清分离；冷却过慢则会造成产品过酸和添加果料脱色。

③ 搅拌：通过机械力破碎凝胶体，使凝胶体的粒子直径为0.01～0.4mm，并使酸乳硬

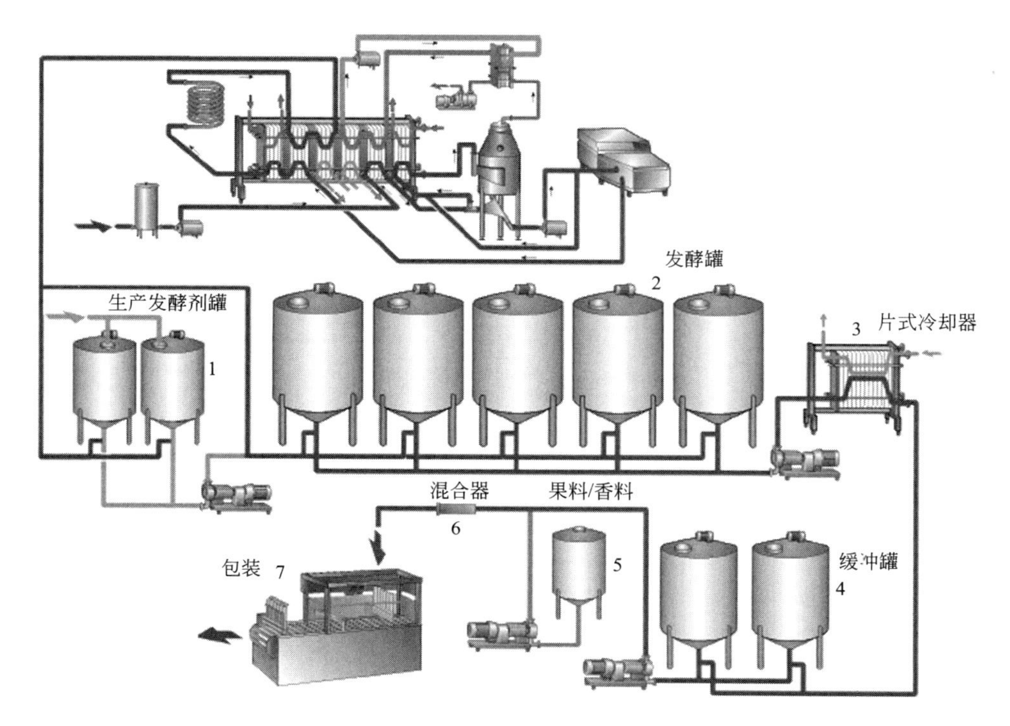

图 6-5 搅拌型酸乳生产工艺

度和黏度及组织状态发生变化。

④ 混合、灌装：果蔬、果酱和各种类型的调香物质等可在酸乳从缓冲罐到包装机的输送过程中加入，根据需要，确定包装量和包装形式及灌装机。

⑤ 后熟：将灌装好的酸乳于 0～7℃冷库中冷藏 24h 进行后熟，进一步促使芳香物质的产生和黏稠度的改善。

四、酸乳生产的质量控制

1. 酸乳生产常见的质量问题

（1）乳清析出严重 乳清析出是酸乳生产中最多见也是最易产生的现象。酸乳进入流通渠道后，因搬动、贮藏条件发生变化，有少量乳清析出是正常现象，但若未发酵好就有乳清析出或经过冷藏后熟后表面仍有大量乳清，就属不正常现象。

（2）原料造成的影响

① 当原料乳固形物含量低于 10%时，在不添加增稠剂情况下，乳清易析出。

解决办法：对原料乳进行标准化，加大原料中固形物含量，乳中全乳固体不得低于 11.5%，加入脱脂乳、明胶等各类增稠剂及稳定剂等，按比例加入，否则会影响风味和口感。

② 原料乳不新鲜，酸度超过 18°T 或掺假严重，乳清易析出。这是因为原料乳中的蛋白质发生变化，造成亲水力降低。

解决办法：要求酸度在 18°T 以下，杂菌数不高于 5×10^5 CFU/mL，采用均质处理可使原料充分混匀，有利于提高酸乳的稳定性和黏稠度，使酸乳质地细腻，口感良好。均质所采用的压力一般为 20～25MPa。杀灭原料乳中的杂菌，确保乳酸菌的正常生长和繁殖，钝化原料乳中对发酵菌有抑制作用的天然抑制物，使牛乳中的乳清蛋白变性，以达到改善组织状态、提高黏稠度和防止成品乳清析出的目的。杀菌条件一般为90～95℃热处理条件下，灭菌处理5min。

③ 原料乳缺乏阳离子。盐类的平衡会影响蛋白质的水合性，不适当的盐类平衡会造成乳清分离，主要是因泌乳期牛乳组成上的变化造成的。

解决办法：一般大中型加工厂不会只用一头或几头牛产的乳作酸乳原料，可避免这一缺陷发生，小型加工厂的奶源要不断变化。

④ 原料乳含有抑菌物质或抗生素，抑制了乳酸菌发育，使其产酸非常缓慢，杂菌生长迅速，使蛋白质变性脱水，造成乳清分离。

解决办法：要对原料乳中抑菌物质或抗生素进行严格检测。针对以上情况，要加强原料的检测和管理，当固形物含量过低时，要适当强化，使产品符合质量要求；每批酸乳原料必须做发酵试验；有问题的原料不得使用。

(3) 发酵剂 发酵剂的菌种老化，活力弱或者里面的保加利亚乳杆菌和嗜热链球菌比例严重失调，或者发酵剂污染杂菌或遭噬菌体感染，这两种情况均表现产酸慢，发酵时间长达5h以上，乳清析出严重。

在发酵剂遭噬菌体感染时，析出乳清颜色深，闻不出乳酸菌产生的特殊香气，酸奶喝起来有怪味，通过微生物检验可进一步证实。发酵剂活力过强，即当发酵剂活力值大于1时仍采用常规接种量并在标准条件下培养，乳清易析出。发酵剂要严格按要求进行无菌操作并尽可能在标准条件下培养，制备好的发酵剂要做活力测定，根据活力调整生产接种量并适当控制培养温度。

(4) 生产过程控制不当 原料乳热处理不当，热处理温度偏低或时间不够，就不能使大量乳清蛋白变性，变性乳清蛋白可与酪蛋白形成复合物，能容纳更多的水分，并且具有最小的脱水收缩作用。要保证酸乳吸收大量水分和不发生脱水收缩作用，至少要使75%的乳清蛋白变性，这就要求在85℃条件下，保持20～30min或者在90℃保持5～10min的热处理；超高温瞬时杀菌（UHT）加热（135～150℃、2～4s）处理虽能达到杀菌效果，但不能达到75%的乳清蛋白变性，所以酸乳生产不宜用UHT加热处理。

发酵剂凝块没打碎，搅拌不均匀，会出现部分产品乳清析出严重的问题。导致乳清析出现象的方法一般从以下几个方面考虑：接种温度过高；发酵时间过长；已发酵好的产品未及时拉出发酵间；培养时温度过高或不稳定；灌装速率慢，接种1h以后才灌装；酸乳瓶不干净，混入清洗剂或水未控干；拉出发酵间时过分震动，破坏了酸乳结构；拉出发酵间后冷却速度过慢，后发酵过度；冷却过快，从发酵间出来直接拉到0℃以下的环境冷却，造成表面冻结等。只要按照工艺要求规范操作，一般可以避免。

(5) 酸乳硬度不够，柔软呈稀粥状或黏糊状 造成酸乳硬度失衡的主要因素包括以下几个方面：原料乳中蛋白质含量不足；菌种选择不当；发酵剂接种量过少；发酵时间不够；发酵温度偏低。原料乳的热处理和均质处理不够恰当等情况的发生，应调整原料乳配方，增加蛋白质含量；选择生产黏度适度的菌种，如无法选择菌种，制备生产发酵剂时采用较高的培养温度；发酵终止的pH应控制在小于4.3，然后再终止发酵确保酸化充分；原料乳均质采用60℃热处理，压力控制在18MPa左右为宜，过低起不到均质作用，过高易出现黏糊状，不爽口。

(6) 酸度太高 夏季易出现这种情况，主要是温度过高，贮藏不善，乳酸菌持续产酸。

防止措施：选择产酸弱的菌种，如丹麦汉森生产的 YF-L811 菌种能很好地解决这一问题。接种温度、培养温度采用最低下限，发酵好的酸乳迅速冷却，防止酸化过度。控制好贮藏条件，整个销售过程尽可能采用冷链贮存，并添加适量的抑酸剂。

(7) 酸度过低，淡而无味 这种现象冬季出现的比较多，解决办法与上述相反，尽可能采用较高温度，使其后酸化充分。但当原料含有抑菌物质或发酵剂受到污染时也会出现这种现象，同时乳清析出严重，要具体问题具体分析解决。

(8) 有怪味、苦涩味 原料乳本身有怪味，因原料乳中的乳脂肪吸附异味能力非常强，当挤奶场地不卫生或放置时间长，很容易产生异味；另外掺假也是使原料乳产生异味的主要原因。虽然发酵产生的香气可适当掩盖原料的异味，但当异味严重时就会使酸乳也产生异味。

(9) 口感粗糙，不细腻，有砂状结构产生 原料乳用奶粉配制，溶解不充分或者加入过量淀粉，而对原料又没有均质，容易造成口感粗糙。另外，发酵剂活力差，产酸时间过长，造成酪蛋白收缩脱水，消毒温度过高，在接种温度、培养温度都高的情况下，造成磷酸钙沉淀，会使乳蛋白颗粒变性，产生砂状口感。原料乳消毒时间过长，过度的加热使凝胶体粒子收缩，灌装过慢，在灌装中已开始形成凝乳，灌装或搅拌破坏了凝乳结构。

除此之外，造成酸乳口感粗糙，有砂状结构产生的原因还可能是：在原料乳蛋白质含量很高的情况下，又采用较高的均质压力，导致使用的酸乳发酵剂中产黏液菌株生长过于强烈，原料乳受到产生黏液的杂菌污染。

2. 酸乳的质量标准

酸乳的生产标准应符合 GB 19302—2010 的规定。

(1) 酸乳的感官要求 见表 6-1。

表 6-1 酸乳的感官要求

项目	要求		检验方法
色泽	发酵乳	风味发酵乳	取适量试样置于 50mL 烧杯中，在自然光下观察色泽和组织状态。闻其气味，用温开水漱口，品尝滋味
滋味、气味	色泽均匀一致，呈乳白色或微黄色	具有与添加成分相符的色泽	
	具有发酵乳特有的滋味、气味	具有与添加成分相符的滋味和气味	
组织状态	组织细腻、均匀，允许有少量乳清析出；风味发酵乳具有添加成分特有的组织状态		

(2) 酸乳的理化指标 见表 6-2。

表 6-2 酸乳的理化指标

项目	指标		检验方法
	发酵乳	风味发酵乳	
脂肪①/(g/100g) ≥	3.1	2.5	GB 5413.3
非脂乳固体/(g/100g) ≥	8.1	—	GB 5413.39
蛋白质/(g/100g) ≥	2.9	2.3	GB 5009.5
酸度/(°T) ≥	70.0		GB 5413.34

① 仅适用于全脂产品。

第三节　酸乳饮料生产技术

酸乳饮料是用脱脂乳、鲜乳（或部分豆乳）经乳酸菌发酵后再进行调制，使产品酸甜适中，风味独特，并具有一定营养与保健作用，也可以直接用乳与糖、柠檬酸、香精香料等进行配制，但风味与口感显然不如前者。

值得注意的是，酸乳饮料无论是以酸乳为基料进行调制还是直接配制，从卫生学的角度考虑都是要求最高的。如果选料与工艺处理不当，设备与包装以及车间环境较差，操作人员素质欠佳，最易出现产品质量的问题，如变色、沉淀、胀罐等现象，给生产厂的效益及消费者的安全带来不利影响。

一、酸乳饮料的分类

酸乳饮料按照其加工工艺的不同，可以分为配制型含乳饮料，以鲜乳或乳制品为原料，加入其他风味辅料，如咖啡、可可、果汁等，再加以调色、调香制成的饮用乳品，如市场上的各种果汁乳饮料、咖啡乳饮料和巧克力乳饮料等；发酵型含乳饮料，以鲜乳或乳制品为原料，经乳酸菌类培养发酵制得的乳液中加入水、糖液等调制而成。其中配制型含乳饮料由于生产工艺简单，属于常温产品，没有低温保鲜限制，因此得到了快速的发展。

配制型酸乳饮料是含乳饮料的一种，具有饮料的特征，含有牛乳的营养，它不仅含有鲜乳中的蛋白质、脂肪、碳水化合物，而且酸甜可口，可以说是一种具有东方特色的蛋白质饮料。根据国家标准，酸乳饮料的蛋白质含量应大于1%，这使得酸乳饮料固形物含量较低，夏季饮用十分爽口，所以受到消费者的青睐。

二、酸乳饮料生产工艺流程及操作要点

1. 酸乳饮料生产的工艺流程

复原乳（鲜牛乳脱脂）→杀菌→冷却→加入发酵剂（发酵剂制作↓）发酵→冷却后熟→搅拌→（糖浆、稳定剂 / 酸味剂、香料）→调酸混合→预热→均质→杀菌→冷却→包装

(1) 配方及混合调配

乳酸菌饮料配方Ⅰ：酸乳30%；糖10%；果胶0.4%；果汁6%；乳酸0.1%；香精0.15%；水53.35%。

乳酸菌饮料配方Ⅱ：酸乳46.2%；白糖6.7%；蛋白糖0.11%；果胶0.18%；耐酸CMC 0.23%；柠檬酸0.29%；磷酸二氢钠0.05%；香兰素0.018%；水蜜桃香精0.023%；水46.2%。

先将白砂糖、稳定剂、乳化剂与螯合剂等一起搅拌均匀，加入70～80℃的热水中充分溶解，经杀菌、冷却后，同果汁、酸味剂一起与发酵乳混合并搅拌，最后加入香精等。

在乳酸菌饮料中最常使用的稳定剂是纯果胶或与其他稳定剂的复合物。通常果胶对酪蛋白颗粒具有最佳的稳定性，这是因为果胶是一种聚半乳糖醛酸，在pH为中性和酸性时带负电荷。将果胶加入酸乳中时，它会附着于酪蛋白颗粒的表面，使酪蛋白颗粒带负电荷。由于同性电荷互相排斥，可避免酪蛋白颗粒间相互聚合成大颗粒而产生沉淀，考虑到果胶分子在使用过程中的降解趋势及它在pH 4时稳定性最佳的特点，因此，杀菌前一般将乳酸菌饮料的pH调整为3.8～4.2。

(2) 果蔬预处理 在制作果蔬乳酸菌饮料时，首先要对果蔬进行加热处理，以起到灭酶作用，常在沸水中放置6～8min。经灭酶后打浆或取汁，再与杀菌后的原料乳混合。

(3) 均质 均质使其液滴微细化，提高料液黏度，抑制粒子的沉淀，并增强稳定剂的稳定效果。乳酸菌饮料较适宜的均质压力为20～25MPa，温度为53℃左右。

(4) 后杀菌 发酵调配后的杀菌目的是延长饮料的保存期。经合理杀菌、无菌灌装后的饮料，其保存期可达3～6个月。由于乳酸菌饮料属于高酸食品，故采用高温瞬时杀菌即可达到商业无菌，也可采用更高的杀菌条件如95～105℃、30s或110℃、4s。生产厂家可根据实际情况，对以上杀菌条件做相应的调整。对塑料瓶包装的产品来说，一般灌装后采用95～98℃、20～30min的杀菌条件，然后进行冷却。

2. 酸乳饮料生产的操作要点

(1) 复原乳的制备 在混料罐内加入热水，倒入乳粉，混料温度为45～50℃，混料时间10min，完全溶解后，静置30min，然后加入热水，升温至70～75℃，加入植脂末，搅拌5min后，加入稳定剂、白糖，在70～75℃条件下高速搅拌15min，完全溶解后，用60℃的软化水定容，定容后调香，混合均匀，制备完成。

(2) 果蔬预处理 在制作果蔬乳酸菌饮料时，要首先对果蔬进行加热处理后打浆或取汁，再与杀菌后的原料乳混合。

(3) 均质 通过均质使乳脂、蛋白质颗粒细微化，均匀溶入乳中，提高消化吸收利用率，提高酸乳饮料的细腻、纯正浓香的口感。

(4) 发酵剂的制备 以鲜牛乳为培养基料，种子培养基在110℃条件下，培养30min；扩大培养基在95℃的条件下，灭菌处理30min。两者均冷却至42℃，并在此温度下三次接种培养，两菌种之比为1∶1，种子培养发酵时间为10～12h，母发酵剂为4.0～4.5h，工作发酵剂为3.0～3.3h。

(5) 混合调酸 将糖、稳定剂与水混合，待全部溶解后加入香精及其他原料，用柠檬酸与维生素C配制的酸味液调pH至4.3，搅匀，加热至60℃进行预热。

(6) 均质杀菌 采用二次均质，第一次为20MPa，第二次为10MPa，均质后立即灌装，在72～75℃的条件下，杀菌5～10min，随即用水冷却至室温，然后包装。

(7) 后杀菌 灌装后采用95～98℃条件下，加热杀菌20～30min，然后进行冷却。

三、酸乳饮料生产的质量控制

1. 酸乳饮料的质量控制

(1) 饮料中活菌数的控制 乳酸活性饮料要求每毫升饮料中含活的乳酸菌100万个以上。要保持较高活力的菌，发酵剂应选用耐酸性强的乳酸菌种（如嗜酸乳杆菌、干酪乳杆菌）。

为了弥补发酵本身的酸度不足，需补充柠檬酸，但是柠檬酸的添加会导致活菌数下降，所以必须控制柠檬酸的使用量。苹果酸对乳酸菌的抑制作用小，与柠檬酸并用可以减少活菌数的下降，同时又可改善柠檬酸的涩味。

(2) 沉淀 沉淀是乳酸菌饮料最常见的质量问题。乳蛋白中80%为酪蛋白，其等电点为4.6。乳酸菌饮料的pH 3.8～4.2，此时，酪蛋白处于高度不稳定状态。此外，在加入果汁、酸味剂时，若酸浓度过大，加酸时混合液温度过高或加酸速率过快及搅拌不均等均会引起局部过分酸化而发生分层和沉淀。为使酪蛋白胶粒在饮料中呈悬浮状态，不发生沉淀，应注意以下几点。

① 均质：经均质后的酪蛋白微粒，因失去了静电荷、水化膜的保护，使粒子间的引力

增强，增加了碰撞机会，容易聚成大颗粒而沉淀。因此，均质必须与稳定剂配合使用，方能达到较好效果。

② 稳定剂：常添加亲水性和乳化性较高的稳定剂。稳定剂不仅能提高饮料的黏度，防止蛋白质粒子因重力作用下沉，更重要的是它本身是一种亲水性高分子化合物，在酸性条件下与酪蛋白结合形成胶体保护，防止凝集沉淀。此外，由于牛乳中含有较多的钙，在pH降到酪蛋白的等电点以下时以游离钙状态存在，Ca^{2+}与酪蛋白之间易发生凝集而沉淀。故添加适当的磷酸盐使其与Ca^{2+}形成螯合物，起到稳定作用。

③ 添加蔗糖：添加13%的蔗糖不仅使饮料酸中带甜，而且糖在酪蛋白表面形成被膜，可提高酪蛋白与其他分散介质的亲水性，并能提高饮料密度，增加黏稠度，有利于酪蛋白在悬浮液中的稳定。

④ 有机酸的添加：添加柠檬酸等有机酸类是引起饮料产生沉淀的因素之一。因此，须在低温条件下添加，使其与蛋白胶粒均匀缓慢地接触。另外，添加速率要缓慢，搅拌速率要快。一般酸液以喷雾形式加入。

⑤ 发酵乳的搅拌温度：为了防止沉淀产生，还应注意控制好搅拌发酵乳时的温度。高温时搅拌，凝块将收缩硬化，造成蛋白胶粒的沉淀。

(3) 脂肪上浮 在采用全脂乳或脱脂不充分的脱脂乳作原料时由于均质处理不当等引起沉淀，应改进均质条件，同时可选用酯化度高的稳定剂或乳化剂如卵磷脂、单硬脂醛甘油酯、脂肪酸蔗糖酯等。最好采用含脂率较低的脱脂乳或脱脂乳粉作为乳酸菌饮料的原料。

(4) 果蔬料的质量控制 为了强化饮料的风味与营养，常常加入一些果蔬原料，如果汁类的椰汁、杧果汁、橘汁、山楂汁、草莓汁等，蔬菜类的胡萝卜汁、玉米浆、南瓜浆、冬瓜汁等，有时还加入蜂蜜等成分。由于这些物料本身的质量或配制饮料时预处理不当，使饮料在保存过程中引起感官质量的不稳定，如饮料变色、褪色、出现沉淀、污染杂菌等。因此，在选择及加入这些果蔬物料时应注意杀菌处理。另外，在生产中应考虑适当加入一些抗氧化剂，如维生素C、维生素E、儿茶酚、EDTA等，以增强果蔬色素的抗氧化能力。

(5) 卫生管理 在乳酸菌饮料酸败方面，最大问题是酵母菌的污染。酵母菌繁殖会产生二氧化碳，并形成酯臭味和酵母味等不愉快风味。另外，霉菌耐酸性很强，也容易在乳酸菌饮料中繁殖并产生不良影响。

酵母菌、霉菌的耐热性弱，通常在60℃、5～10min加热处理即被杀死。所以，制品中出现的污染，主要是二次污染所致。所以使用蔗糖、果汁的乳酸菌饮料，其加工车间的卫生条件必须符合有关要求，以避免制品二次污染。

2. 酸乳饮料的产品标准

依据GB/T 21732—2008的规定，产品分类及技术要求如下。

(1) 产品分类

① 含乳饮料：以乳或乳制品为原料，加入水及适量辅料经配制或发酵而成的饮料制品。含乳饮料还可称为乳（奶）饮料、乳（奶）饮品。

② 配制型含乳饮料：以乳或乳制品为原料，加入水，以及白砂糖和（或）甜味剂、酸味剂、果汁、茶、咖啡、植物提取液等的一种或几种调制而成的饮料。

③ 发酵型含乳饮料：以乳或乳制品为原料，经乳酸菌等有益菌培养发酵制得的乳液中加入水，以及白砂糖和（或）甜味剂、酸味剂、果汁、茶、咖啡、植物提取液等的一种或几种调制而成的饮料，如乳酸菌乳饮料。根据其是否经过杀菌处理而区分为杀菌（非活菌）型和未杀菌（活菌）型。

发酵型含乳饮料还可称为酸乳（奶）饮料、酸乳（奶）饮品。

(2) 技术要求

① 感官指标：感官指标应符合表 6-3 的要求。

表 6-3 感官指标

项目	要求
滋味和气味	特有的乳香滋味和气味或具有与加入辅料相符的滋味和气味；发酵产品具有特有的发酵芳香滋味和气味；无异味
色泽	均匀乳白色、乳黄色或带有添加辅料的相应色泽
组织状态	均匀细腻的乳浊液，无分层现象，允许有少量沉淀，无正常视力可见外来杂质

② 理化指标：理化指标应符合表 6-4 的规定。

表 6-4 理化指标

项目		配制型含乳饮料	发酵型含乳饮料	乳酸菌饮料
蛋白质[a]/(g/100g)	≥	1.0	1.0	0.7
苯甲酸[b]/(g/kg)	≤	—	0.03	0.03

a 含乳饮料中的蛋白质应为乳蛋白质。

b 属于发酵过程产生的苯甲酸；原辅料中带入的苯甲酸应按 GB 2760 执行。

③ 乳酸菌指标：未杀菌（活菌）型发酵型含乳饮料及未杀菌（活菌）型乳酸菌饮料的乳酸菌活菌数指标应符合表 6-5 的规定。

表 6-5 乳酸菌活菌数指标

检验时期	未杀菌(活菌)型发酵型含乳饮料	未杀菌(活菌)型乳酸菌饮料
出厂期	$\geqslant 1\times 10^{6}$ CFU/mL	
销售期	按产品标签标注的乳酸菌活菌数执行	

④ 卫生指标：配制型含乳饮料的卫生指标应符合 GB 11673 的规定；发酵型含乳饮料及乳酸菌饮料的卫生指标应符合 GB 16321 的规定。

⑤ 食品添加剂和食品营养强化剂：应符合 GB 2760 和 GB 14880 的规定。

⑥ 发酵菌种：应使用德氏乳杆菌保加利亚亚种（保加利亚乳杆菌）、嗜热链球菌等其他国家标准或法规批准使用的菌种。

第四节 干酪生产技术

干酪是以乳、稀奶油、脱脂乳或部分脱脂乳、酸乳或这些原料的混合物为原料，经过凝乳酶或其他凝乳剂凝乳，并排出部分乳清而制成的新鲜或经发酵成熟的产品。干酪中除含有优质的蛋白质外，还含有糖类、有机酸、钙、磷、钠、钾、镁、铁、锌以及维生素 A、胡萝卜素、维生素 B_1、维生素 B_2、维生素 B_6、维生素 B_{12}、烟酸、泛酸、生物素等多种营养成分，这些物质对人体具有重要的生理功能。因此，干酪又被称为“奶黄金”。

一、干酪的种类

干酪种类繁多，由于其受加工工艺和成熟方式的影响，形成了各具独特风味的干酪制品。世界上干酪的品种超过 1000 种，其中比较著名的有 400 多种。干酪种类的划分和命名，主要根据其原产地、制造方法、外观、理化性质和微生物特性等内容进行。

1. 按含水量分类

国际乳制品联合会（IDF，1972）提出以干酪含水量为标准将其分为硬质、半硬质、软质三种，并且市场上习惯以干酪的软硬度及与成熟有关的微生物来进行分类和区别，见表6-6。

表6-6 市场上习惯的干酪种类划分

<table>
<tr><th colspan="3">外形的软硬及与成熟有关的微生物</th><th>代表</th><th>原产地</th></tr>
<tr><td>特别硬质
水分30%～35%</td><td colspan="2">细菌</td><td>帕尔门逊干酪，罗马诺干酪</td><td>意大利</td></tr>
<tr><td rowspan="3">硬质
水分30%～40%</td><td rowspan="3">细菌</td><td>大气孔</td><td>埃曼塔尔干酪，格鲁耶尔干酪</td><td>瑞士</td></tr>
<tr><td>小气孔</td><td>哥达干酪，依达姆干酪</td><td rowspan="2">荷兰</td></tr>
<tr><td>无气孔</td><td>契达干酪</td></tr>
<tr><td rowspan="2">半硬质
水分38%～45%</td><td colspan="2">细菌</td><td>砖状干酪，林堡干酪</td><td>德国</td></tr>
<tr><td colspan="2">霉菌</td><td>法国羊奶干酪，青纹干酪</td><td>丹麦、法国</td></tr>
<tr><td rowspan="2">软质
水分40%～60%</td><td colspan="2">霉菌</td><td>卡门培尔干酪，布里干酪</td><td>法国</td></tr>
<tr><td colspan="2">不成熟的</td><td>农家干酪，稀奶油干酪，理科塔干酪</td><td>美国</td></tr>
<tr><td>融化干酪
水分40%以下</td><td colspan="2">—</td><td>融化干酪</td><td>—</td></tr>
</table>

2. 按生产工艺分类

干酪按照不同的生产工艺可将其分为酸凝干酪和酶凝干酪两种。两者的主要区别在于：酸凝干酪依靠乳酸菌产酸达到酪蛋白等电点而形成凝乳制成，常作为鲜食干酪，风味独特；而酶凝干酪主要是在凝乳酶的作用下使乳凝固，保质期长。除此之外，根据工艺不同，还有加热酸凝干酪、软质成熟干酪、半硬质水洗干酪、低温硬质干酪、高温硬质干酪等。

3. 按使用目的分类

根据使用目的的不同，国际上通常把干酪划分成三大类：天然干酪、再制干酪和干酪食品。

4. 其他

另外，干酪的等级还可以根据风味、香气、外表、质地、颜色和完成度进行划分。

如按照干酪生产所用的原料来分，可分为牛乳干酪、羊乳干酪、稀奶油干酪、脱脂乳干酪等。

根据干酪的外壳分类：白色霉菌型外壳、洗型霉菌外壳、天然干燥外壳、有机型干酪、人造外壳。

二、干酪的成分

1. 水分

干酪的含水量与干酪的种类、形体及组织状态有着直接关系，并影响着干酪的发酵速度。以半硬质干酪为例，含水量多时，酶的作用迅速进行，发酵时间短并形成刺激性气味；含水量少时，发酵时间长，成品具有良好风味。

干酪的含水量调节可以在制造过程中通过调节原料的成分及含量、加工工艺等条件来实现。

2. 脂肪

干酪中脂肪含量一般占总固形物量的45%以上。脂肪分解产物是干酪风味的主要来源，同时干酪中的脂肪使组织保持特有的柔性及湿润性。

3. 蛋白质

酪蛋白为干酪的重要成分，原料乳中的酪蛋白被酸或凝乳酶作用而凝固，成为凝块形成干酪组织；由于酪蛋白水解产生水溶性氮化物，如肽、氨基酸等，也构成干酪的风味物质。

乳清蛋白不被酸或凝乳酶凝固，只是一小部分在形成凝块时机械地包含于凝块中，当干酪中乳清蛋白含量多时，容易形成软质凝块。

4. 乳糖

原料中的乳糖大部分转移到乳清中，残存在干酪中的一部分乳糖促进乳酸发酵。乳酸的生成抑制杂菌繁殖，与发酵剂中的蛋白质分解酶共同使干酪成熟。发酵剂的活性依赖乳糖，即使是少量的乳糖也显得十分重要。一部分乳糖变成的羰基化合物也是形成干酪风味的组分之一，成熟两周后干酪中的乳糖几乎全部消失。

5. 无机物

牛乳无机物中含量最多的是钙和磷，其在干酪成熟过程中与蛋白质融化现象有关。钙可促进凝乳酶的凝乳作用，加快凝块的形成。此外钙还是乳酸杆菌生长所必需的营养素。

三、干酪的风味形成

干酪风味的形成主要是在其成熟阶段，是一个复杂而缓慢的过程，是乳成分经过多种化学和生化反应形成的，主要包括三个反应：蛋白质水解、糖酵解、脂肪分解。干酪中的蛋白质在凝乳酶、蛋白酶以及微生物产生的酶作用下降解成大肽、小肽和氨基酸，其中一部分小肽和氨基酸是某些风味物质的前体，或直接形成干酪风味；乳糖主要是在发酵剂的作用下生成乳酸；脂肪被脂肪酶分解成游离脂肪酸、醛、醇等一系列化合物。但蛋白质的降解被普遍认为是对干酪风味形成有着重要影响的反应。

1. 蛋白质水解

蛋白质水解是干酪风味形成的主要途径，包括两步：一是蛋白质水解（蛋白质水解、肽水解），二是游离氨基酸降解为风味物质，其中第二步是形成风味物质的关键，由蛋白质产生的风味化合物见图 6-6。

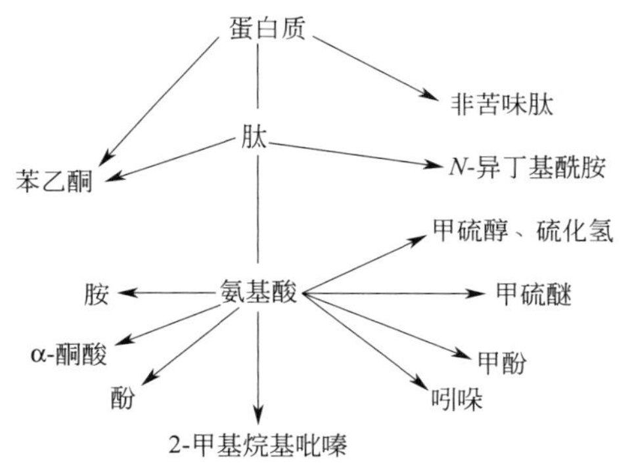

图 6-6 由蛋白质产生的风味化合物

研究证明，酪蛋白最初是在凝乳中残留的凝乳酶催化作用下水解成大分子肽类；接着又被酶解成小肽；随后，在微生物产生的蛋白酶和肽酶作用下，生成游离氨基酸。在蛋白质的降解产物中，除了苦味肽之外，低分子量的寡肽对干酪风味没有直接贡献，但是这些肽类生成的游离氨基酸却是产生干酪主要风味的前体物质。蛋白质水解和肽水解之间保持良好的平衡，可以有效地阻止干酪中苦味物质的产生，避免干酪风味缺陷。

不同类型干酪的水溶性成分对干酪风味有着重要贡献，低分子量化合物包括小肽、氨基酸、短链游离脂肪酸及其降解产物形成水溶性成分的干酪风味，这些小肽和游离氨基酸能使干酪具有肉汤类型的风味，而成熟过程中的挥发性成分是形成干酪风味的主要因素。

氨基酸的代谢产物有很多，包括氨、胺、乙醛、吲哚、苯酚和乙醇，这些物质整体上有助于形成干酪的风味。形成风味物质的途径通常公认有 3 个步骤：第一步是脱羧、脱氨、转氨、脱硫和侧链的水解；第二步是上步产物的转化以及部分游离氨基酸经醛缩酶转化成乙醛；第三步是乙醛氧化成羧酸或还原成乙醇。氨基酸在脱氨酶、转氨酶、脱羧酶和裂解酶的作用下经过很多不同的方式被转化，其产物多数具有香味活性并且对干酪整体风味有益。

2. 糖酵解

原料乳中的乳糖绝大部分会随乳清排出，而残留在干酪中的只有10%左右。在干酪成熟过程中，乳糖经乳酸菌发酵，产生的乳酸具有抑菌作用，同时干酪的pH和氧化还原电位会逐渐下降，确保了酶促反应的缓慢进行，并产生许多形成干酪风味的化合物。

大部分干酪中乳糖和乳酸的代谢属于基本代谢类型。乳糖发酵主要依赖乳酸菌的作用，其中间体丙酮酸盐一部分也可以经不同的酶转化成不同的风味化合物，如二乙酸、3-羟基-丁酮、乙醛或乙酸，其中一部分化合物可以影响干酪的风味。乳酸的异构化作用对干酪风味影响不大，但当它在丙酸菌的作用下生成乙酸和丙酸，可较大程度上影响干酪的整体风味。

3. 脂肪代谢

脂肪分解是干酪风味和质构的重要影响因素，见图6-7。

(1) 脂肪在脂肪酶的作用下分解产生脂肪酸，尤其是一些短链脂肪酸有强烈的特征风味。在一些干酪品种中，脂肪酸还会转化生成甲基酮和内酯等其他芳香成分。

(2) 脂肪酸尤其是多不饱和脂肪酸的氧化产物不饱和醛具有强烈风味，容易造成干酪臭败风味的缺陷，但由于干酪中较低的氧化还原作用，通常脂肪酸氧化现象不明显。

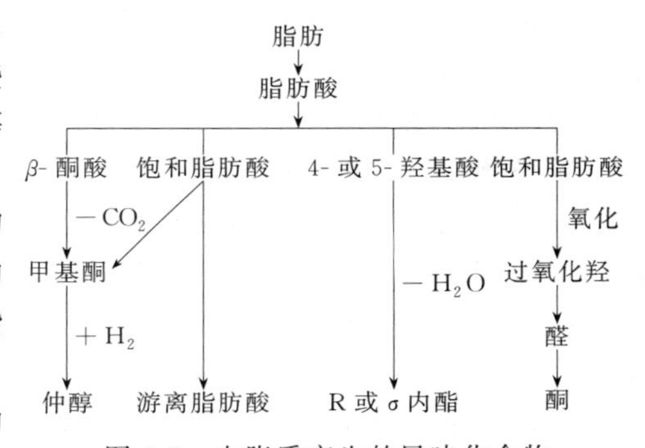

图6-7 由脂质产生的风味化合物

脂肪分解产物脂肪酸是影响干酪风味最显著的因素。乳脂中的甘油三酸酯分解产生脂肪酸和甘油，其中一些脂肪酸，尤其是挥发性的脂肪酸如乙酸、丙酸、辛酸和癸酸等是干酪的风味物质，同时随着干酪含水量的降低，形成干酪特有的质地和硬度。

不同种类干酪的脂肪酸种类和含量是不同的，而不同脂肪酸产生的风味也是不相同的。如丁酸是罗曼诺干酪和波罗夫洛干酪的重要风味化合物，瑞士硬质干酪主要特征风味是由丙酸赋予的。此外，如果干酪中游离脂肪酸含量过高也会产生一些不愉快的气味，因此干酪生产中应注意控制游离脂肪酸的含量。

四、干酪发酵剂

不同品种的干酪由于不同的发酵成熟产生不同的风味，主要是由于使用了不同的菌种。在制作干酪的过程中，用来使干酪发酵与成熟的特定微生物培养物，称为干酪发酵剂。

1. 干酪发酵剂的种类

(1) 细菌发酵剂 细菌发酵剂主要以乳酸菌为主，应用的主要目的在于产酸和产生相应的风味物质。主要细菌有乳酸链球菌、乳油链球菌（多与乳酸链球菌混合使用）、干酪乳酸杆菌、丁二酮乳酸链球菌、嗜酸乳杆菌、保加利亚乳杆菌及嗜柠檬酸明串珠菌等。有时为了使干酪形成特有的组织状态，还要使用丙酸菌。

(2) 霉菌发酵剂 霉菌发酵剂主要是对脂肪分解能力强的卡门培尔干酪霉菌、干酪青霉、娄地青霉等。某些酵母，如解脂假丝酵母等也在一些品种的干酪中得到应用。

2. 干酪发酵剂的组成

干酪发酵剂应根据制品特征和需要，选择专门的菌种。根据菌种组成情况可将干酪发酵剂分为单一菌种发酵剂和混合菌种发酵剂两种。

(1) 单一菌种发酵剂 只含有一种菌种，如乳酸链球菌或乳酪链球菌等。其优点主要是经过长期活化和使用，其活力和性状的变化较小；缺点是容易受到噬菌体的侵染，造成繁殖受阻和酸的生成迟缓等。

(2) 混合菌种发酵剂 混合菌种发酵剂指由两种或两种以上菌种，按一定比例组成的干酪发酵剂。干酪的生产中多采用这一类发酵剂。其优点是能够形成乳酸菌的活性平衡，较好地满足制品发酵成熟的要求，避免全部菌种同时被噬菌体污染，从而减少其危害程度；不足之处是每次活化培养后，菌相会发生变化，很难保证原来菌种的组成比例，活力易变化。

3. 干酪发酵剂的作用

(1) 发酵乳糖产生乳酸，促进凝乳酶的凝乳作用 由于在原料乳中添加一定量的发酵剂，产生乳酸，使乳中可溶性钙的浓度升高，为凝乳酶创造一个良好的酸性环境，而促进凝乳酶的凝乳作用。

(2) 在干酪的加工过程中，乳酸可促进凝块的收缩，产生良好的弹性，利于乳清的渗出，赋予制品良好的组织状态。

(3) 在加工和成熟过程中产生一定浓度的乳酸，有的菌种还可以产生相应的抗生素，可以较好地抑制污染杂菌的繁殖，保证成品的品质。

(4) 发酵剂中的某些微生物可以产生相应的分解酶分解蛋白质、脂肪等物质，从而提高制品的营养价值，并且还可形成制品特有的芳香风味。

(5) 由于丙酸菌的丙酸发酵，使乳酸菌所产生的乳酸还原，产生丙酸和二氧化碳气体，使某些硬质干酪产生特殊的孔眼特征。

五、干酪的生产工艺流程及操作要点

1. 干酪的生产工艺流程

工艺流程见图 6-8。

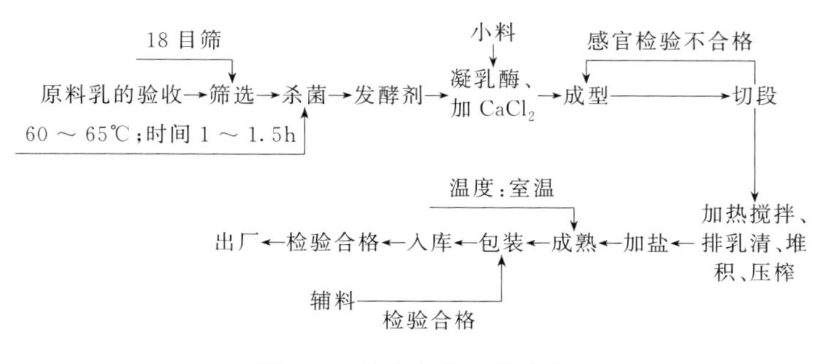

图 6-8 干酪生产工艺流程

2. 干酪的生产操作要点

(1) 原料乳的处理

① 原料乳的验收：按照灭菌乳的原料乳标准进行验收，不得使用含有抗生素的牛乳。原料乳的净化，一是除去生乳中的机械杂质以及黏附在这些机械杂质上的细菌；二是除去生

乳中的一部分细菌，特别是对干酪质量影响较大的芽孢菌。

② 标准化

a. 标准化的目的：使每批干酪组成一致，成品符合统一标准，质量均匀，缩小偏差。

b. 标准化的注意事项：正确称量原料乳的数量；正确检验脂肪的含量；测定或计算酪蛋白含量；每槽分别测定脂肪含量；确定脂肪与酪蛋白的比值，然后计算需加入的脱脂乳（或除去稀奶油）数量。

(2) 原料乳的杀菌和冷却 生产不经成熟的新鲜干酪时必须将原料乳杀菌，而生产经1个月以上时间成熟的干酪时，原料乳可不杀菌。但在实际生产中，一般都将杀菌作为干酪生产中的一道必要的工序。

① 杀菌目的

a. 消灭原料乳中的有害菌和致病菌，使产品卫生安全，并防止异常发酵。

b. 质量均匀一致、稳定，增加干酪保存性。

c. 由于加热，使白蛋白凝固，随同凝块一起形成干酪成分，可以增加干酪产量。

② 杀菌方法：杀菌的条件直接影响着产品质量。若杀菌温度过高，时间过长，则蛋白质热变性量增多，用凝乳酶凝固时，凝块松软，且收缩后也较软，往往形成水分较多的干酪。所以多采用63℃、30min或71～75℃、15s的杀菌方法。

杀菌后的牛乳冷却到30℃左右，放入干酪槽中。

(3) 添加剂的加入 在干酪制作过程中必须加入发酵剂，根据需要还可添加氯化钙、色素、防腐性盐类如硝酸钾或硝酸钠等，使凝乳硬度适宜、色泽一致，减少有害微生物的危害。

根据计算好的量，按以下顺序加入添加剂。

① 加入发酵剂：将发酵剂搅拌均匀后加入。乳经杀菌后，直接打入干酪槽中，干酪槽（图6-9）为水平卧式长椭圆形不锈钢槽，且有保温（加热或冷却）夹层及搅拌器（手工操作时为干酪铲和干酪耙）。

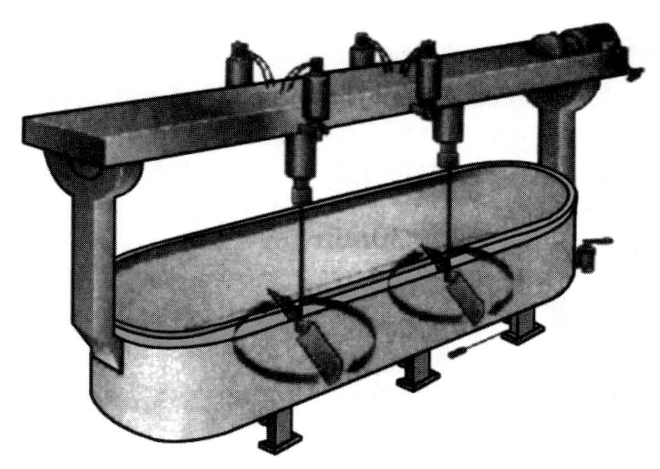

图6-9 干酪槽

② 加入氯化钙：用灭菌水将氯化钙溶解后加入，并搅拌均匀。如果原料乳的凝乳性能较差，形成的凝块松散，则切割后碎粒较多，酪蛋白和脂肪的损失大，同时排乳清困难，干酪质量难以保证。为了保持正常的凝乳时间和凝块硬度，可在每100kg乳中加入5～20g氯化钙，以改善凝乳性能。但应注意的是，过量的氯化钙会使凝块太硬，难于切割。

将干酪槽中的牛乳冷却到30～32℃，然后加入经过搅拌并用灭菌筛过滤的发酵剂，充分搅拌。为了使干酪在成熟期间能获得预期的效果，达到正常成熟，加发酵剂后应使原料乳进行短时间的发酵，也就是预酸化。经10～15min的预酸化后，取样测定酸度。

③ 加入硝酸钾：用灭菌水将硝酸钾溶解后加入原料乳中，搅拌均匀。原料乳中如有丁酸菌或产气菌时，会产生异常发酵，可以用硝酸盐（硝酸钠或硝酸钾）来抑制这些细菌。但其用量需根据牛乳的成分和生产工艺精确计算，过多的硝酸盐能抑制发酵剂中细菌生长，影响干酪的成熟，还会使干酪变色，产生红色条纹和一种异味。通常硝酸盐的添加量每100kg不超过30g。

④ 加入色素：用少量灭菌水将色素稀释溶解后加入原料乳中，搅拌均匀。可加胡萝卜素或安那妥（胭脂红）等色素，使干酪的色泽不受季节影响。其添加量通常为每1000kg原料乳中加30～60g浸出液。在青纹干酪生产中，有时添加叶绿素，来反衬霉菌产生的青绿色条纹。

⑤ 加入凝乳酶：先用1%的食盐水（或灭菌水）将凝乳酶配成2%的溶液，并在28～32℃下保温30min，然后加到原料乳中，均匀搅拌后（1～2min）加盖，使原料乳静止凝固。生产干酪所用的凝乳酶，一般以皱胃酶为主。如无皱胃酶时也可用胃蛋白酶代替。酶的添加量需根据酶的活力（也称效价）而定。一般以在35℃保温下，经30～35min能进行切块为准。

凝乳酶活力的测定：皱胃酶的活力（效价），即指1mL皱胃酶溶液（或1g干粉）在一定温度下（35℃），一定时间内（通常为40min）能凝固原料乳的毫升数。一般液体凝乳酶制剂商品的活力为1∶10 000～1∶15 000，粉状凝乳酶的活力为液体的10倍左右。

（4）凝块的形成及处理

① 凝乳过程：凝乳酶凝乳过程与酸凝乳不同，即先将酪蛋白酸钙变成副酪蛋白酸钙后，再与钙离子反应而使乳凝固，乳酸发酵及加入氯化钙有利于凝块的形成。

② 凝块的切割：牛乳凝固后，凝块达到适当硬度时，用干酪刀切成7～10mm的小立方体。

凝乳时间一般为30min左右。是否可以开始切割可通过以下方法判断：用小刀斜插入凝乳表面，轻向上提，使凝乳表面出现裂纹，当渗出的乳清澄清透明时，说明可以切割；也可在干酪槽侧壁出现凝乳剥离时切割，或从凝乳酶加入至开始凝固的时间的2.5倍作为切割的时间。切割过早或过晚，对干酪得率和质量均会产生不良影响。根据切割方式，凝块的切割可以分为手工切割和机械切割两种方式，常见干酪手工切割工具如图6-10所示，图6-11为干酪机械切割示意图。

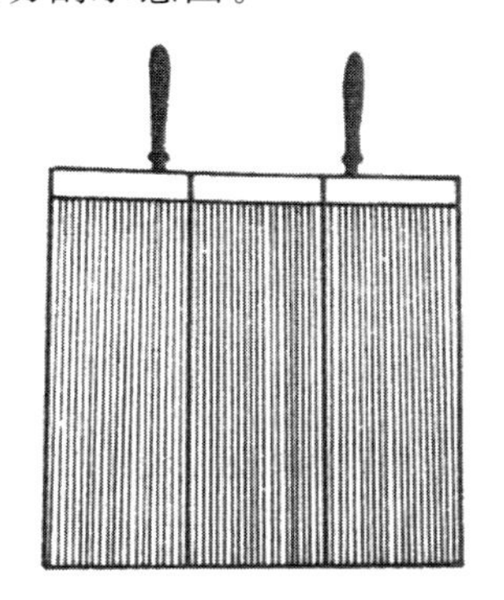
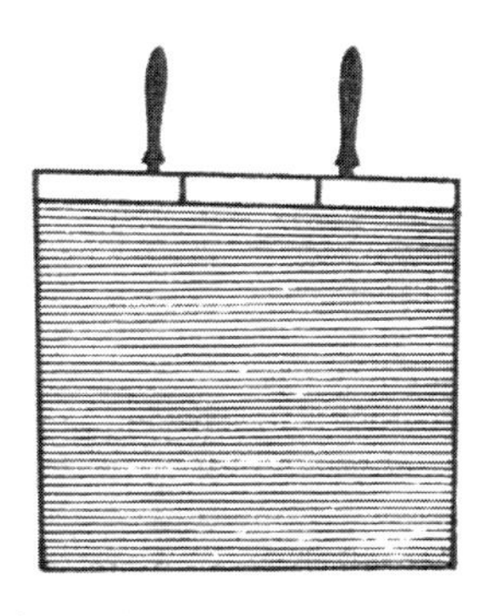

图6-10 常见干酪手工切割工具

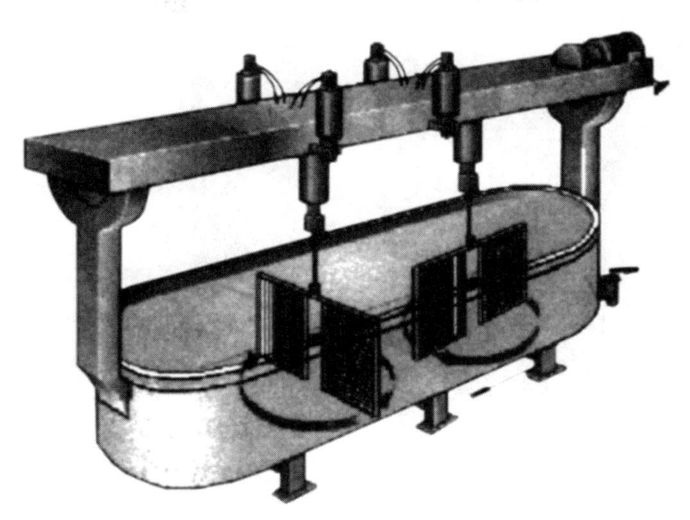

图 6-11 干酪机械切割示意图

a. 搅拌及温度：在干酪槽内，切割后的小凝块易粘在一起，所以应不停地搅拌。开始时徐徐搅拌，防止将凝块碰碎。大约 15min 后搅拌速度可逐渐加快，同时在干酪槽的夹层中通入热水，使温度逐渐上升。温度升高速率为：开始时每隔 3min 升高 1℃，以后每隔 2min 升高 1℃，最后使槽内温度达 42℃。加温的时间按乳清的酸度而定，酸度越低加温时间越长，酸度高则可缩短加温时间。

加温的目的是调节凝乳颗粒的大小和酸度。加热能限制产酸菌的生长，调节乳酸的生成，此外，加热能促进凝块的收缩和乳清的排出。通常加温温度越高，排出的水分越多，干酪越硬。如果加温速率过快，会使干酪表面结成硬膜，影响乳清排出，最后成品含水量过高。酸度与加温时间对照如下：酸度 0.13%，加温 40min；酸度 0.14%，加温 30min。

b. 排出乳清：凝块粒子收缩时必须立即将乳清排出。乳清排出是指将乳清与凝乳颗粒分离的过程。排乳清的时间可通过所需酸度或凝乳颗粒的硬度来掌握。在实际操作中，可根据经验，用手检验凝乳颗粒的硬度和弹性。乳清排出的时间对产品质量也有影响。当乳清酸度过高时，会使干酪过酸及过于干燥；酸度不够时则会影响干酪成熟。

乳清的排出可分为几次进行。为了保证在干酪槽中均匀地处理凝块，要求每次排出同样数量的乳清，一般为牛乳体积的 35%～50%，排放乳清可在不停搅拌下进行。乳清排放过程如图 6-12 所示。

排出的乳清要求：脂肪含量一般约为 0.3%，蛋白质 0.9%。若脂肪含量在 0.4%以上，则证明操作不理想，应将乳清回收，作为副产物进行综合利用。

(5) 成型压榨

① 入模定型：乳清排出后，将干酪粒堆在干酪槽的一端，用带孔木板或不锈钢使其成块，并继续压出乳清然后将其切成砖状小块，装入模型中，成型 5min。

② 压榨：压榨可使干酪成型，同时进一步排出乳清，干酪可以通过自身的重量和压榨机的压力进行长期和短期压榨。为了保证成品质量，压力、时间、酸度等参数应保持在规定值内。压榨用的干酪模型必须是多孔的，以便将乳清从干酪中压榨出来。

(6) 加盐 在干酪制作过程中，加盐可以改善干酪风味、组织状态和外观，调节乳酸发酵程度，抑制腐败微生物生长还能够降低水分，起到控制产品最终水分含量的作用。

干酪的加盐方法，通常有下列 4 种：

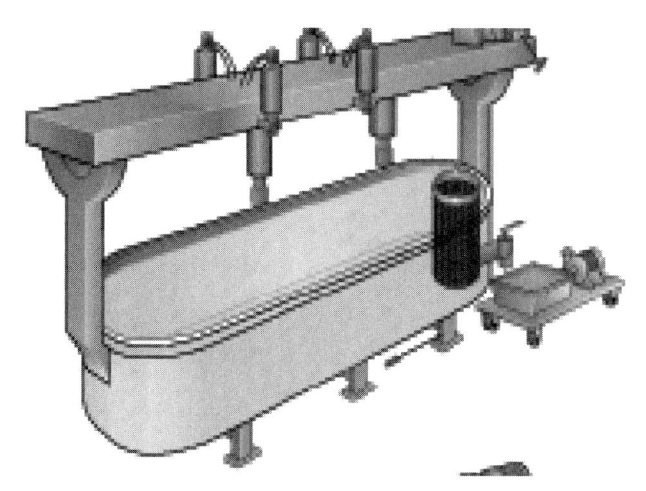

图 6-12 乳清排放示意图

① 在定型压榨前，将食盐撒在干酪粒中，并在干酪槽中混合均匀。这种方法加盐使干酪的含水量增高，质地柔软，但乳清中含盐量高，不利于以后乳清的处理。

② 将食盐涂布在压榨成型后的干酪表面。这种方法阻止眼孔的形成，费工，不易掌握量。

③ 将压榨成型后的干酪取下包布，置于盐水池中腌渍，盐水的浓度，第一天到第二天保持在 17%～18%，以后保持在 22%～23%。为防止干酪内部产生气体，盐水温度应保持在 8℃左右，腌渍时间一般为 4d。

④ 以上几种方法的混合。

加盐的量因品种而异，从 10%～20%不等。例如，生产契达干酪采用第一种加盐方式，青纹干酪和卡门伯尔干酪则采用第二种方式加盐。

(7) 干酪的成熟 新鲜干酪如农家干酪和稀奶油干酪一般认为是不需要成熟的，而契达干酪、瑞士干酪则是成熟干酪。

① 干酪成熟的条件：干酪的成熟是指在一定条件下，干酪中包含的脂肪、蛋白质及碳水化合物等在微生物和酶的作用下分解并发生其他生化反应，形成干酪特有风味、质地和组织状态的过程。这一过程通常在干酪成熟室中进行。不同种类干酪的成熟温度为 5～15℃，室内空气相对湿度为 65%～90%，成熟时间为 2～8 个月。

② 成熟过程中的变化：干酪的成熟一般包括两个阶段。第一阶段：成熟室温度为 10～12℃，相对湿度 90%～95%，排放在架上的干酪每天翻转一次。一周后用 70～80℃的热水浸烫一次，以增加干酪表面的硬度。以后每隔 7d 水洗一次，如此保持 20～25d。第二阶段：室温 12～14℃，相对湿度 80%～90%，每隔 12～15d 用温水洗一次，持续 2 个月。

在成熟过程中，干酪的质地逐渐变得软而有弹性，粗糙的纹理逐渐消失，风味越来越浓郁，气孔慢慢形成。这些外观变化从本质上说归于干酪内部主要成分的变化。

a. 蛋白质的变化：干酪中的蛋白质在乳酸菌、凝乳酶以及乳中自身蛋白酶的作用下发生降解，生成多肽、肽、氨基酸、胺类化合物以及其他产物。由于蛋白质的降解，一方面干酪的蛋白质网络结构变得松散，使得产品质地柔软；另一方面，随着因肽键断裂产生的游离氨基和羧基数的增加，蛋白质的亲水能力大大增强，干酪中的游离水转变为结合水，使干酪内部因凝块堆积形成的粗糙纹理结构消失，质地变得细腻并有弹性，外表也显得比较干爽。另外，蛋白质也易于被人体消化吸收，此外蛋白质分解产物还是构成干酪风味的重要成分。

b. 乳糖的变化：乳糖在生干酪中含量为1%～2%，而且大部分在48h内被分解，且成熟2周后消失变成乳酸。乳酸抑制了有害菌的繁殖，利于干酪成熟，并从酪蛋白中将钙分离形成乳酸钙。乳酸同时与酪蛋白中的氨基反应形成酪蛋白的乳酸盐。由于这些乳酸盐的膨胀，使干酪粒进一步黏合在一起形成结实并具有弹性的干酪团。

c. 水分的变化：干酪在成熟过程中水分蒸发而重量减轻，到成熟期由于干酪表面已经脱水硬化形成硬皮膜，而水分蒸发速度逐渐减慢，水分蒸发过多容易使干酪形成裂缝。

水分的变化由下列条件所决定：成熟的温度和湿度；成熟的时间；包装的形式，如有无石蜡或塑料膜等；干酪的大小与形状；干酪的含水量。

d. 滋味、气味的形成：干酪在成熟过程中能形成特有的滋味和气味，这主要与下列因素有关。蛋白质分解产生游离态氨基酸。据测定，成熟的干酪中含有19种氨基酸，给干酪带来新鲜味道和芳香味。脂肪分解产生游离脂肪酸，其中低级脂肪酸是构成干酪风味的主体。乳酸菌发酵剂在发酵过程中使柠檬酸分解，形成具有芳香风味的丁二酮。加盐可使干酪具有良好的风味。

e. 气体的产生：由于微生物的生长繁殖，在干酪内产生多种气体，即使同一种干酪，各种气体的含量也不一样，其中CO_2和H_2最多，H_2S也存在，从而形成干酪内部圆形或椭圆形且分布均匀的气孔。

影响干酪成熟的因素主要有：成熟时间越长，则水溶性含氮物量增加，成熟度高；若其他成熟条件相同，则温度越高成熟程度越高；含水量越多越容易成熟；干酪越大成熟越容易；含盐量越多成熟越慢；凝乳酶添加量越多干酪成熟越快；原料乳不经杀菌则容易成熟。

(8) 上色、挂蜡　为了防止长霉和增加美观，将成熟后的干酪，清洗干燥后，用食用色素染成红色。等色素完全干燥后再在160℃的石蜡中进行挂蜡或用收缩塑料薄膜进行密封。

(9) 干酪的贮存　贮存的主要目的是使干酪产生一定的气味、滋味和软硬度；产生良好的、合适的组织结构；进行特殊处理以形成外壳，在贮存和运输中保护干酪。

成品干酪，一般贮存在5℃及相对湿度80%～90%的条件下。研究表明，在−5℃和90%～92%的相对湿度条件下贮藏，可以保存一年以上。

(10) 包装　干酪在移出贮藏室之前进行包装，所用包装材料不同，但目的相同，主要包括保护干酪不受异味污染，不受外界微生物、昆虫等侵扰；防止水分损失；保护干酪形状及美化外观。

一般来说，硬质干酪加蜡质或塑料或树脂保护层。契达干酪一般用干酪布包装，然后挂蜡，半硬质干酪和软质干酪用铝箔或塑料薄膜包装，然后放入纸盒中。

六、干酪生产的质量控制

1. 干酪生产的质量缺陷及防止方法

干酪的缺陷是由牛乳的质量、异常微生物繁殖及制造过程中操作不当所引起。其缺陷可分成物理性、化学性及微生物性缺陷。

(1) 物理性缺陷及其防止方法

① 质地干燥：凝乳在较高温度下处理会引起干酪中水分排出过多而制品干燥。凝乳切割过小，搅拌时温度过高，酸度过高，处理时间较长及原料乳中的含脂率低也能引起制品干燥。防止方法除改进加工工艺外，也可采用石蜡或塑料包装及在温度较高条件下成熟等方法。

② 组织疏松：凝乳中存在裂缝，当酸度不足时乳清残留其中，压榨时间短或最初成熟时温度过高均能引起此种缺陷。可采用加压或低温成熟方法加以防止。

③ 脂肪渗出：由于脂肪过量存在于凝块表面（或其中）而产生。其原因大多是操作温度过高，凝乳处理不当或堆积过高。可通过调节生产工艺来防止。

④ 斑点：属于制造中操作不当引起的缺陷，在切割和热烫工艺中由于操作过于剧烈或过于缓慢引起。因此在凝乳切割过程中，要控制切割力度和速率，切割时先水平切割，再垂直切割，切割时一气呵成，匀速进行。

⑤ 发汗：即成熟干酪渗出液体，主要由干酪内部游离液体量多且压力不平衡所致。其可能的原因是干酪内部的游离液体多及内部压力过大，多见于酸度过高的干酪。所以除改进工艺外，控制酸度也十分必要。

(2)化学性缺陷及其防止方法

① 金属性变黑：由铁、铅等金属与干酪成分生成黑色硫化物，根据干酪质地和状态不同而呈绿、灰和褐色等色调。操作时除考虑设备、模具本身外，还要注意外部污染。

② 桃红或赤变：当使用色素（如安那妥）时，色素与干酪中的硝酸盐结合形成其他有色化合物。应认真选用色素及其添加量。

(3)微生物缺陷及其防止方法

① 酸度过高：由发酵剂中微生物发育速率过快引起。防止方法：降低发酵温度，并加入适量食盐抑制发酵；增加凝乳酶的量；切割过程中，将凝乳切成更小的颗粒；高温处理；迅速排除乳清。

② 干酪液化：由于干酪中含有液化酪蛋白的微生物，从而使干酪液化。此现象发生在干酪表面，此种微生物一般在中性或微酸性条件下繁殖。干酪在加工完毕包装前，要严格灭菌，可有效预防干酪表面液化现象的发生。

③ 发酵产气：在干酪成熟过程中产生少量的气体，形成均匀分布的小气孔是正常的，但由微生物发酵产气产生大量的气孔则为缺陷。在成熟前期产气是由于大肠埃希菌污染，后期产气则是由梭状芽孢杆菌、丙酸菌及酵母菌繁殖产生的。防止方法：可将原料乳离心除菌或使用产生乳酸链球菌肽的乳酸菌作为发酵剂，也可添加硝酸盐，调整干酪水分和盐分。

④ 生成苦味：苦味是由酵母及不是发酵剂中的乳酸菌引起，而且与液化菌有关。此外，高温杀菌、凝乳酶添加量大、成熟温度高均可导致产生苦味。干酪的苦味是极为常见的质量缺陷。酵母或非发酵剂菌都可引起干酪苦味。极微弱的苦味是构成契达干酪的风味成分之一，这由特定的蛋白胨、肽所引起。另外，乳高温杀菌、原料乳的酸度高、凝乳酶添加量大以及成熟温度高均可能产生苦味。食盐添加量多时，可降低苦味的强度。

⑤ 恶臭：干酪中如存在厌氧芽孢杆菌，会分解蛋白质生成硫化氢、硫醇、亚胺等物质产生恶臭味。生产过程中严把原料乳质量关，原料乳净化后，严格灭菌，以消除厌氧芽孢杆菌等有害菌或致病菌引起的产品腐败隐患。

⑥ 酸败：由污染微生物分解乳糖或脂肪等生成丁酸及其衍生物所引起，污染菌主要来自原料乳、牛粪及土壤等。生产过程中要防止此类问题的发生，需按照灭菌乳的原料乳标准进行验收，进行原料乳的净化，除去生乳中的机械杂质以及黏附在这些机械杂质上的微生物，可有效防止干酪酸败现象的发生。

2. 干酪的质量标准

我国干酪的卫生标准 GB 5420—2010，适用于以牛乳为原料，经巴氏杀菌、添加发酵剂、凝乳、成型、发酵等过程而制得的产品。包括成熟干酪、霉菌成熟干酪和未成熟干酪。

(1) 感官要求 干酪的感官要求应符合表6-7要求。

表6-7 感官要求

项目	要求	检验方法
色泽	具有该类产品正常的色泽	取适量试样至于50mL烧杯中，在自然光下观察色泽和组织状态。闻其气味，用温开水漱口，品尝滋味
滋味、气味	具有该类产品特有的滋味和气味	
组织状态	组织细腻，质地均匀， 具有该类产品应有的硬度	

(2) 微生物指标 微生物限量应符合表6-8要求。

表6-8 微生物指标

项目	采样方案及限量(若非指定，均以CFU/g表示)				检验方法
	n	c	m	M	
大肠菌群	5	2	100	1000	GB 4789.3 平板计数法
金黄色葡萄球菌	5	2	100	1000	GB 4789.10 平板计数法
沙门氏菌	5	0	0/25g	—	GB 4789.4
单核细胞增生李斯特氏菌	5	0	0/25g	—	GB 4789.30
酵母菌 ≤	50				GB 4789.15
霉菌 ≤	50				

控制干酪的质量应注意以下五个因素：

(1) 环境卫生 确保清洁的生产环境，防止外界因素造成污染。

(2) 原料要求 对原料乳要严格进行检查验收，以保证原料乳的各种成分组成、微生物指标符合生产要求。

(3) 工艺管理 严格按生产工艺要求进行操作，加强对各工艺指标的控制和管理。保证产品的成分、外观和组织状态，防止产生不良的组织和风味。

(4) 生产设备 干酪生产所用的设备、器具等应及时清洗和消毒，防止微生物和噬菌体等的污染。

(5) 包装、贮藏 干酪的包装和贮藏应安全、卫生、方便。贮藏条件应符合规定指标。

常见干酪的制作工艺

1. 荷兰干酪

荷兰干酪目前在我国产量较大，其形状规格及化学组成如表6-9所示。

表6-9 荷兰干酪规格及化学组成

干酪形状	直径/cm		高/cm	重量/kg	化学组成/%			
	中部	两端			水分	脂肪	蛋白质	食盐
圆形	15～17	7～9	16～18	2～2.5	35～38	26.5～29.5	27～29	1.6～2.0

（1）工艺流程

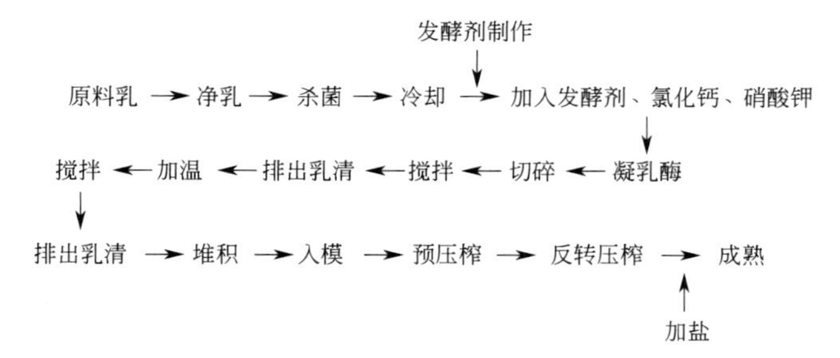

（2）操作要求

① 原料乳标准化、杀菌、冷却：原料乳经标准化后含脂率为2.8%～3.0%，净乳后经73～78℃、15s杀菌然后冷却到30～32℃，通过80～100目孔眼的不锈钢过滤后进入干酪槽内。

② 添加剂的加入

a. 加入发酵剂：发酵剂通常使用混合菌株，以乳酪链球菌为主，添加乳酸链球菌及双乙酰链球菌，后者与产生香味有关。添加量0.5%～1.5%，通过过滤后边搅拌边加入原料乳中。

b. 加入氯化钙及硝酸盐：加入发酵剂，通常经30～60min后酸度达到0.18%以上。此时加入0.01%的氯化钙及0.02%的硝酸钾水溶液。

c. 加入凝乳酶：加入上述添加剂后，加入用2%食盐溶解的凝乳酶，添加后搅拌4～5min静置。

③ 凝块的切割：切割的时间应根据上述凝块形成的程度进行，这时乳清酸度为0.08%～0.10%，凝块的酸度为0.15%左右。切割时常先用水平刀，然后用垂直刀，将硬质干酪切成小凝块。一般切成1～2cm的方块。接着进行搅拌，初低速，再逐渐加速。最后再用低速搅拌，共5～10min。这时，凝块粒有小豆粒大小。凝块由于已被切碎，乳清由内部排出速度加快，表面形成光滑的膜以防止脂肪损失。切成的小凝块容易再融合，一般轻轻搅拌即可。

④ 乳清的排出：搅拌后乳清酸度达0.11%～0.12%时，第一次排出乳清总量的1/4～1/3，此时，凝块的酸度为0.2%～0.23%。然后加热，加热速度不要过快，以每2min上升1℃为限。逐渐加温到37～40℃，酸度为0.11%～0.13%。

⑤ 堆积、入模：乳清排出后，将凝块堆积在槽内进行压榨。一般使用有孔堆积板，用0.5～0.6MPa的压缩空气压榨30～40min。压榨时，乳清温度36℃以上、酸度0.14%较好，凝块酸度0.5%～0.6%，压榨后水分含量为43%。

压榨后，将粘在一起的凝块切成10～11kg大小的块，然后放入衬有包布的不锈钢圆形模中，注意用包布时不使干酪产生皱纹。包布先用200mg/kg的氯水杀菌后使用。

⑥ 压榨、加盐：用196～294kPa的压力预压20～40min后，将干酪翻转重新入模，再用392～491kPa的压力徐徐压榨，压榨后干酪标准水分含量为41.5%～43%。压榨完后，将干酪连同模一起放入10℃左右水中浸泡10h以上进行冷却。

将食盐配成20～21°Bé的食盐水，水温10～15℃时将干酪浸渍2～4d，使食盐水浸透干酪。干酪露出部分每日翻转2～3次。干酪腌渍后其盐浓度达2%～3%范围。干酪浸渍后放置1d除去水分，每日调整盐水相对密度，3个月内更新一次盐水。

⑦ 成熟：成熟室温度为13～15℃，相对湿度80%～90%。发酵开始约1周内，每日翻转干酪一次并进行整理。1～2周后涂蜡或用塑料涂层，也可使用收缩薄膜进行包装。

(3) 制品的组成　荷兰干酪水分含量36%～43%（一般为42%），脂肪含量29%～30.5%（总固形物中脂肪占46%以上），蛋白质含量25%～26%，食盐含量1.5%～2.0%。

2. 契达干酪

契达干酪是世界上最为普及的干酪，原产地为英国，属于细菌成熟的硬质干酪。契达干酪直径30～35cm，高25～30cm，质量约为15kg，圆柱形，成品含水量在39%以下，脂肪32%，蛋白质25%，其香味浓郁，色泽呈白色或淡黄色，质地均匀，组织细腻，具有该干酪特有的纹理图案。

(1) 工艺流程

原料乳→净乳→巴氏杀菌→冷却→添加发酵剂（保温预酸化）→发酵→加氯化钙→加凝乳酶→凝块形成→切块→搅拌→排出乳清→加盐→成型压榨→发酵成熟→上色挂蜡→成品冷藏

(2) 操作要点

① 杀菌冷却：将合格的牛乳经标准化使脂肪含量为2.7%～3.5%后，净乳，然后加热至75℃，15s杀菌，并冷却到30～32℃注入干酪槽内。

② 添加剂的加入

a. 发酵剂：使用乳酸链球菌或与乳酪链球菌混合的发酵剂。发酵剂的酸度为0.75%～0.80%，加入量为原料乳的1%～2%。

b. 氯化钙：将氯化钙溶液加入原料乳中，加入量为原料乳的0.01%～0.02%。

c. 凝乳酶：当乳温30～31℃、酸度0.18%～0.20%时，添加发酵剂30min后，添加用2%食盐水溶解的凝乳酶0.002%～0.004%，慢慢加入并搅拌均匀，搅拌4～5min。

③ 切割：当凝块可切割时进行切割，切割成0.5～1.5cm的小块，然后进行加温及乳清的排出，凝块大小如大豆，乳清酸度为0.09%～0.12%。凝块的搅拌一般在静置15min后进行，最初搅拌要轻缓，以不使物料黏结为度，搅拌时间5～10min。

④ 排出乳清：静置后当酸度达0.16%～0.19%时，排出约1/3量乳清，然后加热，边搅拌边以每4～6min温度上升1℃的速度升高到38～40℃，然后静置60～90min。在静置过程中，要保持温度，为了不使凝块黏结在一起，应经常进行搅拌。

⑤ 凝块的翻转堆积：排出乳清后，将凝块堆积，干酪槽加盖，放置15～20min。在干酪槽底两侧堆积凝块，中央开沟流出乳清，凝块厚度为10～15cm，堆积成饼状后切成15cm×25cm大小的块，将块翻转。视酸度、凝块的状态加盖加热到38～40℃，再翻转将两块堆在一起，促进乳清排出，也有将3块、4块堆在一起的。

⑥ 破碎、加盐、压榨：将饼状凝块破碎成1.5～2cm大小的块，保持30℃搅拌以防黏结。

破碎后30min，当乳清酸度为0.8%～0.9%、凝块温度为29～31℃时，按照凝块质量加入2%～3%的食盐，并搅拌均匀。

装模时的温度，夏季24℃左右，以免压榨时脂肪渗出；冬季温度稍高，利于凝块黏结。

预压榨开始时压力要小，逐渐加大，用规定压力（392～491kPa）压榨20～30min后取出整型，再压榨15～20h后，再整型，再压榨1～2d。

⑦ 成熟：发酵室温度13～15℃，湿度为85%。经压榨后的干酪放入发酵室，每日翻转一次持续1周。涂上亚麻仁油，每日擦净表面，反复翻转。发酵成熟期为6个月。

(3) 制品组成　水分含量37%～38%，脂肪含量32%，蛋白质含量25%，食盐含量1.4%～1.8%。

3. 农家干酪

农家干酪是一种不需要成熟立即供消费者食用的典型软质干酪。产品稠度均一、圆润、味道爽口、新鲜，具有柔和的酸味及香味。适合于作午餐、快餐及甜食用。

（1）工艺流程　农家干酪的生产工艺流程和机械化生产流程分别见图 6-13 和图 6-14 。

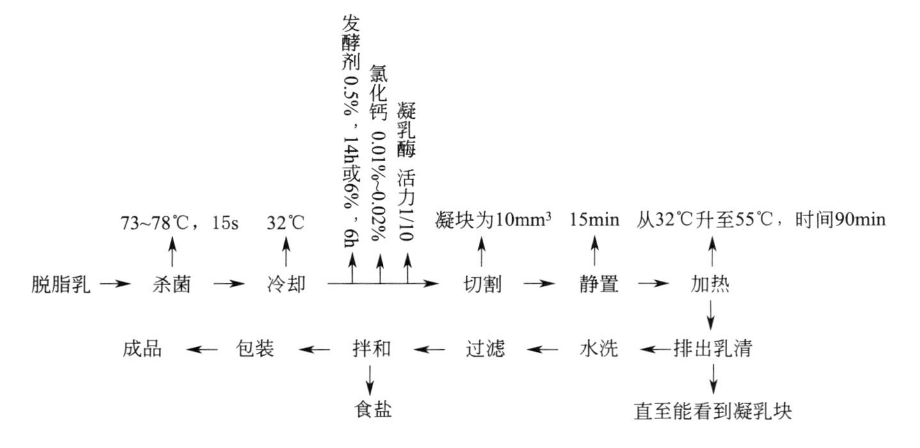

图 6-13　农家干酪生产工艺流程图

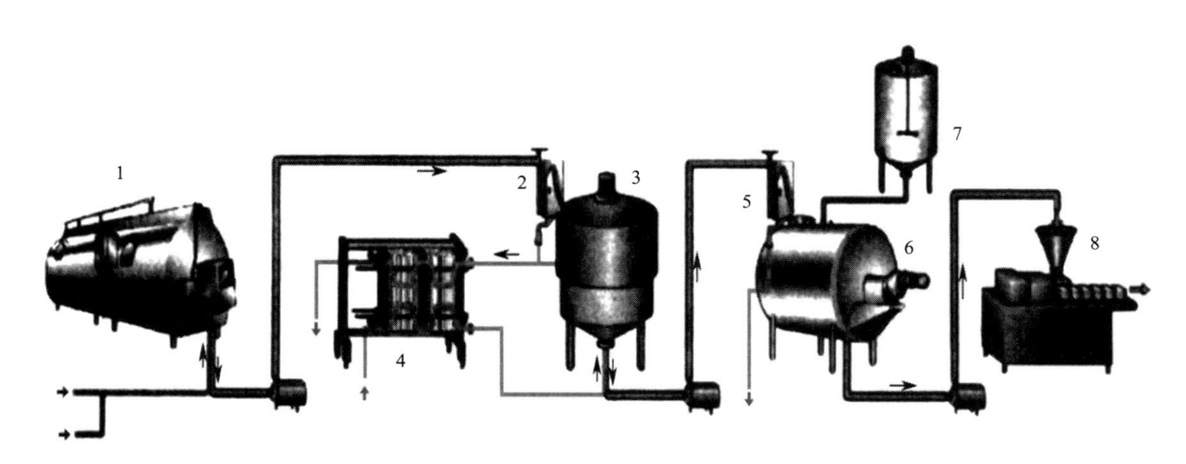

图 6-14　农家干酪的机械化生产流程图

1—干酪槽；2—乳清过滤器；3—冷却和洗缸；4—板式热交换器；
5—水过滤器；6—加奶油器；7—着装缸；8—灌装机

（2）操作要点

① 杀菌、冷却：将脱脂乳经 73～78℃、15s 杀菌后冷却到 30～32℃，转入干酪槽中。

② 添加发酵剂：一般用乳酸链球菌与乳脂链球菌的混合发酵剂，分三种方法加入。杀菌后，冷却至 30～32℃时，添加 5%～7%的发酵剂，凝结时间 6h 左右，此为短时凝结法。在 21～22℃时添加 0.3%～1.5%的发酵剂，即长时凝结法，凝结时间 14h 左右。介于上述两者之间，称为中时凝结法。

③ 添加氯化钙、凝乳酶：将氯化钙用 10 倍量水稀释溶解，按原料乳量的 0.01%徐徐均匀添加。将凝乳酶用 2%盐水溶解后按其活力值的 1/10 加入，添加后搅拌混合 5min。如此少量的凝乳酶不足以起到凝乳的作用。凝乳酶的主要作用在于稳定切割后的干酪粒使其保持合适的硬度，以及在加热过程中避免颗粒互相黏结。

④ 切割、静置：凝乳达到要求，乳清酸度为 0.5%～0.6%时，用切割刀将凝乳切成

$10mm^3$ 的立方体，切割完后静置15min。

⑤ 加热：加热分为3个阶段，共需90min左右，温度从32℃上升至55℃。第一阶段升温至35℃，时间25min；第二阶段升温至40℃，时间为25min；第三阶段升温至55℃，时间40min。在加热的同时，要不停搅拌以防颗粒黏合。

⑥ 排出乳清、水洗：当温度达到55℃时，用滤网盖住干酪的排水口，开阀门使乳清排出，每次排出1/3左右的乳清，同时加入等量15℃的灭菌水，水洗3次。

⑦ 拌和、包装：将滤去水分的干酪与食盐一起搅拌均匀，若制作稀奶油干酪，经过标准化后使稀奶油含脂率达到一定要求，再进行90℃、30min灭菌，冷却到50℃进行均质，再冷却到2～3℃，然后与干酪粒一起拌和均匀。包装可用塑料盒等容器。

(3) 制品组成　水分含量79%，蛋白质含量17%，脂肪含量0.3%，食盐含量1%。

4. 融化干酪

融化干酪也叫重制干酪，是成熟干酪加乳化剂加热融化成型的干酪，含乳固体量40%以上，该种干酪风味温和，无异味，易贮藏，是发达国家较普遍食用的乳制品。

融化干酪是将同一种类或不同种类的两种以上的天然干酪，经过粉碎、加乳化剂、加热搅拌、充分乳化、浇灌包装而制成的产品。

(1) 工艺流程

原料选择→原料预处理→切割→粉碎→加水→加乳化剂→加色素→加热融化→浇灌→包装→静置冷却→成熟→冷藏

(2) 操作要点

① 选择细菌成熟的硬质干酪：一般使用荷兰干酪、契达干酪、荷兰圆形干酪。注意：有缺陷的干酪不能用。

② 预处理与配料

预处理：去掉包装、削去表皮、清拭表面、清除霉菌污染处等。

配料：根据干酪成熟周期配成平均成熟期为5个月的原料干酪。

③ 切碎与粉碎：用切碎机切成合适的小块，再用粉碎机粉碎成4～5mm的面条状，最后用磨碎机磨碎。

④ 融化与乳化：将磨碎后的干酪装入融化锅，并往其夹层中通入蒸汽开始加热。然后按最终制品的水分含量加入一定量水。加水的同时，加入盐水以及磷酸氢二钠、柠檬酸钠结晶粉末，先混合后再加入，充分混合。在60～70℃、20～30min或80～120℃、30s条件下经数分钟搅拌，使之完全融化。当要达到融化终点时，采用简易方法检测水分、pH、风味等。乳化终了时真空脱气。

⑤ 填充及包装：经过乳化的干酪应趁热包装，否则降温后流动性差。常见的包装形式以小包装为主。

(3) 制品组成　成熟干酪占75%，水分占10%，奶油占10%，乳化盐占4%，风味剂占1%。

5. 蓝纹干酪

蓝纹干酪是成熟过程中内部生长蓝绿霉菌一类干酪的总称，又称为青纹干酪。用于蓝纹干酪生产的二级发酵剂是娄地青霉。娄地青霉在生长过程中颜色会由绿变青，再由青变蓝，成熟后干酪内部会形成蓝色的霉纹。

蓝纹干酪最初使用绵羊奶制作，现在也使用牛奶制作，此类干酪的生产或成熟只限于某些特定的地区，这类干酪的主要品种包括英国的斯提耳顿干酪（Stilton cheese）、法国的罗奎福特干酪（Roquefort cheese）和意大利的古冈佐拉干酪（Gorgonzola cheese）。

(1) 工艺流程

原料乳→标准化→巴氏杀菌→冷却→添加发酵剂→发酵→添加凝乳酶→凝乳→切割→搅拌→排乳清→切碎→装模→翻转→穿孔→成熟→冷藏

(2) 操作要点

① 原料乳接收：原料乳是新鲜无抗牛乳，无不良气味，无掺假掺杂，每100g原料乳的脂肪为3.30%～3.50%，蛋白质为2.95%～3.10%，比重1.029～1.031g/cm^3，75%的酒精呈阴性。

② 巴氏杀菌：蓝纹干酪采用72℃、15s或62℃、30min的杀菌方式，然后将牛奶冷却至26～30℃。

③ 添加发酵剂：将冷却过的牛乳注入干酪槽内，然后将发酵剂直接泼入牛乳中，根据需要也可添加用10倍纯净水稀释的$CaCl_2$溶液，搅拌均匀，预发酵1～2h。

④ 添加凝乳酶：将凝乳酶用1%盐水稀释成10倍的酶溶液，混合均匀后直接泼入牛乳中，搅拌3～5min，整个凝乳时间为60～90min。

⑤ 切割：当pH达到6.1时说明凝乳结束，人为使用干酪切割刀先缓慢水平切割，然后垂直切割，最后上下横切，切割成1.0～1.5cm小立方块，再静置3～5min，将凝块堆积在干酪槽的底部。

⑥ 排乳清：当凝乳粒达到适宜大小后，搅拌40～50min，凝乳粒在此期间变得足够结实和富有弹性，缓慢排乳清12～18h。

⑦ 装模：将凝块切碎成1.0～1.5cm的小块，并加入2.0%～2.5%的食盐，混合均匀后装入蓝纹干酪专用的模具中，然后在25～30℃、80%～90%的温湿度条件下放置5～7d，定期进行翻动。

⑧ 翻转：脱模后的干酪为了隔绝空气，使用平刀将干酪表面刮平，同时防止了颜色的变化，将干酪放置在12～15℃、85%～90%温湿度条件下的库房内，放置时间为6～8周，每天翻动一次，直至形成坚硬的表皮。

⑨ 穿孔：使用直径约为3mm不锈钢丝穿刺干酪，利于空气进入以促进产生青霉孢子，并在表面形成肉眼可见的蓝纹，持续2～4周的时间。

⑩ 冷藏：将干酪块保存于4～6℃的库房内，以抑制霉菌的进一步生长。

6. 丹布干酪

丹布干酪是丹麦的一种传统干酪，是一种表面上蜡的半硬质干酪。特点是在干酪表面涂上线状杆菌和小球菌组成的发酵剂，最初放入温度和湿度较高的成熟室，干酪表面由于微生物的分解作用而发黏，这样既能有效地防止霉菌生长，又能给干酪一种特有的浓烈风味。

(1) 工艺流程

原料乳→标准化→巴氏杀菌→冷却→添加发酵剂→发酵→添加凝乳酶→凝乳→切割→搅拌→排乳清→切碎→压榨→装模→浸泡、盐渍→穿孔→成熟→冷藏

(2) 操作要点

① 预热、分离、标准化：原料乳预热到55℃后经分离机分离，进行标准化，使标准化乳含脂率为3.2%，含蛋白质3.6%。

② 杀菌、冷却：标准化乳于72℃时杀菌15s并冷却到34℃，注入干酪槽中。

③ 添加剂的加入：用于丹布干酪的发酵剂通常由4种菌组成，即乳酸链球菌、乳酪链球菌、丁二酮乳酸链球菌及嗜柠檬酸明串珠菌，添加量为1%。加入氯化钙及硝酸钾溶液各12.5g/100kg。

添加凝乳酶：当乳温达到32℃，酸度0.18%～0.20%时，按凝乳酶活力将一定量的酶

与2%盐水混合溶解，边搅拌边徐徐加入干酪槽中，搅拌5min。

④ 切割、排出乳清：一般凝结35min左右，凝块达到要求，用切割刀将凝切割成5mm^{3}立方体。切割、搅拌时间为20min，然后排出占总量1/3的乳清。

⑤ 加温、排出乳清：将60℃热水加入干酪槽夹层中，使凝乳温度升到37℃。加水量约占总量的1/6，然后在干酪槽夹层中加入11℃左右的冷水，使凝乳温度降至35℃，然后排出乳清直到看见凝乳层为止。

⑥ 预压榨、入模、压榨：将干酪粒泵入成型压榨槽中，初压压力0.0006MPa，时间10min；加压0.03MPa压榨15min。然后切割成模型大小相同的干酪块，装入模型中进行二次压榨。第一级：0.1MPa，4min；第二级：0.3MPa，24min。

⑦ 浸泡、盐渍：将干酪块放入14℃水中浸泡24h，然后放入14℃盐水溶液中（浓度为20～21°Bé）盐渍24h，图6-15为生产丹布干酪的盐渍系统示意图。

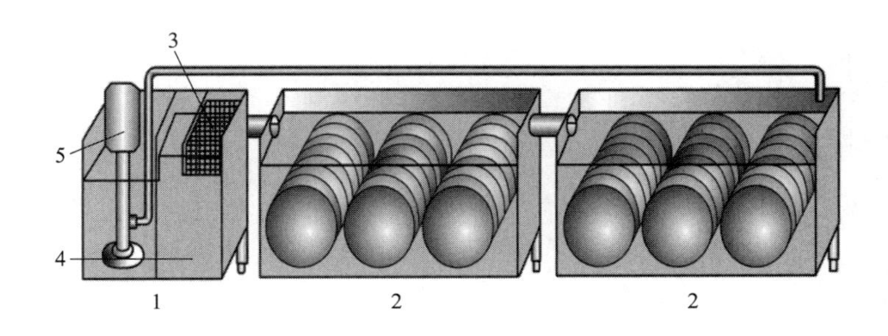

图6-15 盐渍系统

1—盐溶解容器；2—盐水容器；3—过滤器；4—盐溶解；5—盐水循环系统

⑧ 成熟、浸蜡、包装：盐渍后的干酪，喷涂防霉液后进行如下三段成熟，初期，温度16～17℃，相对湿度94%～95%条件下成熟2周；中期，温度12℃，相对湿度84%～85%条件下成熟2周；后期，温度13℃，相对湿度80%条件下成熟2周。

成熟后的干酪需要清洗、干燥，然后浸蜡包装即为成品。

（3）制品组成　丹布干酪组成变化较大，其中最大脂肪含量占干物质量的40%左右，最大含水量50%左右，最小干物质含量45%左右。

【复习题】

1. 简述酸乳的种类及加工工艺。
2. 简述酸乳生产常见的质量问题及解决方法。
3. 简述干酪的生产加工工艺流程。
4. 干酪制品特有风味形成的反应包括哪些?
5. 简述干酪发酵剂的种类及其在干酪生产中的作用。
6. 在干酪生产过程中，引起干酪质量缺陷的因素有哪些？怎样防止?

实训六　发酵乳制品(酸乳) 生产工艺

【目的要求】

理解酸乳加工的原理，掌握凝固型酸乳的加工工艺流程，掌握凝固型酸乳主要成分检测方法，熟知酸乳的国家质量标准。

【实训原理】

凝固型酸乳是指在零售容器中进行乳酸发酵的酸乳制品，乳酸菌在适宜的温度下使蛋白质发生一定程度的降解而形成预消化状态，并且使酸乳具有凝固的形态和良好的风味。市售玻璃瓶装的和部分塑料杯装的酸乳多是这种发酵形式。

乳糖在乳糖酶的作用下，首先分解为2分子单糖，进一步在乳酸菌的作用下生成乳酸。乳糖发酵后使乳的酸度升高，乳蛋白凝集形成凝乳，即得到酸乳产品。

一般乳酸发酵时乳中还有10%～30%以上的乳糖不能分解。乳蛋白在发酵剂作用下的主要代谢产物是可溶性氮化合物和氨基酸。它们对酸乳的物理结构、发酵剂菌种生长和风味起着直接或间接的作用。酸乳风味主要来源于乳酸和羰基化合物，芳香味由羰基化合物的量和比例决定。

【实训材料】

1. 仪器材料

超净工作台、恒温培养箱、冰箱、水浴锅、锥形瓶、天平、烧杯、橡皮筋、蜡纸。

2. 配料

脱脂牛乳（不含抗生素和防腐剂）、蔗糖、粉末发酵剂。

【实训方法】

1. 生产发酵剂的制备

(1) 选择优质脱脂乳作为发酵底物，对用于制作生产发酵剂的器具进行彻底消毒灭菌，作为底物用的乳进行UHT灭菌。灭菌后尽快冷却至培养温度或更低。

(2) 用粉末发酵剂，在无菌操作环境下接种到底物乳中，接种量为0.5%～1%。并充分搅拌。

(3) 将接种过的底物乳置于40～45℃条件下，恒温培养2～6h。

(4) 达到期望发酵状态后，迅速冷却，密封，放于2～5℃的冰箱冷藏待用。

2. 量取500mL鲜乳于烧杯中，在水浴锅中加热到50℃，加入4%蔗糖搅拌溶解。

3. 将溶有糖的牛乳装入清洗干净的锥形瓶中（每瓶装200mL），放入灭菌锅中灭菌，100℃、15min，灭菌后乳液迅速冷却到40～45℃。

4. 将已备好的生产发酵剂进行充分搅拌，使菌体从凝乳块中游离分散出来。在超净工作台下，将发酵剂接种于已灭菌冷却的锥形瓶乳液中，搅拌均匀。发酵剂的添加量为3%～5%。

5. 将接种后的锥形瓶用蜡纸封口，再用橡皮筋扎紧，静置于恒温培养箱中，发酵温度为42℃，发酵时间3～5h，至乳液基本凝固为止。

6. 将发酵好的酸乳及时放入0～4℃冰箱，冷却12～24h。

7. 质量检验

(1) 酸乳质量标准执行国标

① 产品中的乳酸菌不得低于1×10^6CFU/mL。

② 食品营养强化剂的添加量应符合GB 2760—2014和GB 14880—2012的规定。

(2) 主要成分检测方法

① 蛋白质的检测：按GB 5009.5—2016检验方法。

② 脂肪的检测：按 GB 5009.6—2016 检验方法。
③ 非脂乳固体的检测：按 GB 5413.39—2010 检验方法。
④ 酸度的检测：按 GB 5009.239—2016 的检验方法。
⑤ 乳酸菌：按 GB 4789.35—2016 检验。

【实训报告】

1. 将制成的酸乳按照色泽、滋味、气味、组织状态等几个方面进行感官评价。
2. 检测产品的主要成分并与市售商品比较。

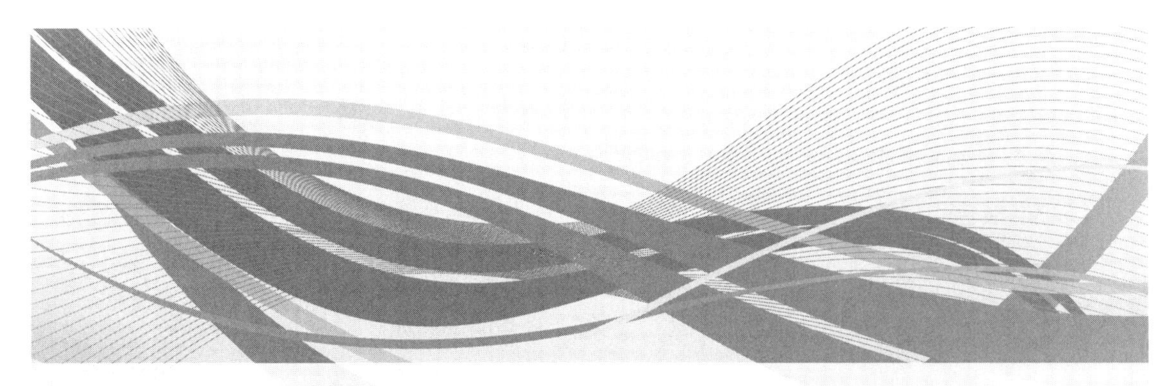

第七章　酱制品生产技术

知识目标

1. 知道酱制品、豆豉的分类及特点。
2. 熟悉大豆酱、面酱、豆豉的工艺流程。
3. 掌握发酵豆制品生产的原辅材料和发酵制作过程。

能力目标

1. 能够完成大豆酱、面酱、豆豉酿造工艺流程并掌握操作要点。
2. 能进行豆豉、豆瓣酱的自然发酵酿制。
3. 能够进行豆豉、豆瓣酱质量的检验。
4. 会运用相关知识解决豆豉、豆酱酿制过程中的质量问题。

思政与职业素养目标

加深理论知识理解，培养学生的科学精神、人文精神、大国工匠精神等核心素养；使学生在生产中要有高度的责任心，严格遵守各项操作规程，珍爱生命，为自己负责，为他人负责。

我国古代就发明了利用自然界霉菌酿制酱品的技术。最初制酱以肉、鱼虾等动物蛋白质为原料，后来发展为以大豆等植物蛋白质为原料，采用天然制曲和日晒夜露的方法制酱。

酱的现代定义是：以粮食和油料作物为原料，经微生物发酵酿制而成的一种半流动状态调味品。酱的品种很多，主要有豆酱、面酱两大类。豆酱是以大豆或蚕豆为主要原料制成的酱，以大豆为原料的称大豆酱，以蚕豆为原料的称蚕豆酱。蚕豆酱中蚕豆往往以成形的豆瓣存在，所以又叫豆瓣酱。另外，豆酱制备中还能以酱为主料，配以芝麻、花生、虾米、辣椒、大蒜等制成花色酱品。花色酱品具有风味独特、品种多、携带方便、营养丰富等特点，越来越受到广大消费者的喜爱，已成为餐馆、家庭和旅游的佐餐佳品。

从营养成分上来看，以豆、麦为主要原料，经过微生物和酶的作用制成的酱，将原料中的蛋白质降解为氨基酸、多肽等含氮物质，特别是大豆中的“蛋白酶抑制剂”，在经过发酵之后被植酸酶水解，更有利于人体的吸收。经过发酵，可以使豆类中的B族维生素含量增加，尤其是增加了植物本身没有的维生素 B_{12}。因此，素食主义者可适当多吃一些酱类，可以预防因维生素 B_{12} 缺乏引起的恶性贫血。另外，酱中还含有多种有机酸和芳香物质，如柠檬酸、琥珀酸、乳酸、乙醇、丁醇等，这些物质可以使烹调的菜肴色香味俱全。

现代制酱工艺按采用的曲划分，可分为曲法制酱和酶法制酱。曲法制酱即传统制酱法，它的特点是把原料全部先制曲，然后再经发酵，直至成熟而制得各种酱；制酱的方法与酱油生产工艺相似，机理也完全一致，仅因酱的种类不同而在原料品种、配比及其处理上略有不同。曲法制酱在生产过程中，由于微生物生长发育的需要，要消耗大量的营养成分，从而降低了粮食原料的利用率。酶法制酱在一定程度上改变了这种状况，它先用少量原料为培养基，纯种培养特定的微生物，利用这些微生物所分泌的酶来制酱，同样可以达到分解蛋白质和淀粉，从而制成各种酱品的目的。酶法制酱可以简化工艺，提高机械化程度，节约粮食、能源和劳动力，改善食品卫生条件。

第一节　大豆酱生产技术

大豆酱是以大豆为主要原料制作的一种酱类。

一、大豆酱曲法生产的工艺流程及操作要点

1. 工艺流程

大豆酱曲法生产工艺流程如图 7-1 所示。

大豆→预处理→与面粉混合→制曲→制酱醅→入发酵容器→自然升温→第一次加盐水→保温发酵→第二次加盐水→翻酱→成品

图 7-1　大豆酱曲法生产工艺流程

2. 操作要点

(1) 原料配比　大豆（100kg）；标准粉（40～60kg）。

① 大豆质量要求：大豆用于制酱的质量要求比酱油高，主要要求如下所述。

a. 大豆要干燥，相对密度大而无霉烂变质现象；

b. 颗粒均匀，皮薄而富有光泽；

c. 蛋白质含量高，一般应在 35%以上；

d. 少虫害及泥沙杂质。

② 标准粉质量要求：面粉分特制粉（富强粉）、标准粉和普通粉。制酱用标准粉要选用新鲜面粉，不得使用霉变和有不良气味的面粉（不使糖类发酵变酸、面筋变性失去弹力和黏性而影响酱品质量）。其主要成分要求：水分 9.5%～13.5%，粗蛋白 9%～11%，粗淀粉 72%～77%，粗脂肪 1.2%～1.8%，灰分 0.9%～1.1%。

(2) 大豆预处理　包括清洗、浸泡和蒸煮三道工序，与酱油生产中大豆原料的处理相同。

(3) 制曲　大豆蒸熟出锅后趁热加入面粉拌和均匀，冷却至 40℃，接种种曲 0.3%。种曲使用时先与面粉拌匀，为了减少豆酱中的麸皮含量，种曲最好用分离出的孢子（曲精）。

需注意：由于豆粒较大，水分不易散发，制曲时间需适当延长，待曲菌孢子呈黄绿色时，即可出曲。大豆曲一般需 2～3d 成熟。

(4) 制酱醅　曲水配比为大豆曲 100kg，14.50°Bé 盐水 90kg。具体操作是：将大豆曲

放入发酵容器内，扒平曲面稍加压实，使其自然升温，至40℃时，加入60～65℃热盐水，让其逐渐渗入曲内，最后用一层细盐封面，并加盖。另外，盐水应先于澄清桶内澄清，取上清液使用。

（5）保温发酵 大豆曲加入盐水后，酱醅温度达45℃左右，保温发酵10d，每天测温。

（6）酱的成熟 发酵成熟的酱醅，补加24°Bé盐水及所需细盐，调整酱醅含盐量大于或等于12％，氨基酸态氮大于或等于0.6％，充分搅拌均匀，在室温下再发酵4～5d. 即制得成熟大豆酱。

大豆酱是调味品，又是副食品，一般经烹调后食用，成熟大豆酱一般不再经过灭菌工序。

二、大豆酱酶法生产的工艺流程及操作要点

1. 工艺流程

具体工艺流程见图7-2。

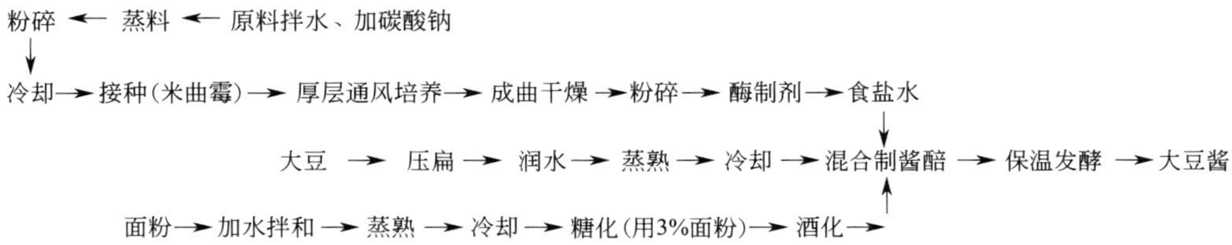

粉碎 ← 蒸料 ← 原料拌水、加碳酸钠
↓
冷却 → 接种（米曲霉）→ 厚层通风培养 → 成曲干燥 → 粉碎 → 酶制剂 → 食盐水
↓
大豆 → 压扁 → 润水 → 蒸熟 → 冷却 → 混合制酱醅 → 保温发酵 → 大豆酱
↑
面粉 → 加水拌和 → 蒸熟 → 冷却 → 糖化（用3%面粉）→ 酒化 →

图7-2 大豆酱酶法生产工艺流程

2. 操作要点

（1）酶制剂的制备

① 种曲：采用沪酿3.040米曲霉或AS3.951米曲霉。

② 成曲原料配比：豆饼∶玉米粉∶麸皮＝3∶4∶3。

③ 原料处理：混合原料加入75％的水、2％的碳酸钠（溶解后加入），拌和均匀。蒸料，可采用常压蒸料，也可采用加压蒸料。加压蒸料压力为0.1MPa，时间需20min。熟料出锅后经粉碎、冷却至40℃，接入种曲0.3％～0.4％，混合均匀后制曲。

④ 通风制曲：接种后混合物料采用通风制曲。保持室温28～30℃，料初始温度为30～32℃，8～10 h后升温至35℃左右，开始间隙通风，保持料温30～32℃；14～15h后，菌丝已渐呈白色，料层开始结块，温度迅速上升，应进行翻曲降温。继续通风培养至20～22h，此时曲料水分减少较多，要及时二次翻曲，并补充pH为8～9的水分，应将水均匀地撒在料上混拌，使曲料含水量达40％～50％。连续培养48h左右，曲料呈淡黄色，即为成熟。成熟曲料要求无干皮、松散、菌丝旺盛，中性蛋白酶活力在5000U/g以上。然后将成品曲干燥，再经粉碎而制成粗酶制剂。

（2）原料配比 大豆1000kg；面粉400kg；食盐370kg；水1060kg（配盐水用）。

（3）原料蒸熟 将大豆压扁，加入重量为大豆量45％的热水，经拌水机一边搅匀，一边随即落入加压蒸锅中，在蒸汽压力0.15MPa下蒸30min。另将面粉量的97％加入占面粉30％的水，搅匀后采用常压连汽蒸料机蒸熟。

（4）酒醪的制备 取面粉总量的3％，加水调至20°Bé加入0.2％氯化钙，并调节pH至6.2。加α-淀粉酶0.3％（每克原料加100单位），升温至85～95℃液化，液化完毕再升

温至100℃灭菌。然后冷却至65℃，加入3.324甘薯曲霉菌麸曲7%，糖化3h降温至30℃，接入酒精酵母5%，常温发酵3d即成酒醪。

(5) 将冷却至50℃以下的熟豆片、熟面粉、盐水、酒醪及酶制剂（按每克原料加入中性蛋白酶350单位计），充分拌和，入水浴发酵池中发酵。前期5d，保持品温45℃；中期5d，保持品温50℃；后期5d，保持品温55℃。发酵期间每天翻酱1次，15d后豆酱成熟。为了使酱香更加良好，可将成熟豆酱再降温后熟1个月。

第二节　面酱生产技术

面酱也称甜面酱，是以小麦面粉为主要原料酿制的酱类。口味咸而带甜。它是利用曲霉类微生物分泌的淀粉酶和蛋白酶，将原料中的淀粉和蛋白质分解成为糊精、麦芽糖、葡萄糖和各种氨基酸，而制成的具有特殊滋味的产品。

一、面酱曲法生产的工艺流程及操作要点

1. 工艺流程

面酱曲法生产工艺流程如图7-3所示。

面粉、水→拌和→蒸料→冷却→接种→制曲→入容器发酵→自然升温→加澄清盐水→保温发酵→成熟面酱

图7-3　面酱曲法生产工艺流程

2. 操作要点

(1) 原料及其处理

① 原料配比：标准面粉（100kg）；食盐（13～14kg）。

② 原料处理：主要是面粉的蒸煮处理，也分为常压和加压蒸面两种方法。

常压蒸面：将面粉与水（每100kg面粉加水28～32kg）拌和均匀，制成条状或颗粒状，然后入蒸锅中蒸熟。蒸熟的面粒或面条呈玉色，咀嚼不黏牙齿，稍带甜味。

(2) 制曲　将蒸熟的面冷却至40℃，接入0.3%～0.5%的种曲（菌种采用米曲霉AS3.951），充分拌和均匀。由于面酱质量要求舌觉细腻而无渣，接种的种曲采用分离出的孢子（曲精）为宜。

面酱生产要求米曲霉分泌糖化型淀粉酶活力强，因此制曲培养温度应适当提高，一般控制品温36～40℃。制曲可采用曲盘培养，也可采用通风制曲。通风制曲料层厚30cm，控制室温28～30℃，培养4d可制好曲；在制曲过程中翻曲一次。菌丝发育旺盛，曲料全部发白略有黄色即为成熟；切忌曲孢子过多。

(3) 发酵　发酵方法可分为传统法和速酿法。但产品色泽和风味以传统法产品为优。

传统法：将面曲堆积升温至50℃，送入发酵容器，加入16°Bé盐水浸渍，泡涨后适时翻拌，使之日晒夜露。夏季经3个月即可成熟，其他气温低的季节需半年才能成熟。

速酿法：即高温保温发酵法，根据加盐水的方式不同又分为两种类型。

① 将面曲送入发酵容器，耙平让其自然升温，然后从面层四周一次注入制备好的14°Bé的热盐水（60～65℃），盐水全部渗入曲内后，加盖保温发酵。品温维持在53～55℃，每天搅拌一次，经4～5d面曲已吸足水分而糖化，再经7～10d即发酵成浓稠带甜的面酱。

② 将面曲堆积升温至45～50℃，用制醅机将面曲和相当于面粉重量50%的14°Bé 65～70℃的热盐水充分拌和，然后送入发酵容器，保温53～55℃发酵。7d后加入经煮沸的相当

于面粉重量50%的盐水，最后经压缩空气翻匀，即发酵成浓稠带甜的面酱。

（4）成品的后处理 磨细及过滤：酱醅成熟后，要磨细并过滤。磨细可采用石磨或螺旋出酱机。筛子要求：孔径0.3mm，60目。

灭菌防腐：甜面酱大多直接作为调味品，一般不再灭菌处理。但甜面酱容易继续发酵并生白花，不宜贮存。为保证卫生及延长保质期，一般添加0.1%的苯甲酸钠，并在65～70℃下经30min的灭菌处理。

包装：面酱成品根据销售情况，可采用不同的包装，但最好密封包装，防止污染而变质。

二、面酱酶法生产的工艺流程及操作要点

酶法生产面酱是在传统曲法制酱工艺的基础上改进而来。面酱糕不用于制曲，只制少量粗酶液。此法可缩短面酱生产周期，同时因采用酶液水解从而可减少杂菌污染，提高成品率，但制得的面酱风味稍差。

1. 工艺流程

面酱酶法生产工艺流程见图7-4。

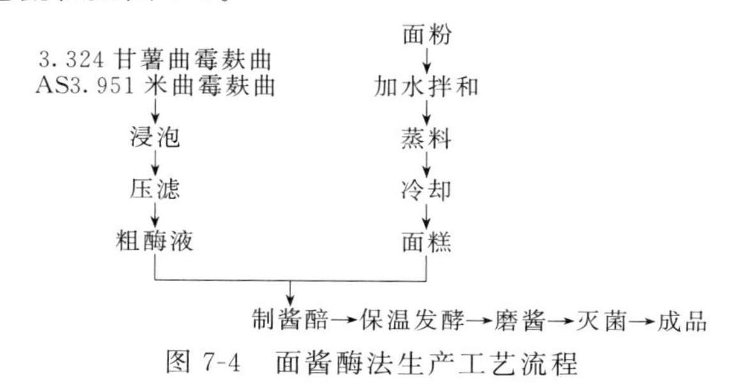

图7-4 面酱酶法生产工艺流程

2. 操作要点

（1）粗酶液的提取 菌种之所以选择两种曲霉是因为：甘薯曲霉耐热性强，其在60℃糖化时效果最好，在30～58℃时有较持久的酶活力；其在酶解过程中还能产生有机酸，使面酱风味调和而增加适口性。米曲霉糖化酶活力高，制成的酱色泽风味较好，但其糖化酶活力持久性差。所以，两者混合使用，既增加了糖化酶活力的持久性，又增进了产品的色泽和风味。

以麸皮为原料，分别接种甘薯曲霉和米曲霉，制备麸曲。按面粉质量的13%（其中米曲霉占10%，甘薯曲霉占3%）将这两种麸曲混合、粉碎，放入浸出容器内，加入曲量3～4倍的45℃温水浸泡，提取酶液，时间为90min，其间充分搅拌，促进酶的溶出；过滤后残渣应再加入水浸提一次。二次酶液混合后备用。浸出酶液在炎热天气易变质，可适当加入食盐。

（2）原料及其处理

原料配比：

面粉　　100kg（蒸熟后面糕重138kg）

食盐　　14kg

黄曲霉（即米曲霉）　　10kg

甘薯曲霉　　3kg

水　66kg（包括酶液）

蒸料：面粉与水（面粉质量28%）拌和成细粒状，待蒸锅内水煮沸后，上料继续蒸1h。蒸熟后面糕水分为36%～38%。

（3）保温发酵 面糕冷却至60℃下缸，按原料配比加入麸曲浸出液、食盐，搅拌均匀

后保温发酵。此时品温要求在45℃左右，以便各种酶能迅速起作用。24h后缸四周已开始有液化现象，有液体渗出，面糕开始膨胀软化，这时即可进行翻酱。维持酱温45～50℃，第7d后升温至55～60℃，第八天视面酱色泽的深浅调节温度至65℃。

待酱成熟后将酱温升高到70～75℃，立即出酱，以免糖分焦化变黑，影响产品质量。升温至70℃可起到杀菌灭酶的作用，对防止成品变质有一定的作用。必要时成品中可添加浓度为0.1%以下的苯甲酸钠防腐。

另外，在保温发酵过程中，应每天翻醪一次，以利于酱醅与盐水充分混合接触。

第三节　豆瓣辣酱生产技术

豆瓣辣酱也称蚕豆辣酱，原产于四川资中、资阳和郫都区一带，故称为资酱、川酱、郫酱，20世纪初作为商品流入长江中下游，目前各地已普遍生产，北方地区也有少量生产。四川地区生产的酱，在生产中采用蚕豆子叶浸泡后不经蒸熟的生料制曲工艺，保持了成品外观瓣形完整而且口感良好的特点。四川豆瓣辣酱根据其用途，一般可分为助餐型和调味型两大类。前者以资阳临江寺豆瓣辣酱为代表，具有香鲜醇厚、微带辣味、豆瓣酥软的特点；后者比较有名的是郫县豆瓣，它以辣味重，瓣子酥脆，色泽油润、红亮，味道香醇等特点著称。

一、豆瓣辣酱生产的原料

酿制豆瓣辣酱的原料分主要原料和辅助原料两类，主要原料是蚕豆、面粉、辣椒、食盐及水；辅助原料有香油、红曲和甜酒酿。

二、豆瓣曲的制备

1. 蚕豆选择

蚕豆是豆科植物之一，因为豆荚的形状如蚕，又在养蚕时成熟，所以叫蚕豆，也称佛豆或胡豆。蚕豆原产于黑海南部，首先在欧洲栽培，张骞出使西域后，开始传入我国。由于我国的气候适于蚕豆生长，因而早已在全国普遍种植，产量丰富。青嫩的种实口味很美，一般作为蔬菜，富有营养。老熟后，不但可作食料，而且是酿制蚕豆酱最好的原料。制酱用的蚕豆，应选用颗粒饱满、充分成熟且无虫蚀及霉变者。酿造蚕豆酱必须用去皮壳后的蚕豆瓣，也称蚕豆肉或蚕豆米。

2. 蚕豆去皮

去皮壳的方法按要求的不同而异。如果要求在豆酱内豆瓣能保持原来形状，采用湿法处理；如果不需要考虑豆瓣形状，就用干法处理。现将这两种方法分述如下。

(1) 湿法处理　蚕豆湿法去皮的步骤包括蚕豆的浸泡、蚕豆的脱壳和皮屑豆肉的分选。首先将除去泥沙杂质后的蚕豆，投入清水中浸泡，让它渐渐吸收水分，至豆粒无瘪无皱纹，豆瓣用两指折断后，断面无白心，且有发芽状态，即达到浸泡的程度。蚕豆吸水速度依种类、粒状、干燥度及水温而不同，尤其以水温的影响为最大。浸豆时间春秋两季30h左右，夏季应予缩短，冬季则宜延长至72h。浸泡完毕，去皮壳可采用人工或机械方法进行。人工剥去皮壳，劳动生产率低，不适于大规模生产。大规模生产时需使用机器，即将浸好的蚕豆用橡皮双辊筒轧豆机脱皮，再由人力用竹箩在水中漂去大部分已脱落的皮壳。豆瓣在清水内浸泡直至蒸豆。湿法处理也可采用化学方法，即将2%的NaOH溶液加热至80～85℃，然后将冷水浸透的蚕豆浸泡于热碱水中4～5min，当皮色变成棕红时取出，立刻用清水洗至无碱性，此时就很易将皮壳脱去。用碱液脱皮壳控制皮壳变色而豆肉仍保持玉白色者为最好，因此操作必须迅速。碱液可以重复利用几次，浓度不足可及时调整。

（2）干法处理 干法处理比较方便，劳动生产率高，因此凡对产品中的豆瓣形状不做考虑的，可以采用此法。

大多数酿造厂采用机械干法处理。其机械去皮是以锤式破碎机和干法比重去石机为主体，并配以升高机、筛子和吸尘等设备联合装置成蚕豆干法去皮壳机。它的方法是：蚕豆由升高机输送至振动筛上，通过筛子除去杂质及瘪豆等，然后利用锤式破碎机击碎，并经比重去石机分离出豆肉和皮壳。得到的豆肉用于酿造豆酱，皮壳作为饲料，粉屑可以酿造酱油、综合利用或作为饲料。

3. 制曲操作

民间酿制豆瓣辣酱制豆瓣曲，常在夏、秋时节，采用自然接种开放培养制曲。将湿法去皮的豆瓣稍加晾干至表面收汗，放入匾内摊平，厚3～4cm，面覆盖以黄荆、橡树等新鲜枝叶，使之既能透气又能防止水分过度蒸发。置于室内，室温控制在25～35℃，培养2d左右翻曲一次，以调节上下层湿度，更换新鲜空气和分散入侵的菌种。翻曲后依旧摊平静置、培养，霉菌、细菌、酵母在其中迅速繁殖，米曲霉和黄曲霉是占优势的菌种。随着时间的推移，水分逐渐蒸发，原生豆瓣上曲霉孢子大量形成，豆瓣表面覆盖一层黄绿色的孢子，曲成熟。成熟的豆瓣曲再经数天的日晒夜露，使之受到干湿、冷热交替的物理作用，有利于制酱发酵时吸水迅速、均匀，豆瓣酥软。晒干的豆瓣曲若当时不用，可以存放较长时间。

工厂制豆瓣曲大多采用人工接种、厚层通风制曲。有采用生瓣制曲者，也有采用熟瓣制曲者。熟料厚层通风制曲的方法是：干法去皮的豆瓣先用10～15℃冷水浸泡至无白心和硬心层，含水量为47%～50%，体积增至原体积的2～2.5倍。湿法去皮的豆瓣则不再浸泡。豆瓣用旋转式蒸煮锅蒸煮，蒸煮压力为120～150kPa；蒸煮时间为20～30min；蒸煮要求为豆肉中心刚开花，用手指轻捏易成粉，不带水珠，口尝无生腥味。将蒸熟的豆瓣迅速冷却到40℃左右，接入0.1%～0.2%的沪酿3.042米曲霉和AS3.324甘薯曲霉的混合麸曲菌种。菌种先与占豆瓣肉干重5%的面粉拌和，再和豆瓣拌和接种，接种后转入通风池中，厚约30cm，中间稍薄。正常天气，豆瓣入池十几个小时，随着微生物生长繁殖的呼吸热积累，品温逐渐上升，采用间歇通风或连续循环通风，保持豆瓣品温为30～34℃。当菌丝密集，形成结块时，翻曲一次，并捣散曲块，如曲产生裂缝时引起漏风，必须铲曲填缝。曲霉孢子进入老熟期，品温逐渐下降，经72～96h，曲块呈黄绿色即可出曲。生料通风制曲与熟料通风制曲基本相同，只是制曲时间比熟料通风制曲时间长。

三、辣椒的贮存

辣椒的品种很多，有牛角辣椒、朝天辣椒、灯笼辣椒等，其辣味差异较大。酿制豆瓣辣椒酱选用成熟、颜色鲜红、肉质肥厚、辣味适中、稍带甜味的牛角辣椒最适宜。辣椒是秋季收获的农产品，上市有一定季节性，收获时应抓紧机会收购，最好把制酱时间也安排在辣椒收获季节。收购的辣椒贮藏方法有下列几种。

1. 磨细贮藏

鲜红辣椒除去虫蛀、腐烂及杂物，洗净、沥干后摘除蒂柄，立即磨细过筛。放入缸或大池中，加入20%左右的食盐，充分搅拌使食盐溶化，上以无毒塑料薄膜盖严，贮藏备用。

2. 腌制贮藏

鲜红辣椒洗净去蒂柄，按每100kg辣椒15kg食盐的比例，一层辣椒一层食盐，腌于缸或水泥池中，层层压实赶出空气。2～3d后卤汁渗出，抽取卤汁浇于面层，并用食盐5%封面，盐面之上铺竹席压重石，实行厌气贮存。贮存期间经常检查，加强卫生管理。若遇水分散失则补加淡盐水。腌制数年不会变质，颜色仍然鲜红，并且香气更浓厚。临用前取出磨细，为了不带粗皮和籽粒，通常需磨3～4遍。磨细的糊状物含水量约60%，装入缸中备用。

3. 晒干贮藏

收购鲜辣椒晒干或直接收购干辣椒，要求水分含量在10%以下，压榨成捆，保存于干燥阴凉的仓库中，使用前取蒂，磨成细粉，按每100kg辣椒粉400kg18°Bé的盐水比例，加入盐水浸泡，最初12h将温度升至42～45℃，以后则利用自然温度浸泡5～6d，并经搅拌，让其吸水膨胀改善风味。

四、豆瓣辣酱的生产工艺流程及操作要点

豆瓣辣酱的发酵方法常见的有自然晒露发酵、稀醪加辣保温发酵和固态低盐加辣发酵三种。

1. 自然晒露发酵

(1) 自然晒露发酵工艺流程（图7-5）

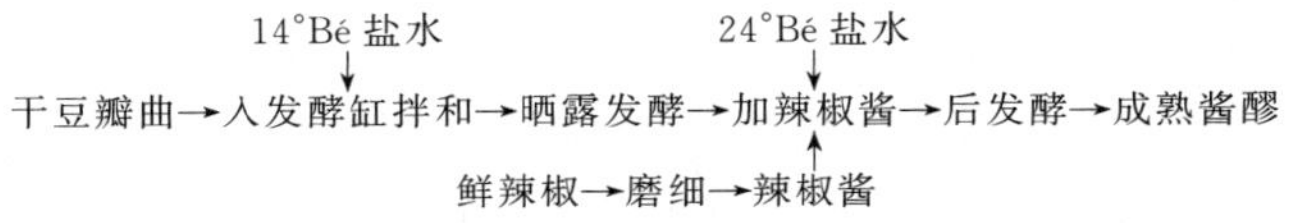

14°Bé盐水 ↓（入发酵缸拌和）；24°Bé盐水 ↓（加辣椒酱）

干豆瓣曲→入发酵缸拌和→晒露发酵→加辣椒酱→后发酵→成熟酱醪

鲜辣椒→磨细→辣椒酱 ↑（加辣椒酱）

图7-5 自然晒露发酵工艺流程

(2) 操作要点

① 配比：干豆瓣曲100kg，14°Bé盐水110 kg，24°Bé盐水170 kg，鲜辣椒酱170 kg。

② 制酱操作：干豆瓣曲放入缸中，加14°Bé的盐水浸泡，使豆瓣曲吸水达到饱和，还稍有剩余的盐水留在缸底，晒露20～30d，每天翻拌1次，豆瓣颜色变深，质地逐渐酥软。待鲜辣椒上市时购辣椒磨成酱加入，同时添加24°Bé的盐水。拌匀进行后熟发酵。最初每日翻拌1次，后则1周期翻拌1次。除刮风下雨加盖篾制尖顶斗篷外，平时都采用日晒夜露，经6～8个月后熟作用，酱醪成熟。

2. 稀醪加辣保温发酵

(1) 稀醪加辣保温发酵工艺流程（图7-6）

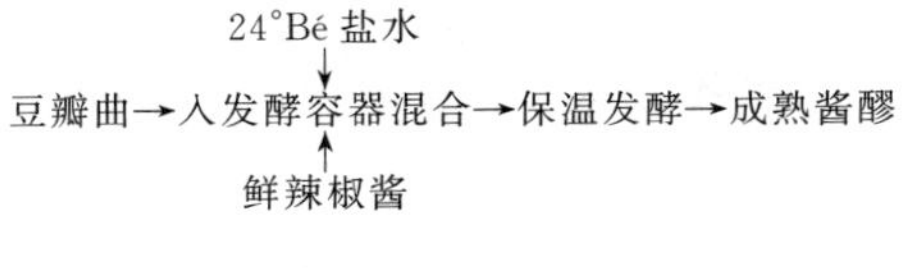

24°Bé盐水 ↓

豆瓣曲→入发酵容器混合→保温发酵→成熟酱醪

鲜辣椒酱 ↑（入发酵容器混合）

图7-6 稀醪加辣保温发酵工艺流程

(2) 操作要点

① 配比：豆瓣曲100kg，24°Bé盐水106kg，辣椒酱（内含2%～3%红曲）63kg。

② 制酱操作：按比例将刚出曲室的豆瓣曲、盐水、辣椒酱一起投入发酵缸中，混合成均一的酱醪，升温至42～45℃，保温12h。后来依靠酱醪自然升温，若升温不足，可酌情加热，使酱醪达到55～58℃，保持此温发酵12d。此间每天翻拌2次。最后将温度升高到60～70℃，保持36h。14d后让其自然冷却至常温，即得成熟酱醪。

3. 固态低盐加辣发酵

(1) 固态低盐加辣发酵工艺流程（图 7-7）

辣椒酱 ↓；18°Bé 食盐水→加热→热盐水 ↓

豆瓣曲→拌和→入发酵缸→保温发酵→加盐水→后发酵→成熟酱醪

图 7-7 固态低盐加辣发酵工艺流程

(2) 操作要点

① 配比：豆瓣曲 100kg，18°Bé 盐水 140 kg，辣椒酱（含食盐 20%）75kg，水 30 kg。

② 制酱操作：先将水投入辣椒酱中，把辣椒酱稀释后加热至 60℃，再将豆瓣曲和辣椒酱一起通过制醅机拌和均匀，落入缸中。务必使入缸酱醅品温达到 40～45℃。入缸结束用铲压平酱醅表面，使热量不易散发，再盖清洁白布一块，布上加 2cm 厚的盖面细盐。视气温情况以 60～65℃温水水浴间歇升温，使酱醅温度维持在 40～45℃发酵 8d。8d 后，取出盖面盐、揭开白布，加入 18°Bé 的热盐水拌和均匀，后发酵 5～6d。后发酵期间每天搅拌 2 次，后发酵结束得到成熟的酱醪。

五、豆瓣辣酱成品的配制和消毒

普通豆瓣辣酱不需配制，发酵成熟的酱经过加热消毒即为成品，即非油制型豆瓣酱，产品中未添加食用植物油，以调味为主的一种豆瓣酱。为了满足不同消费者的需要可结合各地原料和消费习惯，因地制宜选配一些辅料制成不同品种的豆瓣辣酱，即油制型豆瓣酱，经添加食用植物油炒制或直接淋热油而制成，以佐餐为主的一种豆瓣酱。

1. 精制豆瓣辣酱辅料的调制

(1) 香油的制备 将菜籽油、黄豆油、花生油、香油等用直火加热到一定温度，待油面泡沫散去，加入备好的大葱、老姜。待大葱、老姜水分炸干，油色转白即可停火冷却。待冷却到 100℃左右加入花椒，几分钟后再加鲜辣椒酱略为熬煮。其配料比例是每 100kg 油加大葱、老姜各 2kg、花椒 50g、鲜辣椒酱 20kg。待油呈红色，香气扑鼻，即起锅过滤，滤出的香油及辣椒酱分别贮存备用。有的仅以花椒和紫草制香油，但风味单调。

(2) 香料的制备 根据不同消费者的需要，在豆瓣辣酱中还可以配制不同的香料。常用的有八角、小茴香、丁香、陈皮、花椒、胡椒、桂皮等。注意各种香料质量要好。将各种香料干燥后磨成细末，混匀，保存备用。

2. 消毒

把配制好的豆瓣辣酱用直火或蒸汽加热升温至 80℃，维持 10min。在加热过程中应不断搅拌避免焦煳。通入蒸汽加热时还应防止凝结水对酱醪的过度稀释而造成产品过于稀薄，影响质量。

第四节 豆豉生产技术

一、豆豉的种类

豆豉在我国浙江、福建、四川、湖南、湖北、江苏、江西及北方地区广泛食用。日本及东亚国家食用豆豉更为广泛。豆豉生产主要是以大豆为原料，全部制曲，固态或盐水发酵，发酵时添加不同的香辛料调味。由于制曲时主要的微生物及发酵加水量等工艺不同，形成了不同风味的豆豉。豆豉种类繁多，尚无统一的划分标准。一般有下列几种分类法。

1. 根据制曲时参与的微生物种类划分

（1）霉菌型豆豉 参与制曲的主要微生物是霉菌。根据霉菌种类的不同，霉菌型豆豉又分为米曲霉型豆豉、根霉型豆豉、毛霉型豆豉等。曲霉酿造豆豉是我国最早、最常用的方法，毛霉型豆豉在全国同类产品中产量最大，也最具特色。

（2）细菌型豆豉 参与制曲的主要微生物是枯草芽孢杆菌和小球菌等。细菌型豆豉在制备过程中制曲和发酵的水分都比较高。

2. 根据发酵时是否使用食盐划分

（1）咸豆豉 有盐发酵豆豉为咸豆豉，方便食用，非常适宜作菜肴。

（2）淡豆豉 无盐发酵豆豉为淡豆豉，它具有特别的风味，特别适合作为调料，也用于制药。

3. 根据产品的性状划分

（1）干豆豉 干豆豉多产于南方，因发酵时加入的水分较少，成品为松散完整的颗粒，油润光亮。

（2）湿豆豉 湿豆豉多见于北方及一般家庭制作，因发酵时加入水分或调味液较多，成品含水量较高，豆豉柔软，相互粘连。

（3）水豆豉 水豆豉是制曲后采用过饱和的浆液，让曲在盐水条件下较长时间发酵，其成品为浸渍状的颗粒。

（4）团块豆豉 团块豆豉是以豆泥做成团块，制曲和发酵同时进行，并配以适当烟熏，成品为团块，风味独特，有豆豉味和烟熏味，以刀切碎，经蒸炒后食用，非常爽口。

二、豆豉生产的工艺流程及操作要点

1. 豆豉生产工艺流程（图 7-8）

菌种↓（接种）　辅料↓（混合）

大豆→原料选择→浸泡→蒸煮→冷却→接种→培养→大豆曲→洗霉→混合→翻拌→入池或入坛→后熟→成品

图 7-8 豆豉生产工艺流程

2. 操作要点

（1）原料选择 以大豆为原料，黑豆、黄豆、褐豆均可，以黑豆为佳。黑豆皮较厚，制出的成品色黑，颗粒松散，不易发生破皮烂瓣现象，且含有黑色素，营养价值较高。选择成熟充分，颗粒饱满均匀、新鲜，粒径大小基本一致，含蛋白质高，无虫蚀、无霉烂变质及杂质少的大豆。

（2）浸泡 称取大豆入池，加水淹没，水超过豆面 30cm 左右，水温在 40℃以下，浸泡 2～5h（视气温情况而变化），中间要换水 1 次。以浸至豆粒 90%以上无皱纹，含水量在 45%左右为宜。

（3）蒸煮 古时候大豆都用水煮，后改为蒸，至今民间小量制作仍大都用水煮豆。蒸豆用常压蒸煮 4h 左右，工业生产量较大，大都采用旋转式高压蒸煮罐 0.1MPa 压力蒸 1h。蒸好的熟豆有豆香味，用手指捻压豆粒能成薄片且易粉碎，测定蛋白质已达到一次变性，含水量在 45%左右，即为适度。水分过低对微生物生长繁殖和产酶均不利，制出的成品发硬不酥；水分过高制曲时温度控制困难，杂菌易于繁殖，豆粒容易溃烂。

（4）制曲 传统豆豉制曲都不接种，常温制曲自然接种，利用适宜的气温、湿度等条件，促使自然存在有益豆豉酿造的微生物生长、繁殖并产生复杂的酶系，在酿造过程中产生丰富的代谢产物，使豆豉具有鲜美的滋味和独特的风味。由于所利用的微生物不同，制曲工艺也有差异，分别介绍如下。

① 曲霉制曲

a. 天然制曲：因米曲霉是中温型微生物，常在温暖季节制曲。大豆经蒸煮出锅后，冷却到35℃，移入曲室，装入竹簸箕，内厚约2cm，四周厚，中间薄，品温在26～30℃、在25～35℃培养，最高不超过37℃。入室24h品温上升，豆豉稍有结块；48h左右菌丝布满，豆粒结块，品温可达37℃，进行第一次翻曲，用手搓散豆粒，并互换竹簸箕上下位置使温度均匀，翻曲后品温下降至32℃左右。再过48h品温又回升到35～37℃，开窗通风降温，保持品温在33℃左右。之后曲料又结块，且出现嫩黄绿色孢子，进行第二次翻曲。以后保持品温在28～30℃，6～7d出曲。成曲豆粒有皱纹，孢子呈暗黄绿色，用手一搓可看到孢子飞扬，掰开豆粒内部大都可见菌丝。水分含量在21%左右。

天然制曲受季节气温的限制，不能常年生产，其制曲周期较长，制约了豆豉生产的发展。近年来，采用酿造酱油的优良菌株沪酿3.042接种制豆豉曲，制曲周期为3d，可以常年生产。

b. 纯种制曲：多采用沪酿3.042米曲霉。大豆经煮熟出锅，冷却至35℃，接入沪酿3.042种曲0.3%、大豆量5%的面粉拌匀入室，装入竹簸箕中，厚5cm左右。拌和的方法是：先分出一半的种曲和大豆拌和，另一半种曲与面粉拌和，再将拌过曲的面粉与大豆拌和。大豆表面黏附面粉，可以吸收表面水分，使之成为不粘连状态的颗粒，有利于通气和CO_2的排除，有利于米曲霉的生长，并诱发其胞外酶的分泌，增加淀粉含量，也增加糖化酶的含量，加强糖化能力，对改进豆豉的风味有利。同时面粉使豆粒表面较干，可抑制细菌繁殖，有利于提高制曲质量。保持室温25℃，品温25～35℃，相对湿度90%以上；22h左右可见白色菌丝布满豆粒，曲料结块；品温上升至35℃左右，进行第一次翻曲，搓散豆粒使之松散，有利于分生孢子的形成，并不时调换上下竹簸箕位置，使品温均匀一致；72h豆粒布满菌丝和黄绿色孢子，即可出曲。

② 毛霉制曲

a. 天然制曲：大豆经蒸煮出锅，冷却至30～35℃，入曲室上簸箕或晒席，厚度3～4cm，冬季入房，室温2～6℃，品温5～12℃。制曲周期因气候变化而异，一般15～22d。入室3～4d豆豉可见白色霉点；8～12d菌丝生长整齐，且有少量褐色孢子生成；16～20d毛霉转老，菌丝由白色转为浅灰色，质地紧密，直立，高度为0.3～0.5cm，同时紧贴豆粒表层有暗绿色菌体生成，即可出曲。每100kg原料可得成曲125～135kg。

自然毛霉制曲因毛霉适宜生长温度为15℃，高于20℃或低于10℃，毛霉的生长都要受到抑制，所以一般在冬季生产。毛霉制曲周期长不利于生产的发展。四川省成都市调味品研究所从自然豆豉曲中分离出纯种毛霉，经过耐热驯化，定名为M.R.C-1号菌种，具有在25～27℃温度下生长迅速，菌丝旺盛，适应性强，蛋白酶、糖化酶等主要酶系活力高的特点，制成曲质量好，不受季节性限制，可以常年生产，制曲周期由15～21d缩短到3～4d，制成曲的感官、理化和卫生指标均能达到优质毛霉型豆豉的质量标准。

b. 纯种制曲：大豆蒸煮出锅，冷却至30℃，接种纯种毛霉种曲0.5%，拌匀后入室，装入已杀菌的簸箕内，厚3～5cm，保持品温23～27℃。入室24h左右，豆粒表面有白色菌点；36h豆粒布满菌丝，略有曲香；48h后毛霉生产旺盛，菌丝直立，由白色转为浅灰色，其间温度极易升高，应采用开启门窗翻曲等措施降低温度，使品温不超过31℃。3d后毛霉生长减弱，菌丝部分倒毛，孢子大量生成，把曲染成灰色即可出曲。筛取部分成熟的毛霉孢子，在40℃以下烘干，备作下批豆豉曲制作的菌种，可省去种曲的制备。

③ 细菌制曲：水豆豉及一般家庭制作豆豉大都采用细菌制曲，多在寒露之后春分之前制曲。家庭小量制作时，大豆水煮，捞出沥干，趁热用麻袋包裹，保温密闭培养，3～4d后豆粒布满黏液，可牵拉成丝，并有特殊的豆豉味，即可出曲。

较大量的水豆豉制曲时，常采用豆汁和熟豆制曲。豆汁制曲是把煮豆后过滤出的豆汁放于敞口大缸中，在室温下静置培养2～3d，待略有豉味产生时搅动一次，再静置培养2～3d，豉味浓厚并微有氨气散出，以筷子挑之悬丝长挂，即成豉汁。

熟豆制曲时在竹箩中进行，箩底垫以10cm厚的新鲜扁蒲草。扁蒲草俗名豆豉叶，茎短节密而扁，匍匐生长，叶似披针，肉质肥厚，表面光滑，保鲜力强，能充分保持水分，使豆粒表面湿润。在扁蒲草上铺上10～15cm厚的熟豆，表面再盖10cm左右厚的扁蒲草，入培养室培养。培养2～3d后翻拌一次，再继续培养3～4d即成熟。成熟的豆豉曲表面有厚厚一层黏液包裹，并有浓厚的豉香味。因为竹箩体积大，制曲入箩的豆也不多，豆粒含水量又大，制曲过程中温度不易升得过高，只能在室温下徘徊。室温20℃左右时，制曲时间需要6～7d。若一批接着一批生产，可利用上批生产的豉汁为菌母，进行人工接种培养，接种量为1%，这样可大大缩短培养时间。

无论是豆汁制曲还是熟豆制曲，均是利用空气中落入的微生物及用具带入的微生物自然接种繁殖而完成制曲过程的。体系中微生物区系复杂，枯草杆菌和乳酸菌是占优势的菌群。

(5) 制醅发酵　豆豉制曲方法不同，产品种类繁多，制醅操作也随之而异，分别介绍如下。

① 米曲霉干豆豉

a. 水洗：目的在于洗去豆豉表面附着的孢子、菌丝和部分酶系。因为豆豉产品的特点，要求原料的水解要有制约，即大豆中的蛋白质、糖类能在一定的条件下分解成氨基酸、可发酵性糖、醇、酸、酯等以构成豆豉的风味物质，经过水洗去除菌丝和孢子可以避免产品有苦涩味。同时洗去部分酶系后，当分解到一定程度继续分解受到制约，代谢产物在特定的条件下，在成形完整的豆粒中保存下来，不致因继续分解而使可溶物增多从豆粒中流失出来，造成豆粒溃烂、变形和失去光泽，因而能使产品保持颗粒完整、油润光亮的外形和特殊的风味。

将成曲倒入盛有温水的池（桶）中，洗去表面的分生孢子和菌丝，然后捞出装入筐中用水冲洗至成曲表面无菌丝和孢子，且脱皮甚少。整个水洗过程控制在10min左右，避免因时间过长豆豉曲吸水过多而造成发酵后豆粒容易溃烂。水洗后成曲水分含量在33%～35%。

b. 堆积吸水：水洗后将豆曲沥干、堆积，并向豆曲间断洒水，调整豆曲含水量在45%左右。水分过高会使成品脱皮、溃烂，失去光泽；水分过低对发酵不利，成品发硬，不疏松。

c. 升温加盐：豆曲调整好水分后，加盖塑料薄膜保温。经过6～7h的堆积，品温上升至55℃，可见豆曲重新出现菌丝，具有特殊的清香气味，即可迅速拌入食盐。

d. 发酵：成曲升温后加入18%的食盐，立即装入罐中至八成满。装时层层压实，盖上塑料薄膜及盖面盐，密封置室内或室外常温处发酵，4～6个月即可成熟。

e. 晾豉：将发酵成熟的豆豉分装在容器中，放置阴凉通风处晾干至含水量在30%以下即为成品。

② 米曲霉调味湿豆豉

a. 晾晒扬孢：将成曲置阳光下晾晒，使水分减少便于扬去孢子，避免产品有苦涩味。在晾晒过程中紫外线照射可以消灭成曲中的有害微生物，有利于制醅发酵。成曲晒干后扬去孢子备用。

b. 与食盐、香料等混匀，加入晒干去衣的成曲拌匀，装入缸中置阳光下。待食盐溶化，豉醅稀稠适度即可装坛。

c. 原料配比：大豆 100kg，西瓜瓤汁 125kg，食盐 25kg，陈皮丝、生姜、茴香适量。

d. 发酵：豉醅装坛后密封置室外阳光下发酵 40～50d 即可成熟，成品即西瓜豆豉。以其他果汁或番茄汁代替西瓜瓤汁即为果汁豆豉、番茄汁豆豉。

③ 毛霉型豆豉

a. 拌料：将成曲倒入拌料池内打散，加入定量食盐、水，拌匀后浸闷 1d，然后加入白酒、酒酿、香料等拌匀。

b. 发酵：将拌匀后的醅料装坛或浮水罐中，装时层层压实至八成满，压平，盖塑料薄膜及老面盐后密封。用浮水罐装的不加老面盐，罐沿加水，经常保持不干涸，每 7～10d 换 1 次水，以保持清洁。用浮水罐发酵的成品最佳。装罐后置常温处发酵 10～12 个月即可成熟。

c. 原料配比：大豆 100kg，食盐 18kg，白酒 3kg（体积分数 50%以上），酒酿 4kg，水 6～10kg（调整醅含水量在 45%左右）。

④ 细菌型水豆豉：先洗净浮水坛，准备好原料。老姜洗净刮除粗皮，快刀切细至米粒大小。花椒去除籽和柄，清洗干净；选个头较小、肉质结构紧密的腌制萝卜晒萎、洗净，快刀切成豆大的萝卜粒。按 20 kg 黄豆的豆豉曲、40 kg 豉汁、15kg 萝卜粒、2kg 姜粒、8kg 食盐、50g 花椒的比例配料。将食盐投入豉汁，搅动使其全部溶解，再按豆豉曲、花椒、姜粒、萝卜粒的顺序一一投入搅匀，入浮水坛。入坛后盖上坛盖，掺足浮水，密闭发酵 1 个月以上则为成熟的水豆豉。

⑤ 无盐发酵制醅：以上的醅中均加入了一定量的食盐，起到防止腐败和调味的作用。由于醅中大量食盐的存在抑制了酶的活力，致使发酵缓慢，成熟周期延长。采用无盐发酵制醅摆脱了食盐对酶活力的抑制作用，发酵周期可以缩短到 3～4d，同时利用豆豉曲产生的呼吸热和分解热可以达到防止发酵醅腐败的温度。

a. 米曲霉曲无盐发酵：成曲用温水迅速洗去豆粒表面的菌丝和孢子，沥干后入拌料池中，撒入 65℃左右的热水至豆曲含水量为 45%左右。立即投入保温发酵罐中，上盖塑料薄膜后加盖面盐，保持品温在 55～60℃，56～57h 后出醅入拌料池中，加入 18%的食盐，拌匀装罐或装入其他容器内，静置数日待食盐充分溶化均匀即可。如无保温发酵容器，成曲拌入热水至含水量为 45%左右，并加入 4%的白酒（体积分数为 50%以上），加盖塑料薄膜及其他保温覆盖物，促使堆积升温，56～72h 后即可再拌入 18%的食盐。加白酒的目的是预防自然升温产生腐败。

b. 毛霉曲无盐制醅：成曲测定水分，加 65℃热水至含水量 45%，加入白酒、酒酿，迅速拌匀，堆积覆盖使其自然升温或入保温发酵容器中，保持品温 55～60℃，56～72h 后，加入定量食盐即得成品。

⑥ 团块豆豉：团块豆豉的制曲和发酵同时进行。方法是：大豆经浸泡蒸煮后，熟豆趁热放于石臼中捣制或用粉碎机粉碎成豆泥，同时加入香料及干豆子质量 6%～8%的食盐，拌和均匀。把豆泥捏制成卵圆形的团块，每块湿重约 250g，整齐地排列在篾制的篓内，篓底垫上一层薄薄的稻草，装好后表面再盖一薄层稻草。

把装好团块的篾篓移入培菌室，将室温控制在 25℃左右，保持室内相对湿度为 90%以上，培养 4～5d 时团块表面就可以形成浆液层，长出散点状的菌斑，这时便逐渐开启门窗通风，以降低湿度，使面团表面逐渐干燥，使菌从内部深入，再经过 5～6d 培菌结束。

在培菌过程中 pH 较低，霉菌和酵母菌在团块表面生长占优势，随着培养时间的延长，pH 逐渐升高，霉菌生长受到抑制，细菌取代了霉菌，成为了占优势的种群，团块内部的发酵基本上是由细菌所控制。

通过培菌发酵的豆豉团块，再经过烟熏更有利于贮放和显著提升香味。烟熏的方法是将豆豉团块整齐排列在稀孔篾篓上，架于烟塘之上。塘内以锯末或木柴生烟，以生柏桠升烟最为理想。间歇熏烟可以使水分缓缓蒸发，水分析出、吸收交替的过程可以把烟气成分带入团块内部，有利于熏心，同时避免致癌物质导入成品。因此，最好每日熏烟 3 次，每次熏 90min，共熏 3～4d。掌握“见烟不见火”的原则，把熏烟温度控制在 350℃以下。经过烟熏的团块豆豉，可以敞放保存 3～4 个月，团块豆豉食用前应洗净烟尘，切细成小块，煎炒或蒸煮作为菜肴。

三、日本纳豆、印尼丹贝的制备

日本的纳豆和印尼的丹贝及我国的豆豉有一定的渊源，在制作上也有异曲同工之处，但它们的发展和影响力都已远远超过了我国的豆豉。

1. 日本纳豆的生产工艺

纳豆是由大豆经发酵而成的，表面布满黏液，夹起来有很长细丝的一种食品，流行于日本。关于纳豆起源的说法很多。一般认为纳豆是由中国的豆豉演化而来的，高僧鉴真东渡日本时，带去了豆豉和豆豉制作技术，最初在纳所（寺庙中的厨房）制作，因此被称为纳豆。

日本纳豆分为细菌型和米曲霉型两类，以细菌型最常见，其制作方法和我国的细菌型豆豉基本相同。

纳豆的生产工艺流程如图 7-9 所示。

大豆→清洗→浸泡→沥干→蒸煮→冷却→接种→发酵→后熟→干燥→纳豆
↑
纳豆菌

图 7-9 日本纳豆生产工艺流程

纳豆生产一般选用个体小、大小均匀、表面光滑的大豆，经水洗、除去杂质和劣质豆，于凉水中浸泡过夜（根据季节气温不同，一般夏季泡 12h，冬季泡 20h），沥掉泡豆水后，浸泡后的大豆一般吸水达 110%～130%。

将浸泡好的大豆在 0.15MPa 下蒸煮 30～40min。煮好的大豆应很软，用手指即可轻易碾碎。煮好的大豆冷却后接种纳豆杆菌，接种可以采用 5%～10%的新鲜纳豆，也可采用干粉型或液态的商业纳豆杆菌，每千克大豆接种量为 10^3 个孢子。大豆接种之后应搅拌使菌种分布均匀（传统的纳豆生产方法是将蒸煮好的大豆以稻草包裹，稻草中含有纳豆杆菌，因此不需另外接菌）。接种后的大豆于 40～41℃下发酵 14～20h；5℃下后熟 24h。

与其他的无盐发酵食品一样，新鲜纳豆易变质，其保质期与贮藏温度有关：－18℃冷冻可保存 6 个月；0～4℃可保存 8～10d；低温冷冻干燥至含水量低于 5%，再粉碎成粉末可较长时间保存。纳豆不宜直接高温加热，否则会破坏其营养成分。

2. 印尼丹贝生产工艺

丹贝，又名天培、天贝、田北等，是以豆类、花生和小麦等为原料，经脱壳、浸泡、接种根霉菌后经短时间固态发酵而成的食品。丹贝的成品呈白色饼状，厚 2～3cm，含水量为 50%～60%，口感柔软黏滑，质地较豆豉稍硬，具有类似酵母和奶酪的香味，常以油炸或与肉类烩制食用。20 世纪 60 年代以来，东南亚地区及美国的科学家们对天培进行了深入的研究，发现丹贝中含有丰富的维生素 B_{12}，并具有很强的抗氧化活性。

丹贝在制作上采用无盐固态法发酵，周期比较短。丹贝最早是由家庭采用自然发酵形式制作，后来采用接种发酵，且规模不断扩大。丹贝的生产工艺很多，其根本区别在于所采用的发酵方法和酸化的方法不同。在印尼传统工艺中，酸化是依靠大豆在长时间浸泡过程中产酸菌（主要是乳酸菌）的生长来完成的，后来发展起来的纯种发酵工艺则是在浸泡水中加入1%（体积分数）的乳酸进行人工酸化。此外，各地不同的风俗和气候条件对丹贝的制作工艺也有一定影响。

传统天然发酵丹贝的生产工艺流程如图7-10所示。

精选大豆→浸泡过夜→去皮→水煮→控水→冷却摊晾并用香蕉或其他叶片覆盖→发酵(1～2d)→成熟

图7-10 传统天然发酵丹贝的生产工艺流程

具体操作是将大豆水泡去皮，水煮0.5h后捞出控水，晾至豆粒表面不带水。取一块新制成的天培揉搓接种，拌匀后摊在竹席上，厚2～3cm，盖上蕉叶，在温暖处发酵1～2d，直到豆粒长满白色菌丝结成饼状，即可烹制食用或冷冻干燥存放。

现代丹贝生产工艺流程如图7-11所示。

精选大豆→浸泡(18～24h)→蒸煮(0.8MPa,20min)→酸化基质(加0.8%乳酸)→接种(少孢根霉)→分装→恒温培养(36℃±1℃,30h)→成熟

图7-11 现代丹贝生产工艺流程

用于制作天培的大豆应去皮，原因是根霉不具备分解大豆外皮的酶系，在未去皮的大豆上生长不良。去皮分为湿法和干法两种：湿法去皮是将大豆浸泡过夜，然后通过踩踏或机械方法将种皮去除，再通过悬浮法将种皮分离；干法去皮是直接通过机械摩擦去皮，再通过气流将种皮分离。

发酵成熟的丹贝应及时处理，否则发酵期延长，菌丝分化成孢囊，会使产品变黑，氨基酸进一步氨化使产品风味变差，还易滋生杂菌导致产品腐败。新鲜天培在室温下的保质期很短，一般是当天制作当天食用，如果放置时间过长，丹贝的颜色会变成暗褐色，表面由于细菌生长会发黏，产品也会出现苦味。

四、纳豆、丹贝和豆豉生产工艺的比较

纳豆、丹贝和豆豉均属于大豆发酵制品。日本纳豆和我国的细菌型豆豉相似，而丹贝则类似于我国的霉菌型豆豉。三者在制作工艺上也相似（豆豉的制曲实际上也是一种发酵过程，加盐入坛后的发酵可以看作后酵）。

尽管纳豆、丹贝和豆豉的制作工序基本相同，但三者在菌种的使用和发酵参数等方面有一定的区别。此外，纳豆与丹贝均为无盐发酵，而豆豉则为有盐厌氧发酵。

目前纳豆和丹贝都实现了纯种发酵和规模化生产，产品质量稳定，而我国豆豉生产主要还是沿袭传统的自然发酵和作坊式生产。因此有必要继续深入研究，并借鉴国外的成功经验，将我国的豆豉生产由传统作坊式向工业化和标准化方向转变，提高产品质量，发挥自身的优势，进而走向国际市场。

【复习题】

1. 蚕豆如何去皮？
2. 酶法酿制面酱时，应如何提取粗酶液？
3. 制辣椒酱的辣椒应如何贮藏和处理？
4. 酶法酿制大豆酱时，把部分面粉制成酒化醪后再参与发酵的好处是什么？
5. 纳豆、丹贝和豆豉在生产工艺上有哪些相同和不同之处？
6. 豆豉制曲可采用哪几类微生物？采用不同微生物制曲在操作上有何不同？
7. 酱类生产有哪些方法？各有哪些优缺点？

第八章 味精生产技术

知识目标

1. 了解味精生产工艺流程。
2. 掌握谷氨酸发酵原料。
3. 掌握国内常用的谷氨酸发酵生产菌株。
4. 掌握谷氨酸发酵方法和提取方法。

能力目标

1. 能够指导味精生产的安全性和质量标准。
2. 能够解决味精生产中常见的质量问题。

思政与职业素养目标

味精能赋予美食独特的风味基底，带来丰富的口味特性，是突出美味的点睛之笔和呈味载体。生产时要树立“以人为本，安全重于泰山”的理念，旨在改善食物的风味，增添食品醇厚饱满的味道。

第一节 概 述

味精又称谷氨酸钠、味素，为α-氨基戊二酸即L-谷氨酸的钠盐，具有强烈的肉类鲜味，使菜肴更加鲜美可口，将其添加在食品中可使食品风味增强，鲜味增加。谷氨酸也是人体中常见的氨基酸之一，是许多蛋白质不可缺少的成分，并且参与体内许多其他代谢过程，因而具有较高的营养价值。

一、味精生产历史

1866年德国人H. Ritthausen（里德豪森）博士从面筋中分离到氨基酸，即谷氨酸，根据原料定名为麸酸或谷氨酸（因为面筋是从小麦里提取出来的）。1908年日本东京大学池田菊苗试验，从海带中分离到L-谷氨酸结晶体，这个结晶体和从蛋白质水解得到的L-谷氨酸是同样的物质，而且都是有鲜味的。之后以面筋或大豆粕为原料通过用酸水解的方法生产味精。1965 年以前都是用这种方法生产味精，该方法消耗大，成本高，劳动强度大，对设备要求高，需耐酸设备。随着科学的进步及生物技术的发展，味精生产发生了革命性的变化。微生物发酵法生产谷氨酸始于 1957 年日本协和发酵公司，木下等人分离到一种可产生谷氨酸的细菌——谷氨酸棒杆菌。自 1965 年以后我国味精厂（上海味精厂于 1964 年）都采用粮食为原料（玉米淀粉、大米、小麦淀粉、甘薯淀粉），通过微生物发酵、提取、精制而得到符合国家标准的谷氨酸钠。美国、意大利等国也相继用发酵法生产味精。味精产量日益增大。目前，全世界味精年产量已达到 50 万吨以上，人们对谷氨酸的生物合成机理、代谢途径进行了深入的研究，已经形成科学的、完整的大规模工业化生产。

二、味精的种类

依据国家标准 GB/T 8967—2007 规定，按添加成分将味精分成三大类：味精、加盐味精和增鲜味精。加盐味精是在谷氨酸钠（味精）中，定量添加精制盐的均匀混合物；增鲜味精是在谷氨酸钠（味精）中，定量添加增鲜剂，其鲜味应超过混合前的谷氨酸钠（味精）。

三、味精的性质

味精的化学名称为谷氨酸钠，又叫麸氨酸钠，是氨基酸的一种，也是蛋白质的最后分解产物，分子式 $C_5H_8NO_4Na \cdot H_2O$，是一种无嗅无色的晶体，在 232℃时解体熔化。谷氨酸钠的水溶性好，在 100mL 水中可以溶解 74g 谷氨酸钠。在强碱溶液中，能生成谷氨酸二钠，鲜味消失。如果将水溶液加热到 120℃，能使部分谷氨酸钠失水而生成焦谷氨酸钠，就更没有鲜味了。

味精是一种应用广泛的调味品，其摄入体内后可分解成谷氨酸、酪氨酸，对人体健康有益。味精可以增进人们的食欲，提高人体对其他食物的吸收能力，对人体有一定的滋补作用。因为味精里含有大量的谷氨酸，是人体所需要的一种氨基酸，96%能被人体吸收，形成人体组织中的蛋白质。它还能与血氨结合，形成对机体无害的谷氨酰胺，解除组织代谢过程中所产生的氨的毒性作用。

第二节　谷氨酸生产原料与相关微生物

一、谷氨酸生产原料及原料处理

谷氨酸发酵的主要原料有淀粉、甘蔗糖蜜、甜菜糖蜜、醋酸、乙醇、正烷烃（液体石蜡）等。国内多数生产厂家是以淀粉为原料生产谷氨酸的，少数厂家是以糖蜜为原料进行谷氨酸生产的，这些原料在使用前一般需进行预处理。

1. 淀粉的糖化

淀粉水解为葡萄糖的过程称为淀粉的糖化，制得的水解糖叫淀粉糖。

绝大多数的谷氨酸生产菌都不能直接利用淀粉，因此，以淀粉为原料进行谷氨酸生产时，必须将淀粉质原料水解成葡萄糖后才能供使用。可用来制成淀粉水解糖的原料很多，主要有薯类、玉米、小麦、大米等，我国主要以甘薯淀粉或大米制备水解糖。淀粉的来源如表 8-1 所示，淀粉的规格如表 8-2 所示。

淀粉的水解方法有四种：酸解法、酶解法、酸酶法和酶酸法。

表 8-1 淀粉的来源

品种	淀粉含量/%	水分含量/%	脂肪含量/%	灰分含量/%	蛋白质含量/%	纤维素含量/%
小麦	66～72	11～14	1～2	0.4～1	8～5	1～2
玉米	60～72	12～25	2～4	1.0	9～10	2
木薯	20～30	50～70	0	0.2	0	2～3
木薯干	77.36	15.48	—	1.68	0.26	—
马铃薯	15～20	75～80	0.1	1.0～1.5	2～3	0.5～1.0
甘薯	16.2	81.6	0.1	0.5	1.3	0.3
甘薯干	77.8	13.2	0.4	2.9	2.2	3.0

表 8-2 淀粉原料规格

成分	干玉米淀粉	湿玉米淀粉	干小麦淀粉	湿小麦淀粉	甘薯淀粉
酸值/(mg KOH/g)	20	20	30	30	35
蛋白质含量/%	0.5 以下	0.5 以下	0.6 以下	0.6 以下	0.5 以下
灰分含量/%	0.3	0.3	0.3	0.3	0.5
淀粉含量/%	> 83	> 56	> 83	> 57	> 78
含水量/%	< 14	< 40	< 14	< 40	< 16
色泽	洁白	洁白	洁白	洁白	白色
味	无异味				

(1) 酸解法

① 主要发生如下几种反应

a. 淀粉的酸解反应：以无机酸为催化剂，在高温高压条件下使淀粉水解成葡萄糖的过程，称为淀粉的酸解。

淀粉酸解过程发生的变化如下：底物的分子量逐渐变小。随着酸解的进行，底物由起始的淀粉变成了分子量比淀粉小的糊精，然后由糊精变成分子量更小的低聚糖和麦芽糖。由于酸解过程中，单个葡萄糖的数量在不断增加，所以酸解液的甜度和还原性逐渐上升。

b. 葡萄糖的复合反应：淀粉酸解过程中生成的葡萄糖，在酸和热的催化作用下，通过α-1,6-糖苷键连接成异麦芽糖和经β-1,6-糖苷键连接成龙胆二糖，这种反应称为复合反应。

影响葡萄糖复合反应的因素：随着淀粉酸解的进行，葡萄糖量逐渐增加，而复合糖的生成量也随着增多，特别是当葡萄糖浓度较高时，复合糖的生成就更明显；酸解淀粉时，酸浓度越高，复合糖的生成量则越多；酸解温度越高，复合糖的生成量也越多。

c. 葡萄糖的分解反应：淀粉酸解过程中生成的葡萄糖受酸和热的作用发生分解反应，产生5-羟甲基糠醛。由于5-羟甲基糠醛极不稳定，它会进一步分解成乙酰丙酸、甲酸和有色物质，而这些分解产物又会与其他物质聚合，生成新物质。

葡萄糖分解反应与葡萄糖浓度和淀粉酸解时的酸度、温度、时间有关。淀粉乳浓度高或酸解时酸度高、温度高、时间长，其中任何一个因素都可促使分解反应的发生。

② 酸解工艺流程如图 8-1 所示。

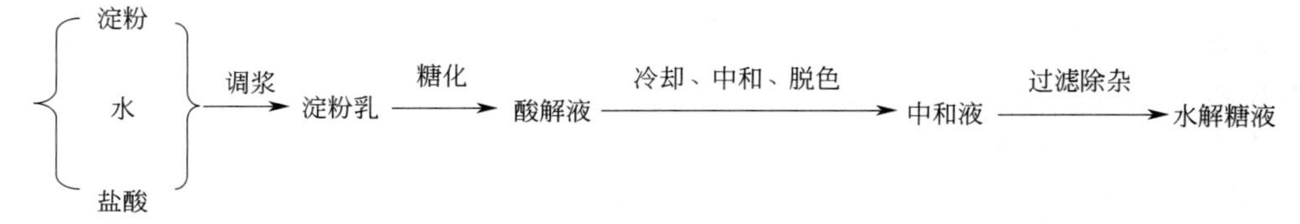

图 8-1 酸解工艺流程

a. 调浆：首先将原料淀粉、水和工业盐酸调成均匀的淀粉乳，调好后的淀粉乳浓度应为10～11°Bé，加盐酸的量（以纯盐酸计）为干淀粉的0.5%～0.8%，控制pH在1.5左右。

b. 糖化：水解糖液的关键环节，因此条件必须严格控制。

淀粉乳浓度的控制：淀粉乳浓度越高，水解糖液中的葡萄糖量也越多。葡萄糖浓度过高会促使葡萄糖复合反应和分解反应的发生，不仅糖的得率受影响，而且糖液质量变差。但淀粉乳浓度过低，显然在经济上是不合算的，而且当淀粉乳含量低于10°Bé时，葡萄糖得率的增加并不显著，所以工业生产上酸解淀粉时，将淀粉乳含量控制在10～11°Bé。

酸的种类和用量：许多种酸都能用来酸解淀粉，但因为盐酸酸解淀粉的能力最强，所以盐酸最为常用。盐酸用量以干淀粉的0.6%左右为宜。

糖化温度和时间：淀粉水解时，是用蒸汽直接加热的。糖化温度过高，会加剧葡萄糖复合反应和分解反应的进行，因此，要掌握好加热温度和加热时间的关系（表8-3）。

表8-3　淀粉酸解的温度和时间

水解锅内表压/MPa	锅内温度/℃	酸解时间/min
0.2	133	24～25
0.25	138	15～16
0.3	143	10～11

糖化锅结构：糖化锅体积不能太大，这样可避免进、出料时间过长造成的部分淀粉水解时间长而部分淀粉水解时间短（先进锅的后出锅，后进锅的先出锅）的缺点。另外，糖化锅的径高比要适当，如果锅体过高，由于加热器一般都安装在锅底部，势必造成锅内上下部分水解速率悬殊；如果锅的直径过大，则容易出现死角，糖化就难以做到均匀进行。一般糖化锅的径高比，都采用1∶1.5～2.5。

加酸方式：加酸方式是否合理，对糖液质量有很大影响。一般采用如下方式：先将盐酸总量的1/3，用水适当稀释后泵入锅内，体积以掩盖住蒸汽分布器为宜，然后加热至沸。接着，用适量水和剩下的盐酸将淀粉调成淀粉乳后泵入锅内，此时锅内淀粉乳浓度应为10～11°Bé。由于进料前糖化锅内已有少量沸腾的酸水，这样，淀粉乳刚进锅时就不会因受热而结块，而且淀粉乳超过糊化温度迅速液化成可溶性淀粉，从而缩短了淀粉水解时间。

糖化终点的判断：在酸解结束前，取少量酸解液滴入无水乙醇中，一旦没有白色沉淀出现，即表示淀粉已被水解完全，可以立即放罐。

c. 冷却：由糖化锅出来的糖化液温度很高（100～150℃），经冷却后进行中和，一般冷却到80℃左右，再加入中和剂进行中和。

d. 中和：采用的中和剂为纯碱（Na_2CO_3）或烧碱（NaOH）溶液。中和终点pH应根据淀粉中蛋白质种类及其他杂质的含量加以调节，pH一般控制为4.0～5.0。

e. 脱色：中和结束后，加活性炭脱色，脱色温度控制在60℃为宜，活性炭用量相当于淀粉量的0.2%～0.4%。

f. 除杂：让经过中和与脱色的水解糖液静置1～2h，让其充分沉淀，待液温降至45～50℃时用泵打入过滤器过滤，过滤后的糖液送贮糖桶贮存。

③水解糖液质量要求

a. 糖液中还原糖的含量，要求达到发酵用糖浓度，一般在18%以上；

b. 糖液要清，色泽要浅，正常的糖液呈浅黄绿色，在550nm处的透光值达到90%

以上；

c. 糖液中得含有糊精；

d. 糖液要新鲜，尽可能现做现用，放置时间过长，容易发酵变质。

(2) 酶解法 酶解法制备淀粉水解糖是采用专一性很强的淀粉酶，将淀粉水解为葡萄糖的工艺。酶法工艺分两步：第一步是利用α-淀粉酶将淀粉水解，转化为糊精及低聚糖。这个过程称为液化；第二步是利用糖化酶将糊精或低聚糖进一步水解，转变为葡萄糖，这个过程称为糖化。

酶解工艺条件如下：

① 液化：淀粉在α-淀粉酶作用下，分子内部的α-1,4-糖苷键发生断裂，大分子淀粉裂解成小分子糊精及低聚糖，反应液黏度降低，流动性不断增强，这就是液化。

a. 液化条件：先加热淀粉乳，使淀粉颗粒吸水膨胀，破坏了淀粉层结晶结构，加入α-淀粉酶后水解，淀粉很快被水解为糊精和低聚糖分子。α-淀粉酶的最适 pH 与最适温度之间有一定依赖关系。生产上采用30%～40%淀粉乳浓度，pH 6.0～7.0，加酶同时加入一定量Ca^{2+}，然后在85～90℃下进行液化，α-淀粉酶用量为8～10U/g 淀粉。反应液中Ca^{2+}浓度为0.01mol/L。

b. 液化方法：国内较为多用的是升温液化法。

升温液化法：将淀粉乳（浓度30%～40%）pH 调整到6.0～6.5，加入$CaCl_2$，使Ca^{2+}浓度达到0.01mol/L，按要求投入定量的液化酶，在保持剧烈搅拌条件下，加热到85～90℃，并保持30～60min，以便达到所需的液化程度，然后升温至100℃，灭酶10min。

喷淋液化法：将料液喷淋入90℃热水中（热化桶中）糊化和液化，并由桶的底部流入90℃的保温桶中保温，以达到所需要的液化程度。

喷射液化法：将喷嘴先用蒸汽预热到90℃，再引入淀粉乳，使蒸汽直接喷入薄层淀粉乳，使之迅速糊化、液化，液化液由喷嘴下方排出，引入后熟器，在85～90℃保温几十分钟。达到所要求的液化程度。此法的液化效果好，蛋白质凝结好，过滤容易。

分段液化法：将淀粉乳 pH 调为6.0～7.0，加入1/3的α-淀粉酶，然后在85～92℃保持15min 液化，再加热140℃，保持5～8min。再降温至85℃，加入剩余2/3的α-淀粉酶，保温1～2h，然后到所需要的液化程度。由于液化为两段（也可分三段、四段）进行，中间进行加热处理，使淀粉液化效果好。

c. 液化程度的控制：糖化酶对底物的分子大小有一定的要求，以20～30个葡萄糖单位的底物分子为最适宜，因此，对淀粉的液化程度应加以控制。为了充分发挥糖化酶的作用，在液化结束后应该杀灭α-淀粉酶，防止该酶将糖化酶的底物水解而影响糖化速度。

液化终点是根据碘液显色反应来判断的。液化产物的链长在30～35个葡萄糖单位者，与碘液反应显蓝色；20～30个葡萄糖单位者，与碘液反应显棕色；13～20个葡萄糖单位者，与碘液反应显红色；7个葡萄糖单位以下的短链糊精与碘液反应则不显色。根据糖化酶对底物分子大小的要求，应以液化液与碘液显棕色为淀粉的液化终点。

② 糖化：由糖化酶将淀粉产物糊精和低聚糖进一步水解成葡萄糖的过程，称为糖化。

a. 糖化酶来源：工业生产上葡萄糖淀粉酶制剂主要来源于曲霉、根霉和拟内孢霉，曲霉中以黑曲霉产酶活力高，在高温低 pH 下糖化速度快，可以避免染菌，并减少糖液着色。但黑曲霉的酶系不纯，含有葡萄糖基转移酶，能使葡萄糖基转移生成异麦芽糖（α-1,6-糖苷键）和潘糖（具有α-1,6-糖苷键及α-1,4-糖苷键的三糖），影响葡萄糖的产率。后两者不含葡萄糖基转移酶。

b. 糖化酶水解作用：葡萄糖淀粉酶水解淀粉时，从淀粉的非还原性端开始顺次水解 α-1,4-糖苷键，将葡萄糖一个分子、一个分子地水解下来。作用于支链淀粉的分支点时，优先切开 α-1,6-糖苷键，然后继续水解 α-1,4-糖苷键，故能将支链淀粉全部水解为葡萄糖。

c. 糖化工艺：将 30%淀粉乳的液化液泵入带有搅拌器和保温装置的开口桶内，按每克淀粉加 80～100μg 糖化酶计算加入糖化酶，然后在一定 pH 和温度下进行糖化，48h 后，用无水酒精检查糖化是否完全。糖化结束，升温至 80℃，加热 20min，杀灭糖化酶。糖化时的温度和 pH 取决于糖化酶制剂的性质。来自曲霉的糖化酶，一般以 55～60℃、pH 4.0～4.5 为宜；由根霉产生的糖化酶以 50～60℃、pH 4.5～5.5 为宜。糖化酶用量过大或液化液浓度过高，都会促进葡萄糖复合反应的发生，所以必须控制淀粉液化的淀粉乳浓度和糖化酶用量，也可在加入糖化酶的同时加入能水解 α-1,6-糖苷键的异淀粉酶，以水解复合糖，从而提高葡萄糖的回收得率。

（3）酸酶法 用酸解法将淀粉水解成糊精和低聚糖，然后再用糖化酶将酸解产物糖化成葡萄糖。由于葡萄糖是由糖化酶催化生成的，酶解过程中发生复合反应的概率比较低，因此就可以将前一步淀粉酸解的淀粉乳浓度提高。这比单一的酸解法优越，因为淀粉的液化是借助于酸解作用，液化速率比 α-淀粉酶迅速，与双酶法相比，淀粉水解时间被明显缩短。

操作工艺：将 30%淀粉乳在 pH 2.5、0.25MPa 压力下，酸解 25～30min，用碘液检查酸解终点（酸解液与碘液显棕色反应）。酸解结束，将酸解液降温，并调整 pH 至 4.8，加入糖化酶后，在 55℃下糖化 48h，用无水酒精检查糖化终点，糖化结束，升温灭酶。

（4）酶酸法 α-淀粉酶将淀粉水解成糊精，然后再用酸将糊精水解成葡萄糖。葡萄糖是由酸催化生成的，为了防止复合反应的发生，所以液化时淀粉乳的浓度不能太高，最高不得超过 20%。

操作工艺：

① 先用自来水将碎米洗净，然后用水浸泡 3～4h（根据气温作适当调整），取出碎米磨成 80 目细粉，调节粉浆浓度至 23%～24%，接着加入 α-淀粉酶和 $CaCl_2$，并将粉浆的 pH 调至 6.2～6.4。$CaCl_2$ 的加入量为 3g/L 粉浆，α-淀粉酶用量以每 1g 干碎米添加 5～8U 计算。

② 往液化锅内加入底水，以浸没液化锅内蒸汽加热管为度，然后将底水加热至 80℃左右，用泵把调制好的粉浆输入液化锅内，升温至 90℃，保温 20～30min，以碘液反应检查液化终点（液化液与碘液显棕色反应）。

③ 液化结束，升温至 100℃，加热 5min，灭酶。然后将液化液过滤，滤液用盐酸调节 pH 至 2.0 左右后，在 0.28MPa 压力下酸解 15min 左右，用无水乙醇检查糖化终点，无白色沉淀物生成时即可出料。

2. 糖蜜的预处理

预处理的目的是降低生物素的含量。因为糖蜜中含有过量的生物素会影响谷氨酸的积累。故在以糖蜜为原料进行谷氨酸发酵时常常采用一定的措施降低生物素的含量，常用的方法如下。

（1）活性炭处理法 用活性炭可以吸附除掉生物素。但此法活性炭耗量大，多达糖蜜的 30%～40%，成本高。在活性炭吸附之前先加次氯酸钠或通氯气处理糖蜜，可减少活性炭的耗量。

（2）水解活性炭处理法 国内曾有人进行过盐酸水解甘蔗糖蜜，再用活性炭处理去掉生物素的实验，并应用于生产。

（3）树脂处理法　甜菜糖蜜可用非离子化脱色树脂除去生物素，这样可以大大提高谷氨酸对糖的转化率。处理时先用水和盐酸稀释糖蜜使其糖浓度达10%，pH达2.5，然后加压灭菌120℃、20min，再用NaOH调pH至4.0，通过脱色树脂交换柱后，将所得溶液调至pH 7.0，用以调制培养基。

（4）亚硝酸处理法　可用亚硝酸处理糖蜜，以破坏生物素。处理时先将糖蜜稀释，然后再按一定的比例添加亚硝酸，添加量一般为溶液中糖分的0.5%～1.0%。

如糖蜜不预先处理而是采用添加青霉素、表面活性剂或采用非生物素缺陷型突变株，可以解除糖蜜中过量的生物素对谷氨酸积累的影响。

二、谷氨酸生产菌

1. 常用生产菌株

能利用糖质发酵生产谷氨酸的微生物很多，但主要是一些细菌。生产菌种有棒状杆菌属（*Corynebacterium*）、短杆菌属（*Brevibacterium*）、节杆菌属（*Arthrobacter*）、微杆菌属、（*Microbacterium*）等。

常用的菌种有：谷氨酸棒状杆菌（*Corynebacterium glutamicum*）、黄色短杆菌（*Brevibacterium flavum*）、双歧短杆菌（*B. divaricatum*）等。

我国生产采用的菌种主要有：北京棒状杆菌（*Corynebacterium pekinense*）、钝齿棒状杆菌（*Corynebacterium crenatum*）AS. 1. 542、黄色短杆菌（*Brevibacterium flavum*）617和短杆菌（*Brevibacterium* sp.）T-613等。

2. 谷氨酸生产菌的生理特征

细胞呈球形、棒形或短杆形；革兰氏染色呈阳性反应；无鞭毛，不形成芽孢；不能运动；需氧性的微生物。

根据谷氨酸生物合成途径，作为谷氨酸生产菌应该具备以下几个生化特征。

（1）催化固定二氧化碳的二羧酸合成酶——苹果酸酶和丙酮酸羧化酶的存在，使三羧酸循环的中间代谢物能得到补充。同时，丙酮酸脱羧酶活力不能过强，以免丙酮酸被大量耗用而使草酰乙酸的生成受到影响。

（2）α-酮戊二酸脱氢酶的活性很弱，这样有利于α-酮戊二酸的蓄积。当NH_4^+存在时，在谷氨酸脱氢酶催化下，由α-酮戊二酸不断生成谷氨酸。

（3）异柠檬酸脱氢酶活力强，而异柠檬酸裂解酶活力不能太强，这就有利于谷氨酸前体α-酮戊二酸的生成，满足合成谷氨酸的需要。由于α-酮戊二酸脱氢酶的活性弱，琥珀酸的生成量少，在长菌期，菌体通过乙醛酸循环来弥补三羧酸循环中间代谢物的不足；但当细菌进入产酸期后，由于固定CO_2的二羧酸合成酶的活力已增强，三羧酸循环的中间代谢物完全能够依靠二氧化碳固定反应得到补充，为了有利于谷氨酸的蓄积，此时异柠檬酸裂解酶的活力应降到最小。

（4）谷氨酸脱氢酶活力高，有利于谷氨酸的生成。

（5）谷氨酸脱氢酶催化α-酮戊二酸还原氨基化反应时，需要有$NADPH_2$作为供氢体。如果$NADPH_2$过多，经呼吸链氧化，使所带的氢跟氧结合生成水，导致氢的不足，从而影响谷氨酸的生成。所以，谷氨酸生产菌经呼吸链氧化$NADPH_2$的能力要弱。

（6）菌体本身进一步分解转化和利用谷氨酸的能力低下，也有利于谷氨酸的蓄积。

第三节　谷氨酸发酵技术

一、谷氨酸生物合成方式与途径

1. 谷氨酸合成的方式

谷氨酸生产菌形成谷氨酸的方式主要有以下两种。

(1) 氨基转移作用　在氨基转移酶（或转氨酶）的催化下，除甘氨酸以外，任何 α-氨基酸都可与 α-酮戊二酸作用，使 α-酮戊二酸变成谷氨酸。同样谷氨酸与其他 α-酮酸之间在转氨酶的催化下，也能生成 α-酮戊二酸和新的氨基酸。

$$\begin{array}{c} COOH \\ | \\ C=O \\ | \\ CH_2 \\ | \\ CH_2 \\ | \\ COOH \end{array} + \begin{array}{c} R \\ | \\ CHNH_2 \\ | \\ COOH \end{array} \rightleftharpoons \begin{array}{c} COOH \\ | \\ CHNH \\ | \\ CH_2 \\ | \\ CH_2 \\ | \\ COOH \end{array} + \begin{array}{c} R \\ | \\ C=O \\ | \\ COOH \end{array}$$

(2) 还原性氨基化作用　在 NH_4^+ 和供氢体〔还原型辅酶Ⅱ（$NADPH_2$）〕存在的条件下 α-酮戊二酸在谷氨酸脱氢酶的催化下形成谷氨酸：

$$\begin{array}{c} COOH \\ | \\ C=O \\ | \\ CH_2 \\ | \\ CH_2 \\ | \\ COOH \end{array} + NH_4^+ + NADPH_2 \rightleftharpoons \begin{array}{c} COOH \\ | \\ CHNH \\ | \\ CH_2 \\ | \\ CH_2 \\ | \\ COOH \end{array} + NADP + H_2O$$

2. 谷氨酸合成途径

谷氨酸生物合成途径主要有糖酵解途径（EMP 途径）、磷酸戊糖途径（HMP 途径）、三羧酸循环（TCA）、乙醛酸循环、伍德-沃克曼反应（CO_2 的固定反应）等。有关糖质原料的谷氨酸发酵的机理已有进一步了解。谷氨酸的合成与菌体内的糖代谢和蛋白质代谢有密切关系，图 8-2 是以谷氨酸棒状杆菌为实验材料所证实的谷氨酸形成途径。

(1) 糖酵解途径　葡萄糖在糖酵解途径中首先被降解为丙酮酸，同时有 ATP 和 NADH 生成。接着，丙酮酸在有氧条件下进入三羧酸循环被继续降解。

(2) 磷酸戊糖途径　磷酸戊糖途径也称单磷酸戊糖途径（HMP 途径），葡萄糖生成 6-磷酸葡萄糖后，经磷酸戊糖途径，可以生成核糖、乙酰辅酶 A 和 4-磷酸赤藓糖等芳香族氨基酸的前体物质，这些都是细菌构建细胞所必需的。过程中有 6-磷酸果糖、3-磷酸甘油醛和大量的 $NADPH_2$ 生成，前两者可以跟糖酵解途径联系起来，进一步生成丙酮酸；后者是 α-酮戊二酸进行还原氨基化反应所必需的供氢体。

(3) 三羧酸循环　三羧酸循环不仅是糖的有氧降解的主要途径，而且微生物细胞内许多物质的合成和分解也是通过三羧酸循环相互转变和彼此联系的，它是联系各类物质代谢的枢纽。例如，脂肪、蛋白质的分解，最终也都可以进入三羧酸循环而被彻底氧化；丙氨酸、天

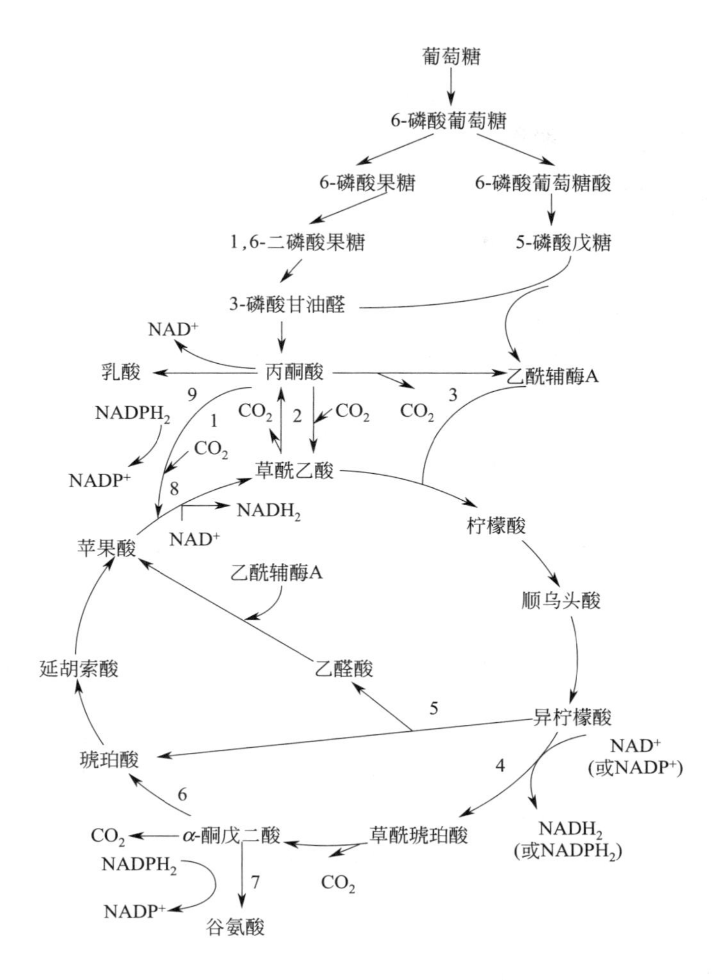

图 8-2 由葡萄糖生物合成谷氨酸的代谢途径

1—苹果酸酶；2—丙酮酸羧化酶；3—丙酮酸脱羧酶；4—异柠檬酸脱氢酶；5—异柠檬酸裂解酶；6—α-酮戊二酸脱氢酶；7—谷氨酸脱氢酶；8—苹果酸脱氢酶；9—乳酸脱氢酶

冬氨酸和谷氨酸脱氨基后，可分别生成丙酮酸、草酰乙酸和α-酮戊二酸，这些羧酸都可以在三羧酸循环中被氧化。

葡萄糖通过糖酵解途径产生的丙酮酸经三羧酸循环可以生成许多对微生物生长繁殖不可缺少的代谢中间产物和谷氨酸的前体物质α-酮戊二酸。例如循环中放出的二氧化碳可参与嘌呤和嘧啶的合成，乙酰辅酶A是合成脂肪和脂肪酸的起始物质，草酰乙酸和α-酮戊二酸可转变为蛋白质的组成成分——天冬氨酸和谷氨酸。三羧酸循环产生的能量是很高的，大大超过了糖在无氧分解条件下产生的能量。所产生的能量，对维持细胞生命活动和细胞合成谷氨酸，有十分重要的意义。

(4) 二氧化碳固定反应 由于合成谷氨酸不断消耗α-酮戊二酸，从而引起草酰乙酸缺乏。为了保证三羧酸循环不被中断和源源不断供给α-酮戊二酸，在苹果酸酶和丙酮酸羧化酶的催化下，分别生成苹果酸和草酰乙酸，前者再在苹果酸脱氢酶催化下，被氧化成草酰乙酸，从而使草酰乙酸得到补充。

(5) 乙醛酸循环 谷氨酸生产菌的α-酮戊二酸脱氢酶活力很弱。因此，琥珀酸的生成量尚难满足菌体生长的需要。通过乙醛酸循环异柠檬裂解酶的催化作用，使琥珀酸、延胡索酸和苹果酸的量得到补足，这对维持三羧酸循环的正常运转有重要意义。

(6) 还原氨基化反应 α-酮戊二酸在谷氨酸脱氢酶的催化下，发生还原氨基化反应生成谷氨酸。异柠檬酸脱氢过程中产生 $NADPH_2$ 为还原氨基化反应提供了必需的供氢体。

二、谷氨酸发酵工艺

1. 发酵培养基

谷氨酸发酵培养基的主要成分有碳源、氮源、生长因子和无机盐等。

(1) 碳源 碳源是构成微生物细胞和代谢的碳架和能源的营养物质。碳源的种类很多，如糖类、脂肪、某些有机酸、某些醇类、烃类等。谷氨酸生产菌大多数是利用葡萄糖、蔗糖、果糖等单糖和双糖作为碳源的，极少数可以直接利用淀粉，所以本书讲的碳源主要是指葡萄糖。由葡萄糖合成谷氨酸的总反应式为

$$C_6H_{12}O_6 + NH_3 + 1.5O_2 \longrightarrow C_5H_9O_4N + CO_2 + 3H_2O$$

即1mol葡萄糖产生1mol谷氨酸，两者之间存在着定量关系，其理论转化率应为81.7%，也就是说从理论上讲糖浓度越大，谷氨酸产量越高。但实际上，糖的浓度超过一定限制时，反而不利于细菌细胞的增殖和谷氨酸的合成。反之，培养基中葡萄糖浓度过低虽然能提高转化率，但谷氨酸总产量也低。所以在配制培养基时，应综合考虑以上问题，选择适当的糖浓度。

碳源在谷氨酸生产菌中的作用有三点：①利用葡萄糖经体内代谢转变为核酸、蛋白质等，供菌体生长繁殖用。②一部分葡萄糖经体内氧化作用产生能量，作为菌体生长繁殖以及新陈代谢的能源。③在培养条件适宜的情况下，大部分葡萄糖经菌体糖代谢也就是三羧酸循环途径转变为 α-酮戊二酸，在 NH_4^+ 和供氧体 NADPH 存在时还原氨基化产生谷氨酸，通过细胞渗透到发酵液中。

(2) 氮源 氮源是合成菌体蛋白质、核酸、磷脂、某些辅酶以及它的主要代谢产物的原料。由于形成谷氨酸不仅需要足够的 NH_4^+ 存在，而且还需要一部分氨用来调节 pH。因此，谷氨酸发酵所需要的氮源数量要比普通工业发酵大得多，一般工业发酵所用培养基 C/N 比为 100∶(0.5～2)，而谷氨酸发酵所需 C/N 比为 100∶(20～30)。当低于这个值时，菌体大量繁殖，谷氨酸积累很少；当高于这个值时，菌体生长受到一定抑制，产生的谷氨酸进而形成谷氨酰胺。因此只有 C/N 比适当，菌体繁殖受到适当的抑制，才能产生大量的谷氨酸，实际生产中一般用尿素或氨水作为氮源并调节 pH。

(3) 无机盐 无机盐是微生物维持生命活动不可缺少的物质，其主要功能是：①构成细胞的成分；②作为酶的组成部分；③激活或抑制酶的活性；④调节培养基的渗透压；⑤调节培养基的 pH；⑥调节培养基的氧化还原电位。微生物对无机盐的需求量很少，但无机盐对微生物生长和代谢的影响却很大。谷氨酸发酵所需的无机离子有磷、硫、镁、钾、钙、铁等。这些无机盐的用量为：KH_2PO_4，0.05%～0.2 %；K_2HPO_4；0.05%～0.2 %；$MgSO_4 \cdot 7H_2O$，0.005%～0.1 %；$FeSO_4 \cdot 7H_2O$，0.005%～0.01 %。

(4) 生长因子 凡是微生物生长不可缺少，而自身又不能合成的微量有机物质称为生长因子。不同的微生物其所需要的生长因子的种类也不同。目前所使用的谷氨酸生产菌均为生物素缺陷型，因此生物素是谷氨酸生产菌的生长因子，它含量的多少对谷氨酸生产菌的生长、繁殖、代谢和谷氨酸的积累有十分密切的关系。生物素主要参与细胞膜的代谢，进而影响膜的透性。一般“亚适量”的生物素是谷氨酸积累的必要条件。谷氨酸生产菌的生长因子

除生物素外，还有其他B族维生素如硫胺素等。一般玉米浆、麸皮水解液、糖蜜等都含有一定量的生物素，这些物质可作为生物素的来源。

发酵培养基中的各种成分的配比，由于菌种、设备和工艺不同，以及原料来源、质量不同而有所差异。

2. 培养基的灭菌

谷氨酸发酵培养基（系指淀粉水解糖为主要碳源的培养基）实罐灭菌条件是105～110℃，保温6min。连续灭菌所采用的灭菌条件是：连消塔灭菌温度110～115℃，维持罐温度105～110℃，6～10min。

培养基灭菌后冷却至30℃左右即可接入种子进行发酵。

3. 种子的扩大培养

通常谷氨酸发酵的接种量为1%，工业生产上一般采用两级扩大培养的方法来获得所需的菌量。种子扩大培养的工艺流程如图8-3所示。

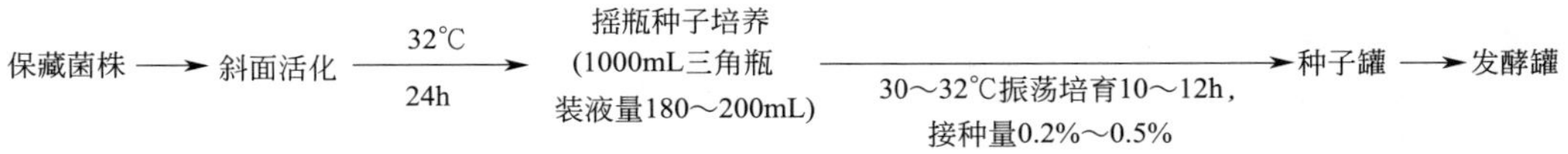

保藏菌株 ⟶ 斜面活化 ⟶（32℃，24h）摇瓶种子培养（1000mL三角瓶装液量180～200mL）⟶（30～32℃振荡培育10～12h，接种量0.2%～0.5%）种子罐 ⟶ 发酵罐

图8-3 种子扩大培养工艺流程

(1) 一级种子质量指标

① 显微镜检查，无杂菌，菌体粗壮、均匀、排列整齐。

② 涂平板检查无杂菌、无噬菌斑。

③ OD值净增0.6左右。

④ 种子培养液pH在6.4左右。

⑤ 种子培养液残糖在0.5%以下。

(2) 二级种子质量指标

① pH在7.2左右。

② 残糖含量在1.5%左右。

③ 其他各项指标与一级种子相同。

(3) 影响种子质量的主要因素

① 种子培养基的氮源、生物素和磷盐的含量要适当高些，但葡萄糖的含量必须限制在2.5%左右，这样可得到活力强的种子，避免糖多产酸pH下降造成种子老化。

② 种子对温度变化敏感。在培养过程中温度不宜波动太大，以免种子老化。

③ 在种子培养过程中，通风和搅拌要恰当。溶氧水平过高，菌体生长受到抑制，糖的消耗十分缓慢，在一定的培养时间里，菌体数达不到所要求的量；溶氧水平过低，因为氧不足，所以菌体生长迟缓，为了达到发酵所需的菌体数，必须延长培养时间。

④ 处在对数期的细胞，其活力最高，一般以此阶段的细胞作种子，因此这就需要掌握好种子的培养时间。种龄过短，种子稚嫩，对环境的适应力差；种龄过长，细胞的活力已下降，当接入发酵培养基后会出现调整期延长的现象。

4. 发酵条件的控制

谷氨酸发酵生产过程中，优良的菌种仅仅为获得高产提供了可能，要把这种可能变成现实，还必须给以必要的条件，条件控制不当就不能达到我们需要的目的，产品收率也就受到影响。所以，在发酵过程中除严格无菌操作外，还需掌握一定的温度、通风量、pH与泡沫的控制等。

(1) 温度对发酵的影响 在发酵过程中，谷氨酸生产菌的生长繁殖与谷氨酸合成都是在酶的催化下进行的酶促反应，不同的酶促反应所需的温度也不同。谷氨酸发酵前期（0～12h）是菌体大量繁殖阶段，在此阶段微生物利用培养基中的营养物质来合成核酸、蛋白质等供菌体繁殖用，而控制这些合成反应的最适温度均为30～32℃。发酵中后期（12h以后），菌体生长进入稳定期，此时菌体繁殖速度变慢，谷氨酸合成过程加速进行，催化合成谷氨酸的谷氨酸脱氢酶的最适温度均比菌体生长繁殖的温度要高，因而发酵中期适当提高罐温有利于产酸，中期温度可适当提高至34～37℃。

(2) pH的控制 发酵过程中，发酵液pH的变化是微生物代谢情况的综合标志。其变化主要在于培养基成分的配比及发酵条件的控制。谷氨酸生产菌生长最适pH为偏碱性，故在发酵前期将pH适当控制为7.5～8.0较合适。发酵中后期催化谷氨酸合成的酶的最适催化pH在中性或弱碱性，故将其发酵液pH控制为7.0～7.6对提高谷氨酸产量有利。

发酵生产中，pH的控制通常是采用流加尿素、氨水或液氨等办法进行，这样不但补充了氮源，也起到调节pH的作用。

(3) 通风与搅拌对发酵的影响 谷氨酸生产菌是兼性好气性微生物，在供氧充足与供氧不足的条件均可生长但代谢产物不同。通风量小，供氧不足时，进行不完全氧化，葡萄糖进入菌体后经糖酵解途径产生丙酮酸，丙酮酸则经还原形成乳酸。如果通风量过大，进入菌体内的葡萄糖被氧化成丙酮酸后继续氧化成乙酰辅酶A，进入三羧酸循环，生成α-酮戊二酸。由于供氢体（$NADPH_2$）在氧气充足的条件下，经呼吸链被氧化成水而无氢的供给，谷氨酸合成受阻，α-酮戊二酸大量积累。只有在供氧适当时还原性辅酶Ⅱ（$NADPH_2$）大部分不经呼吸链氧化成水，在NH_4^+供应充足条件下，才能在谷氨酸脱氢酶催化下还原氨基化形成谷氨酸，使谷氨酸大量积累。

通风的实质除了供氧外，还能起到使菌体与培养基密切结合，保证代谢产物均匀扩散，以及保持正压的目的。

微生物只能利用溶解于培养基中的氧，溶解氧的大小是由通气量和搅拌转速所决定的。除此之外，培养基中的溶解氧还与发酵罐的径高比、液层厚度、搅拌器型式、搅拌叶直径大小、培养基浓度、发酵温度、罐压等有关。在实际生产中，搅拌转速固定不变，通常通过调节通风量来改变供氧水平。

搅拌可提高通风效果，可将空气打成小气泡，增加气、液接触面积，提高溶解氧的水平。谷氨酸发酵的过程中，发酵前期以低通风量为宜，K_d值（氧的溶解系数）在（4～6）×10^{-6} $molO_2$/（mL·min·MPa），而产酸期K_d值为（1.5～1.8）×10^{-5} $molO_2$/（mL·min·MPa）。

发酵罐的大小不同，所需的搅拌转速与通风量也不同。表8-4是发酵罐大小、搅拌转速及通风量的关系。

表8-4 发酵罐搅拌转速和通风量

罐体积/L	搅拌转速/(r/min)	通风量
50 000	148	1∶0.12
20 000	180	1∶0.12
10 000	200	1∶0.12
5000	250	1∶(0.18～0.2)

实际生产通气量的大小常用通风比来表示，如每分钟向1m^3的发酵液中通入0.1 m^3的

无菌空气，即用1∶0.1来表示。

综上所述，通气与搅拌对谷氨酸发酵大有影响。通气搅拌过量时糖耗慢，pH趋碱性，前期菌体生长缓慢，后期氧化剧烈，α-酮戊二酸增产，谷氨酸减产；通气搅拌不足时，糖耗加快，pH易趋酸性，尿素随加随耗，菌体大量生长繁殖，乳酸增产，谷氨酸减产。因此，为了获得谷氨酸发酵的高产，通气搅拌必须配合适当，才能使发酵产酸正常进行。

(4) 泡沫的控制 在谷氨酸发酵过程中，由于强烈的通风与菌体代谢所产生的CO_2，使培养液产生大量的泡沫。泡沫的存在往往给发酵带来危害，泡沫过多会使培养液溶解氧减少，气体交换受阻，影响菌的呼吸和代谢。另外泡沫过多不仅影响装料系数，降低发酵设备使用率，而且还能使发酵液外溢，增加污染机会。一般当泡沫多时必须消除泡沫，才能保证发酵的正常进行。

消泡的方法有机械消泡（如采用耙式、离心式、刮板式、蝶式等消泡器）、化学消泡（采用化学消泡剂，如天然油脂、聚酯类、醇类、硅酮消泡剂等）两种方法。

发酵时间不同的谷氨酸生产菌对糖的浓度要求也不一样，其发酵时间也有所差异。一般低糖（10%～12%糖）发酵，其发酵时间在36～38h，中糖（14%糖）发酵时间为45h。

第四节 谷氨酸的提取及味精生产技术

一、谷氨酸的提取分离

从发酵液中提取谷氨酸，必须要了解谷氨酸理化特性和发酵液的主要成分及特征，以利用谷氨酸和杂质之间物理、化学性质的差异，采用适当的提取方法，达到分离提纯的目的。谷氨酸的分离提纯，通常应用它的两性电解质的性质、谷氨酸的溶解度、分子大小、吸附剂的作用，以及谷氨酸的成盐作用等，把发酵液中的谷氨酸提取出来。

1. 谷氨酸发酵液的主要成分

谷氨酸发酵液中除了谷氨酸外，还有代谢副产物、培养基配制成分的残留物质、有机色素、菌体、蛋白质和胶体物质等。其含量随发酵菌种、工程装备、工艺控制及操作不同而异。正常发酵液放罐时pH为6.5～7.2，呈浅黄色，表面有少量泡沫，有谷氨酸发酵的特殊气味。谷氨酸发酵液的主要成分为谷氨酸>8%，湿菌体5%～10%，有机酸<0.8%，残糖<0.8%，铵离子0.6%～0.8%，核酸、核苷酸类物质0.02%～0.06%，还有少量的谷氨酸类似物、其他氨基酸、有机色素、残留消泡剂其他杂质及微量无机盐。

2. 谷氨酸的等电点和溶解度

谷氨酸具两性电解质性质，溶于水呈离子状态，解离方式取决于溶液pH。在不同pH的溶液中，谷氨酸可解离成GA^{+}、$GA^{\pm}$、GA^{-}和GA^{2-}四种不同的离子态。谷氨酸的等电点是3.22，故当溶液的pH为3.2时，溶液中大部分是$GA^{\pm}$两性离子。

谷氨酸的溶解度是指在一定温度下，每100g水中所能溶解谷氨酸的最多克数。谷氨酸的溶解度随pH而变化，当溶液的pH为3.2时溶解度最小。当溶液的pH偏离谷氨酸的等电点越大，其溶解度也越大。当温度为20℃及30℃时，谷氨酸在pH小于3.2溶液中的溶解度见表8-5。

谷氨酸的溶解度还与温度有关。谷氨酸在不同温度条件下的溶解度见表8-6。

表 8-5　谷氨酸在 pH<3.2 溶液中的溶解度　　单位：g/100g 水

温度/℃	pH										
	0.7	0.9	1.3	1.4	1.8	2.0	2.3	2.4	2.5	3.1	3.2
20	12.6		4.2		1.1		0.99		0.73	0.69	
30		13.12		4.75		1.37		1.08			1.06

表 8-6　谷氨酸在不同温度条件下的溶解度　　单位：g/100g 水

温度/℃	0	10	20	30	40	50	60	70	80	90	100
溶解度	0.34	0.50	0.72	1.04	1.50	2.19	3.17	4.59	6.66	9.66	14.0

温度低，其溶解度小，反之溶解度则大，故将发酵液降温、静置，即会有谷氨酸结晶析出。这便是低温等电点法提取谷氨酸能提高收率的依据。

发酵液中含有残糖、其他氨基酸、菌体及胶体物质等杂质，这些杂质都会影响谷氨酸的溶解度。例如，发酵液有其他氨基酸存在时，会导致谷氨酸溶解度的增加。碳水化合物的存在，也会使谷氨酸的溶解度有所增加。

3. 谷氨酸的结晶特性

谷氨酸在不同条件下结晶，会形成两种不同晶型的晶体。一种为 α 型斜方晶体，结晶颗粒大，容易沉淀析出，纯度高；另一种为 β 型鳞片状晶体，晶体较轻，不易沉淀分离，夹有杂质与胶体结合，成为“浆子”或轻质谷氨酸，浮于液面和母液中，纯度低。

生产中应尽量避免形成 β 型晶体。在等电点操作过程中，如果品种的质量不好或起晶点掌握不准，尤其在临近起晶点时，加酸的速度较难控制，稍有不慎，很有可能使谷氨酸溶液出现大量的 β 型晶体。产生 β 型结晶的最重要原因是加酸过快，使溶液很快进入过饱和状态，产生大量的细小晶核，与溶液中的蛋白质随 pH 变化而同时析出，影响谷氨酸晶体增大。

4. 谷氨酸提取的常用方法

（1）等电点法　将发酵液加盐酸调 pH 至谷氨酸的等电点，使谷氨酸沉淀析出。谷氨酸的等电点 pH 约为 3.2。将发酵完毕的发酵液放入等电点池，待温度降至 30℃加盐酸调 pH 为 4.0～4.5，观察晶核是否形成。如有晶核形成，停酸育晶 1～2h，使晶核增大，然后将 pH 缓慢调至 3.0～3.2，继续搅拌 20h；再静置沉淀 4h，放出上清液，除去谷氨酸沉淀层表面的菌体等。底部谷氨酸结晶取出送离心机分离，所得湿谷氨酸供进一步精制。其缺点是结晶母液内仍残存部分谷氨酸未利用。

（2）离子交换法　先将发酵液稀释至一定浓度，用盐酸将发酵液调至一定 pH，采用阳离子交换树脂吸附谷氨酸，然后用洗脱剂将谷氨酸从树脂上洗脱下来，进行浓缩与提纯。其缺点是酸碱用量大，洗离子交换柱的低浓度废水排放量也大，造成环境污染。

（3）浓缩等电点法　将发酵液（含谷氨酸 8%～10%）先分离菌体，再在 60℃以下减压浓缩，浓缩液含谷氨酸 15%～20%，然后加浓硫酸调 pH 至 3.2，搅拌 20～30h，多罐串联，连续冷却结晶，连续分离出料，母液含谷氨酸 3%～5%，浓缩处理可作肥料。

5. 低温等电点-离子交换法提取谷氨酸工艺

（1）工艺流程　低温等电点法提取谷氨酸，等电点温度在 10℃一次收率为 74%～76%，在 0～5℃一次收率为 78%～80%；若母液再用离子交换法回收，二次总收率能达到 85%～90%。

等电点-离子交换法提取谷氨酸是在发酵液经等电点提取谷氨酸以后，将母液通过离子交换柱（单柱或双柱）进行吸附，洗脱回收，使洗脱所得的高流分与发酵液合并，进行等电点提取。这样既可避免等电点的收率低，又可减少树脂用量，还可以获得较高的提取收率，回收率可达95%左右。其工艺流程见图8-4。

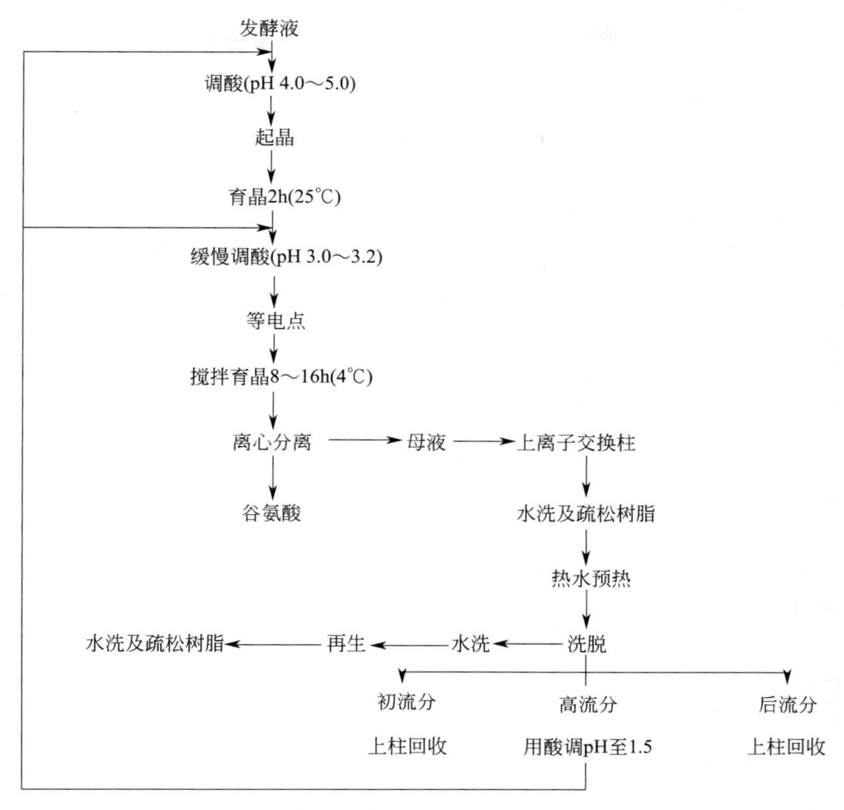

图8-4 低温等电点-离子交换法提取谷氨酸工艺流程

（2）操作要点 该工艺分两步操作，第一步是将发酵液经等电点提取部分谷氨酸；第二步是将母液进行离子交换提取。

在等电点提取操作时，要控制生成α型晶体的条件：谷氨酸晶核形成的温度在25～30℃，操作时温度不要太低；控制调酸速度，加酸不能太快，避免生成大量晶核；加α型晶种，有其他氨基酸存在时，有利于α型结晶的生成。

发酵液黏度大，残糖高，胶体物质多，菌体多，妨碍谷氨酸结晶及沉降。pH接近4.0～4.5时，根据发酵液及高流分谷氨酸浓度，观察晶核生成情况。当能用目视发现晶核时，要停止加酸育晶，此后加酸速度要慢。结晶温度不要过高，降温不要太快，中和结束后，温度可尽量降低，以减少谷氨酸的溶解。搅拌有利于晶体增大，避免“晶簇”生成，但搅拌太快，对晶体生长不利。搅拌速度与设备直径、搅拌叶大小有关，设备越大，搅拌器的转速相应降低。

等电点提取回收的部分细谷氨酸，可与发酵液合并，放入等电点池内。再用pH 1.5离子交换的高流分母液（或用酸）继续进行中和，开始流量可以大一些，但要均匀，防止局部偏酸。当溶液为pH 5.0时，流量要调小，并要仔细观察晶核形成情况。当观察到有晶核出现时应停止加酸，育晶2h，再调pH为3.2，开大冷却水，搅拌8～16h，使其充分长晶，然后离心分离，母液上离子交换柱，提取谷氨酸。

离子交换收集液的低流分（初流分）可以上柱再交换。高流分需要加酸将pH调至

1.5，搅拌均匀，使谷氨酸全部溶解，供等电点中和用。离子交换法的后流分中所含谷氨酸占每批上柱谷氨酸的8%左右，一般pH为9～10，可采取两种方法进行回收：第一种方法是配碱时用水或用碱洗脱之前当上柱液用；第二种方法是单独上离子交换柱进行回收，收集液可单独结晶或加入发酵液中进行提取。

6. 提高谷氨酸提取率的工艺措施

（1）连续结晶 谷氨酸结晶的晶型对谷氨酸提取率影响很大。采用连续等电点法，可以使第一级等电点罐的pH跨越起晶点。只要一次起晶成功，便可长久进行流加，避免了起晶的风险，确保谷氨酸结晶的晶型是α型。从晶型的角度来看，可提高提取率。同时，由于不需经常起晶，而且加酸可以保持较高的流速，可大幅度节省时间，提高生产效率。

（2）浓缩发酵液 降低等电点母液的谷氨酸含量，实际就是提高等电点法的提取率。在等电点法的提取过程中，通常通过降低温度来降低母液的谷氨酸含量，但当温度降低到一定程度时，母液的谷氨酸含量降低已经不明显。这种情况下，如果先将发酵液进行浓缩，提高溶液的谷氨酸含量，再进行等电点结晶，将有利于单位体积溶液中晶核数目的增多，提高晶核的吸附速度。虽然最终的等电点母液中谷氨酸含量不会降低，但与不经浓缩工艺相比，由于等电点母液中谷氨酸含量差不多，对单位体积原始发酵液来说，不经浓缩工艺排放母液的体积要比浓缩工艺排放母液的体积多，所以浓缩工艺得到的谷氨酸结晶较多，提取率也就高。浓缩发酵液的提取法还可以提高等电点罐的生产能力，有利于等电点罐的周转。

（3）提取谷氨酸前去除菌体 在进行提取之前从发酵液预先分离出菌体，有利于降低发酵液黏度，从而有利于发酵液浓缩纯化和结晶分离，形成α型的结晶，提高产品收率和纯度。去除菌体的方法有离心分离法、絮凝法和过滤法。从生产能力和提取率这两方面综合考虑，利用超滤膜去除菌体是比较理想的工艺，不但可提高提取率，而且生产效率较高，不会残留影响产品质量的杂质，并有利于环保。

二、味精生产技术

从发酵液中提取的谷氨酸仅仅是味精生产的半成品。谷氨酸与适量碱进行中和反应，生成谷氨酸一钠，其溶液经脱色、除铁、减压浓缩及结晶、分离程序，得到较纯的谷氨酸钠(味精)。味精具有很强的鲜味，若谷氨酸与过量碱作用，则生成无鲜味的谷氨酸二钠。

1. 谷氨酸制味精的工艺

谷氨酸制取味精工艺流程见图8-5。

2. 操作要点

（1）谷氨酸的中和 将谷氨酸加水溶解，用碳酸钠或氢氧化钠中和，是味精精制的开始。谷氨酸是具有两个羧基的酸性氨基酸，与碳酸钠或氢氧化钠均能发生中和反应生成它的钠盐。

谷氨酸在水溶液中以两性离子的形式存在。不同pH条件下，谷氨酸在水溶液中的离子形式变化为

$$\underset{pH<3.23}{GA^{+}} \rightarrow \underset{pH=3.23}{GA^{\pm}} \rightarrow \underset{pH=6.96}{GA^{-}} \rightarrow \underset{pH>6.96}{GA^{2-}}$$

在谷氨酸中和操作时，先把谷氨酸加入水中成为饱和溶液（pH约3.23），此时谷氨酸（GA）大部分以$GA^{\pm}$的形式存在，对外不显电性。随着碱的不断加入，溶液的pH不断升高，$GA^{\pm}$不断减少，GA^{-}不断增加。当绝大部分谷氨酸都变成GA^{-}形式时，即达到生成

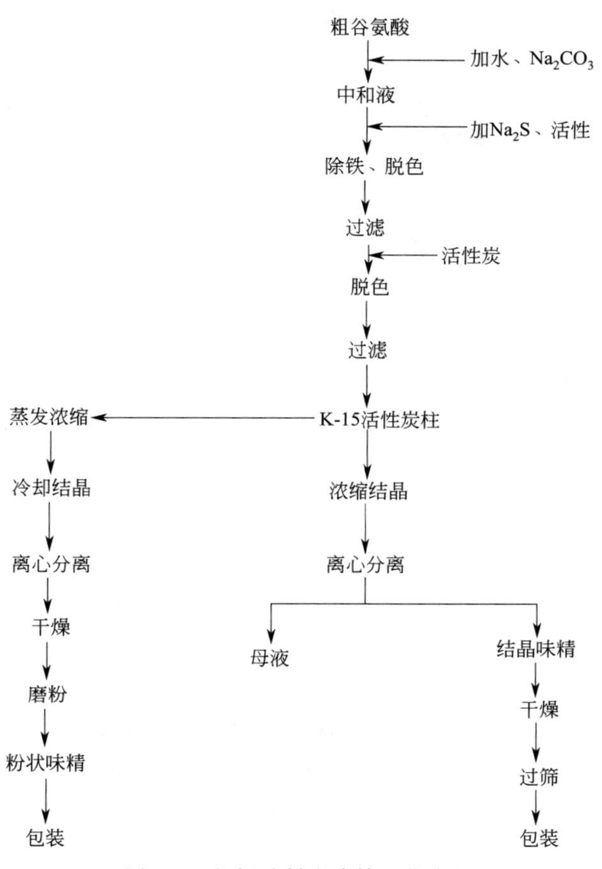

图 8-5 谷氨酸制取味精工艺流程

谷氨酸钠的等电点（pH 6.96）。中和反应方程式为

$$2GA^{\pm}+Na_2CO_3 \longrightarrow 2GA \cdot Na+CO_2\uparrow+H_2O$$

当谷氨酸中和液的 pH 超过 7 以后，随 pH 升高，溶液中 GA^{2-} 离子逐渐增多，谷氨酸二钠增多。谷氨酸二钠无鲜味，故在操作中应该严格控制中和 pH 为 7 左右，使谷氨酸钠的生成量最大，防止谷氨酸二钠生成。

中和速度会影响谷氨酸钠的生成量，过快会产生大量的 CO_2，造成料液溢出。同时还会发生消旋反应，影响产品收率和质量。中和温度过高，除发生消旋反应外，谷氨酸钠还会脱水环化生成焦谷氨酸钠，对收率和产品质量不利。中和温度要控制低于 70℃。

（2）中和液脱色与除铁 味精中含铁、锌过量不符合食品标准。含铁离子高时味精呈红色或黄色，影响产品色泽。中和液中的铁离子，主要是由原辅材料不纯及设备腐蚀带入的。中和液中的铁以 Fe^{2+} 为主，在碱性溶液中变为 Fe^{3+}。目前国内除铁主要采用硫化钠法和树脂法。硫化钠法除铁的反应原理：

$$Fe^{2+}+Na_2S \longrightarrow FeS\downarrow(\text{黑色})+2Na^{+}$$

在中性或碱性溶液中，硫化亚铁是一种难溶盐。18℃时硫化亚铁的溶解度为 3.7×10^{-19} mol/L。硫化钠要过量加入才能将铁除尽，可用 10%$FeSO_4$ 溶液检查硫化钠是否稍过量。

用离子交换树脂除铁完全；不产生对人有害的 H_2S 气体；成品色泽好。

谷氨酸中和液具有深浅不同的黄褐色色素。如果不进行脱色处理，色素带入味精影响产品色泽。色素的产生有多种原因：淀粉水解时间过长和温度过高，葡萄糖聚合为焦糖；铁制设备接触酸、碱发生腐蚀产生铁离子，除产生红棕色外，并与水解糖内单宁结合，生成紫黑色单宁铁；葡萄糖与氨基酸结合形成黑色素；除铁工艺中硫化钠加入量过多等。国内采用的脱色方法主要有活性炭吸附法和离子交换树脂法。

脱色与除铁是保证结晶产品质量的重要步骤，生产上要求经过脱色后液体透光率达到90%以上，二价铁离子浓度低于5mg/L。工厂中常用的脱色和除铁工艺流程如图8-6所示。

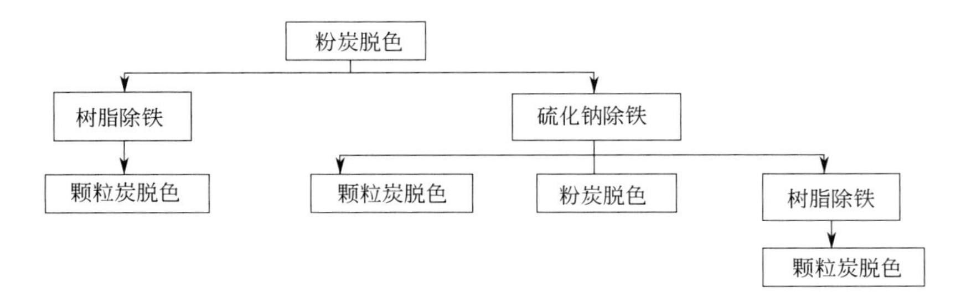

图8-6 脱色和除铁工艺流程

用于谷氨酸中和液脱色的活性炭要具备以下性质：脱色力强，灰分少，含铁量低（<300mg/kg），不吸附或吸附谷氨酸少。在脱色操作中，条件控制很重要，直接影响脱色的效果。影响粉末活性炭脱色的条件有pH、温度、脱色时间和活性炭用量。粉末活性炭的脱色工艺条件为：50～60℃，pH大于6。活性炭用量应根据活性炭脱色能力和中和液的颜色深浅而定，一般用量为谷氨酸量的3%；脱色时间约30min。从活性炭脱色的角度出发，pH在4.5～5.0脱色效果较好，但此时溶液中还有40%左右的谷氨酸未生成谷氨酸钠，会影响收率。因此，实际操作中应该摸索出合适的pH。活性炭用量的增加会提高脱色效果，但也会加大谷氨酸钠的吸附量，造成收率下降，所以其用量也应该控制在合适的范围内，既要提高脱色效果，也要保证收率。

硫化钠除铁虽然价钱便宜，但由于操作条件恶劣，不符合清洁生产的要求。随着各种特性树脂的开发和应用，树脂除铁大有完全取代硫化钠之势。

(3) 中和液浓缩和结晶

① 谷氨酸钠的溶解度：谷氨酸钠在水中溶解度比谷氨酸大得多，要从溶液中析出结晶，必须除去大量水分，使溶液达到过饱和状态。在一般条件下，形成的谷氨酸钠晶体通常含一个结晶水。不含结晶水的谷氨酸钠（GA·Na）和含一个结晶水的谷氨酸钠（GA·Na·H_2O）在不同温度条件下的溶解度见表8-7。

表8-7 谷氨酸钠在不同温度条件下的溶解度 单位：g/100g水

温度/℃	GA·Na·H_2O	GA·Na	温度/℃	GA·Na·H_2O	GA·Na
0	64.42	54.56	60	101.61	83.49
10	67.79	57.23	70	113.58	92.46
20	72.06	60.62	80	128.41	103.33
30	77.37	64.80	90	147.04	116.64
40	83.89	69.89	100	170.86	133.10
50	91.87	76.06			

② 结晶的原理：结晶是制备纯物质的有效方法。结晶过程具有高度的选择性，只有同

类分子或离子才能形成结晶。溶液达到过饱和状态时，过量的溶质才以固体形式结晶析出。工业上采用蒸发浓缩除去水分。常压蒸发温度高，蒸发慢，加热时间长，且谷氨酸钠脱水生成焦谷氨酸钠而失去鲜味，故不能采用。减压蒸发可降低液体沸点，使蒸发在较低温度下进行，蒸发速度快，谷氨酸钠破坏少，浓缩时间短。

晶体的产生是先形成极细小的晶核，然后晶核再进一步长大成为晶体。晶体的形成包括三个阶段：形成过饱和溶液；晶核形成；晶体生长。其中晶核形成与晶体生长称为结晶过程。晶核形成需要一定的过饱和浓度，如有外界因素刺激，晶核可提早形成。

晶核形成称为起晶。工业上有三种起晶方法：自然起晶法、刺激起晶法和晶种起晶法。其中晶种起晶法最常用，起晶时需加一定量和一定大小的晶种，使过饱和溶液中的溶质在晶种表面上生长。刺激起晶也常采用，该法是将过饱和溶液冷却，使其产生一定量晶核，进而形成结晶；粉状味精就是采用该法生产的。自然起晶不需加入晶种和冷却，而是让过饱和溶液自行结晶。

影响结晶速率的主要因素有溶液过饱和系数、结晶温度、稠度（结晶罐内晶体与母液的比例）、料液与品种质量等。

③ 操作要点：谷氨酸钠溶液经过活性炭脱色及离子交换柱除去金属离子，即可得到高纯度的谷氨酸钠溶液。将其导入结晶罐，进行减压蒸发，当谷氨酸钠浓度达到30°Bé左右时投入晶种，进入育晶阶段，根据结晶罐内溶液的饱和度和结晶情况实时控制谷氨酸钠溶液输入量及进水量。经过12～20h的蒸发结晶，当结晶体达到一定要求、物料积累到80%高度时，将料液放至助晶槽，结晶长成后分离出味精，送去干燥和筛选。

脱色液可以直接结晶，但一次结晶后，结晶母液中仍含有50%～55%的谷氨酸钠，需要重新结晶。由于结晶母液在不断浓缩，其中的杂质也在浓缩积累，所以当结晶母液达不到原脱色和除铁标准时，应该再进行脱色和除铁处理。目前，结晶母液的处理也是味精厂家所面临的一个重要问题。

(4) 味精的分离、干燥 味精分离一般采用三足式离心机分离。在离心过程中，当母液离开晶体后，用少许50℃热水喷淋晶体，可增加晶体表面光洁度。如果晶粒与母液分离不彻底，母液含量高，干燥过程中易产生小晶核黏附在晶体上，出现并晶、晶体发毛及色黄等现象，严重影响产品质量。

应根据产品性质和质量要求，选择适宜的干燥设备和工艺。味精含一分子结晶水，加热至120℃时会失去结晶水，故干燥温度应严格控制（＜80℃较好）。干燥方式有箱式烘房干燥、真空箱式干燥、气流干燥、传递带式干燥、振动床式及远红外多种干燥方式。

第五节 味精生产的质量控制

一、味精生产中常见的质量问题

1. 味精色黄

(1) 脱色不彻底，造成成品味精色黄 在由谷氨酸制取味精的过程中，中和液需经过粉末活性炭和K-15活性炭的脱色除杂处理。如果脱色除杂不彻底，脱色液仍含有色素，用这种脱色液浓缩结晶制得的味精晶体往往带有黄色。这是引起味精色黄的主要原因。

(2) 味精晶体进行离心分离操作时，应用少量水淋洗晶体，以洗去黏附在晶体表面的母液。如果省去了淋洗晶体这一操作步骤，晶体表面的母液未被洗去，而母液或多或少还带有一些色素和杂质，因此，晶体一经干燥就会带色。

(3) 晶体干燥处理时间太长或温度太高，造成部分晶体破坏而引起色变。

2. 味精色灰

味精中混有活性炭细粉或者含有硫化钠时，呈灰色。

3. 味精色红

味精含有硫化亚铁时，呈红色。

4. 晶体无光泽

(1) 晶体在75℃以上经长时间干燥处理，晶体光泽减退。

(2) 晶体表面上黏附的母液未经除去就进行干燥处理，得到的干燥晶体往往无光泽。

(3) 晶体在干燥处理过程中，因进料量太多等原因而引起晶体相互磨损，结果造成晶体光泽减退。

5. 晶体粗细不一

(1) 由于晶种质量差，本身粗细不一，以致由晶种长成的晶体也粗细不一，不匀称。

(2) 在结晶过程中，需要数次加入蒸馏水，以溶解掉小晶核，与此同时，有部分晶体也被溶解，结果造成晶体粗细不一，不匀称。

(3) 在晶体离心分离时，如果淋水温度超过50℃或淋水量过大，就会损伤晶体，造成晶体不匀称和粗细不一。

6. 晶体发脆

(1) 中和除铁液的pH低于6.2，如果不加以调整就进行浓缩结晶，得到的味精晶体往往发脆。

(2) 母液经多次回收处理，其中杂质含量高，用这种母液再结晶，得到的晶体就发脆。

(3) 浓缩结晶时，如果中和除铁液浓缩过头，超过31.50°Bé（母液浓缩时，可略高于此浓度)，不但易出现小晶核，而且长成的晶体脆性大。

7. 味精溶解后透明度差

(1) 在对谷氨酸溶液进行中和操作时，由于泡沫的产生，给中和操作带来困难。因此常用添加消泡剂的办法来解决。如果消泡剂的添加量较大，就会影响味精溶解后的透明度。

(2) 如果味精含硫量高，将其溶解在酸性溶液中时，由于硫的析出，而使溶液透明度变差。这种现象在测定味精成品比旋光度时就会发生。

二、味精的质量标准

我国食用味精产品按其中L-谷氨酸一钠含量不同，分别有99%、95%、90%和80%四种规格。我国味精标准执行国家标准GB/T 8967—2007，见表8-8～表8-10。

表8-8 谷氨酸钠（味精）理化要求

项目		指标	项目		指标
谷氨酸钠/%	≥	99.0	pH		6.7～7.5
透光率/%	≥	98	干燥失重/%	≤	0.5
比旋光度$[\alpha]_D^{20}$/°		+24.9～+25.3	铁/(mg/kg)	≤	5
氯化物(以Cl^-计)/%	≤	0.1	硫酸盐(以SO_4^{2-}计)/%	≤	0.05

表 8-9 加盐味精理化要求

项目		指标	项目		指标
谷氨酸钠/%	≥	80.0	干燥失重/%	≤	1.0
透光率/%	≥	89	铁/(mg/kg)	≤	10
食用盐(以 NaCl 计)/%	<	20	硫酸盐(以 SO_4^{2-} 计)/%	≤	0.5

注：加盐味精需用 99%的味精加盐。

表 8-10 增鲜味精理化要求

项目		指标		
		添加 5′-鸟苷酸二钠(GMP)	添加呈味核苷酸二钠	添加 5′-肌苷酸二钠(IMP)
谷氨酸钠/%	≥	97.0		
呈味核苷酸二钠/%	≥	1.08	1.5	2.5
透光率/%	≥	98		
干燥失重/%	≤	0.5		
铁/(mg/kg)	≤	5		
硫酸盐(以 SO_4^{2-} 计)/%	≤	0.05		

注：增鲜味精需用 99%的味精增鲜。

【复习题】

1. 为什么说氨基酸发酵是典型的代谢控制发酵？
2. 叙述酸解法淀粉糖化工艺。
3. 简述碳源、氮源、无机盐及生长因子在谷氨酸发酵中的作用。
4. 叙述温度、pH、通风与搅拌对谷氨酸发酵的影响。

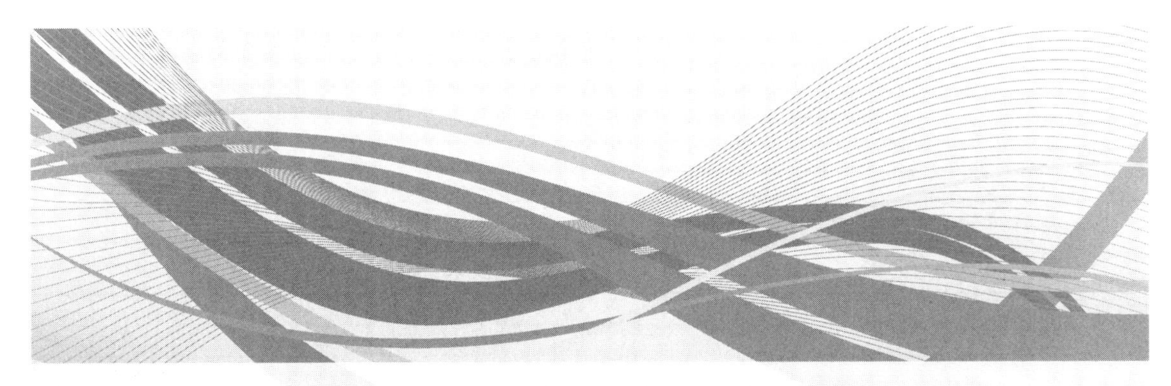

第九章　柠檬酸生产技术

知识目标

1. 熟悉柠檬酸的制作原理。
2. 掌握柠檬酸生产的原辅材料、发酵制作过程、生产工艺。
3. 熟悉柠檬酸的发酵微生物。

能力目标

1. 能对柠檬酸生产的各个环节进行工艺控制。
2. 能够对柠檬酸进行基本的检验。

思政与职业素养目标

柠檬酸具有温和爽快的酸味，被称为第一食用酸味剂。目前我国柠檬酸产量居世界首位，生产发酵技术领先全球。当代大学生要担起中华民族的重任，树立勇攀科学高峰的信念，不断改进、立异、创造、创新，为中华民族伟大复兴做出贡献。

第一节　概　　述

一、柠檬酸生产的历史

柠檬酸是一种常用的添加剂，应用于食品、化妆品、化工等多个领域，其产量和消费量仅次于乙醇，为世界上第二大发酵产品。柠檬酸在食品工业中广泛用作酸味剂、增溶剂、缓冲剂、抗氧化剂、除腥脱臭剂、螯合剂等，所以它被称为第一食用酸味剂，广泛用于清凉饮料、果汁、果酱、果冻、果酒、糖果、糕点等的加工。

1784 年 Scheele 从柠檬中提取到柠檬酸，后发现柑橘中含量更高。1893 年前主要用柑橘、菠萝和柠檬等果实提取。1893 年 Wehmer 发现淡黄青霉等可以分泌柠檬酸，以后逐步过渡到通过微生物发酵制取。1917 年 Currie 以黑曲霉为菌种用固体浅盘发酵生产柠檬酸，为以黑曲霉为主要生产菌种的发酵法生产柠檬酸奠定基础；Perguin（1938）、Karrow

(1942) 进行了柠檬酸深层发酵试验。1952 年美国的 Mile 公司开创了液体深层发酵法生产柠檬酸。此后柠檬酸的生产大都以液体深层发酵法进行。

鉴于国内外市场的需求，我国柠檬酸生产发展很快，1988 年已成为世界第二生产大国，产品除满足国内需要外，已大量出口。

二、柠檬酸的性质及在食品中的应用

柠檬酸 (citric acid，简称 CA) 又称 3-羟基-3-羧基戊二酸、枸橼酸，CA 是三羧酸类化合物，广泛存在于自然界中。分子式为 $C_6H_8O_7 \cdot H_2O$，分子量 210.14，常带有一分子结晶水，室温下为无色晶体粉末，极易溶于水，不溶于四氯化碳、苯等有机溶剂。无水柠檬酸为白色粉末，分子量为 192.13，在干燥空气中稳定，空气湿度高时易吸潮。无水柠檬酸和一水柠檬酸的结构式见图 9-1、图 9-2。

```
     H2C—COOH                H2C—COOH
        |                       |
  HO—C—COOH              HO—C—COOH · H2O
        |                       |
     H2C—COOH                H2C—COOH
```

图 9-1 无水柠檬酸结构式　　图 9-2 一水柠檬酸结构式

柠檬酸是生物体内三羧酸循环 (TCA) 的中间代谢产物之一，具有很高的实用价值，广泛应用于食品、医药、化妆品、化工等领域。经联合国粮农组织 (FAO) 和世界卫生组织 (WHO) 专家委员会认定，柠檬酸是一种安全的食品添加剂，在食品中的用途非常广泛，分述如下。

1. 饮料

柠檬酸广泛用于配制各种水果型饮料以及软饮料。柠檬酸本身是果汁的天然成分之一，不仅赋予饮料水果风味，而且具有增溶、缓冲、抗氧化等作用，能使饮料中的糖、香精、色素等成分交融协调，形成适宜的口味和风味。将果蔬原料放入 1%～2%的食盐和 0.1%的柠檬酸混合液中浸渍，可抑制果蔬原料酶褐变引起的变色。

2. 果酱与果冻

柠檬酸在果酱与果冻中同样可以增进风味，并使产品具有抗氧化作用。由于果酱、果冻的凝胶性质需要一定范围的 pH，添加一定量的柠檬酸可以使其 pH 降低，抑制腐败微生物的繁殖。一般当 pH 小于 5.5 时，大部分腐败细菌可被抑制。

3. 酿造酒及果汁

当葡萄或其他酿酒原料成熟过度而酸度不足时，可以用柠檬酸调节，以防止所酿造的酒口味淡薄。柠檬酸加到果汁中还有抗氧化和保护色素的作用，以保护果汁的新鲜感和防止变色。

4. 冰淇淋和人造奶油

添加柠檬酸可以改善冰淇淋和人造奶油的口味，增加乳化稳定性，防止氧化作用，提高产品质量，使产品口感细腻。

5. 腌制品

各种肉类和蔬菜在腌制加工时，加入或涂上柠檬酸可以改善风味、除腥去臭、抗氧化。

6. 罐头食品

罐头食品加入柠檬酸除了调酸作用之外，还有螯合金属离子的作用，保护其中的抗坏血酸，使之不被金属离子破坏。柠檬酸添加到植物油中也有类似作用。

7. 豆制品及调味品

用含有柠檬酸的水浸渍大豆，可以脱腥并便于后续加工。柠檬酸可以用于大豆等豆类蛋白、葵花籽蛋白的水解，生产风味别致的调味品。它也可以用于成熟调味品（酱油等）的调味。

第二节　柠檬酸发酵原料及相关微生物

一、柠檬酸生产原料

柠檬酸发酵原料的种类很多，广义上来说，任何含淀粉和可发酵糖类的农产品、农产品加工品及其副产品、某些有机化合物，以及石油中的某些成分都可以采用。但是，工业生产要考虑到工艺的要求，同时考虑到生产管理和经济上的可行性。

目前工业上使用的原料主要有下述几类。

1. 淀粉质原料

淀粉质原料包括甘薯、木薯、马铃薯和由它们制成的薯干、淀粉、薯渣、淀粉渣及玉米粉等。这一类原料的预处理包括粉碎、淀粉质原料的糖化及淀粉质原料的液化。

2. 粗制糖类

粗制糖类有粗制蔗糖、水解糖（葡萄糖）、饴糖等。

3. 糖蜜及其处理

糖蜜是制糖工业的副产品，其中含有大量可发酵糖，为发酵工业提供了大量廉价原料。糖蜜产量较大的有甜菜糖蜜、甘蔗糖蜜、葡萄糖蜜。

糖蜜不经处理而直接稀释后发酵时，柠檬酸产率往往很低，所以生产中要经过处理。糖蜜首先用水稀释1倍，然后 H_2SO_4 或 Na_2CO_3 调节 pH，参考调节范围为 pH 6～7.2。然后要去除或调节无机盐和微量元素的水平，通常是 EDTA 和黄血盐混合使用。再加入 10g/L 活性炭除去色素和胶体物质。工业生产一般先采用低浓度糖蜜发酵，待菌种生长期结束后，再补加浓糖液，同时还要考虑到营养盐（如 NH_4PO_3、$MgSO_4$ 等）的添加问题。

4. 石油原料

石油原料中可供发酵的成分主要是 10～20 碳的正烷烃。石油的处理是非常麻烦的。柠檬酸的生产最好采用炼油厂中经过处理的原料。

二、柠檬酸发酵菌种

微生物中，很多菌种能向体外分泌柠檬酸并且在环境中积累柠檬酸，但在工业上有价值的只有几种曲霉和几种酵母，其中黑曲霉是现在工业上最有竞争力的菌种。酵母中竞争力强的菌种有解脂假丝酵母、季也蒙毕赤酵母等。但因解脂假丝酵母在积累柠檬酸过程中，会产生大量的杂酸类物质，而黑曲霉菌株的产酸能力强，发酵周期短，试验条件粗放，能利用多种碳酸积累柠檬酸，所以目前黑曲霉在工业上应用最为广泛。

黑曲霉菌株的外部特征主要是：在固体表面生长时，菌落颜色会渐渐由白色变成为棕黑色。菌落呈四周发散的绒毛状，孢子为黑色。黑曲霉形成的菌丝会有许多分枝，为多细胞的菌丝球。另外，显微镜观察可发现一串串分生孢子位于黑曲霉的顶囊小梗顶端。在液态深层培养基中，黑曲霉孢子会以菌丝球的形式存在于发酵液中，进而进行代谢积累柠檬酸。

黑曲霉是真菌界中的一个常见种，属于曲霉属；黑曲霉最适生长 pH 为 5.0～7.0，生长最适温度为 33～36℃；最适产酸 pH 为 1.8～2.5，产酸最适温度为 28～36℃。黑曲霉可以产生多种活力较强多糖水解酶（如糖化酶、淀粉酶、果胶酶和纤维素酶等）。其具有耐酸、发酵底物广泛、转化率高和生产周期短等优点，能高效地生产柠檬酸，成为柠檬酸发酵工业上最重要的菌种。为了进一步提升产量，人们利用 γ 射线、紫外诱变及化学诱变等各种方法筛选培育高产酸突变菌株。

第三节　柠檬酸发酵技术

一、柠檬酸发酵机理

柠檬酸发酵的机理如图 9-3 所示。普遍认为它与三羧酸循环有密切的关系。糖经糖酵解途径（EMP 途径），形成丙酮酸，丙酮酸羧化形成 C4 化合物，丙酮酸脱羧形成 C2 化合物，两者缩合形成柠檬酸。

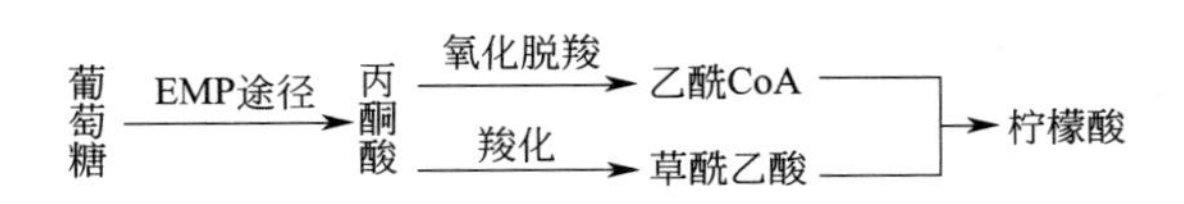

图 9-3　柠檬酸发酵机理

二、柠檬酸发酵培养基

1. 碳源

碳源在发酵初期提供合成细胞的物质和能量，后期积累代谢产物。黑曲霉菌体可吸收有机碳源，从成本上考虑，在企业生产上应尽可能地选择价格较低的原料，多利用农副产品的废弃物进行生产。关于碳源最适浓度，较高的初始糖含量在生产实践中较为常见，一般糖浓度在 12%以上。工业上生产柠檬酸所用原料主要有废糖蜜、蔗糖及淀粉质原料如甘薯干。用含淀粉原料生产时，最好在发酵前先用淀粉酶及糖化酶进行适当的糖化。

2. 氮源

柠檬酸的企业生产中，常用的无机氮源有 $(NH_4)_2SO_4$、NH_4Cl、NH_4NO_3、KNO_3、$NaNO_3$；常添加的有机氮源为玉米粉、豆粕、棉粕、麸皮、米糠等。黑曲霉菌种初期生长阶段，铵盐被利用，培养基酸性较强可顺利进入柠檬酸积累阶段。氮源含量过高，初期会导致黑曲霉生物量剧增，消耗大量碳源，降低后期柠檬酸的产量。通常发酵初期需添加 0.1～0.4g/L 的氮源，后期发酵液中的低 pH 环境为柠檬酸的积累提供适宜的外部条件。

3. 磷酸盐

磷酸盐是菌体生长和积累产物所需的组分之一。黑曲霉菌种在进行工业化生产柠檬酸时，一般添加少量 KH_2PO_4 作为磷酸盐，磷含量过多会造成菌体生物量过多。

4. 微量金属元素

微量元素虽然用量极少，但是它们影响着黑曲霉代谢过程中的生物酶系。保持较低含量的铁元素，含量一般在 1.3mg/L 以下，有利于黑曲霉菌体在三羧酸循环中积累柠檬酸。低

铁氰化钾 {$K_4[Fe(CN)_6]$} 则可以提高柠檬酸的产量，这是由于它可以沉淀对柠檬酸合成有抑制作用的某些金属盐，如以糖蜜为原料时，糖蜜中存在大量的锰和铁盐，在 80～100℃下可以在 15min 内被低铁氰化钾沉淀。此外在培养基中含有 1～2mol/L 的 1,2-二氨基环已烷一氮、氮一四乙酸、二亚乙基三胺五乙酸及 EDTA 等时，能促进黑曲霉合成柠檬酸。

一些金属离子如钼、铜、锌或钙等对柠檬酸合成有一定抑制作用。锌元素在发酵时保持适当的含量，可有效抑制葡萄糖氧化酶活性，减少葡糖酸、草酸等杂酸的产生，提高产物含量。铜是部分氧化还原酶的组成部分，黑曲霉生长只要 0.5mg/L 左右的铜元素，浓度达到 1mg/L 以上就已有毒害作用。锰浓度对于黑曲霉代谢过程非常重要，锰离子含量较少时，不仅会导致黑曲霉形态异常，还会使其蛋白质代谢紊乱；而锰含量较高会阻碍柠檬酸的积累过程。

5. 促生长因子

企业生产中，为了提高柠檬酸产量，会在发酵初期加入少量的低级醇类作为促生长因子。有研究在接种前，向发酵基质中加入 2%甲醇，进而提高产物含量。另外，乙醇对柠檬酸产量有促进作用，原因可能是乙醇作为碳源被黑曲霉代谢积累为柠檬酸。一些非解离性的表面活化剂，可以在发酵时使菌丝均匀分散于培养液中，从而提高柠檬酸的产量。

三、柠檬酸发酵工艺

柠檬酸是利用微生物在一定条件下的生命代谢活动而获得的产品。柠檬酸发酵是好氧发酵。柠檬酸发酵工艺的发展大致可以分为三个阶段：20 世纪 20 年代为第一阶段，由青霉和曲霉表面发酵生产；第二阶段开始于 30 年代，曲霉的深层发酵逐渐得到发展；第三阶段是 50 年代至今，以黑曲霉深层发酵为主，并进行着表面和固体发酵工艺。现在柠檬酸的连续发酵、固定化细胞发酵、酵母或细菌发酵等方面都有研究和报道，但工业生产采用的还是上述三种基本方法。

1. 深层发酵工艺

深层发酵工艺在柠檬酸发酵工业中占据了主导地位，因此以它为例，详细介绍其生产工艺。发酵基质可以是糖质原料，也可以是淀粉质原料，在我国一般以甘薯干为原料，这是由于甘薯干价格低，原料来源丰富，便于贮藏和运输等。

原料处理
↓
种子制备
↓
种子罐培养
↓
发酵罐发酵
↓
柠檬酸提取
↓
柠檬酸结晶

图 9-4　柠檬酸深层发酵工艺流程

柠檬酸深层发酵生产工艺流程如图 9-4 所示。

（1）原料处理　薯干粉碎，要求粉碎度要细。

（2）种子制备　斜面和茄子瓶菌种，用 10～12°Bx 麦芽汁加 0.1%磷酸二氢钾作培养基，30℃下培养 5d，孢子形成丰富。

（3）种子罐培养　种子罐培养是种子的进一步扩大，其培养基接近于发酵培养基，其组成为薯干粉 8%～14%，麸皮 1%（或加 0.15%硫酸铵）。灭菌后用茄子瓶孢子接种，在 32℃下通气培养 22～24h，pH 降至 3 以下，镜检无杂菌，菌丝生长良好。

（4）发酵生产　培养基为 18%的薯干粉，为浓醪发酵，灭菌前加入 0.05%α-淀粉酶。发酵温度为 32℃，通风量在 12h 前为 1∶0.1（体积比），12h 后为 1∶0.2，一般发酵周期为 112～120h。通风搅拌培养 4d，当酸度不再上升，残糖降到 2g 时，用泵送到储罐中，及时进行提取。深层发酵所需的设备主要有种子罐、生产罐和发酵罐。

深层发酵的特点是微生物菌体均匀分布在液相中，利用溶解氧，发酵时不产生分生孢子，全部菌体细胞都参与合成柠檬酸的代谢。这种工艺的主要优点如下：发酵体系是均一的液体，传热性质良好；设备占地面积小，生产规模大；发酵速率高；产酸率高；发酵设备密闭；完全机械化操作；杂菌污染的可能性小；发酵副产物少；有利于产品提取。

2. 表面发酵法

表面发酵法是在1923年实现规模生产的，是利用生长在液体培养基表面的微生物之代谢作用，将可发酵性原料转化为柠檬酸，主要用于糖蜜原料的发酵。发酵容器为不锈钢等耐酸蚀的金属盘，盘上有进料口和出料口、无菌空气进出口等，大小根据条件设计。培养液组成为：12%～20%的糖蜜，添加黄血盐、EDTA或六氰基高铁酸钾、磷酸二氢钾、硫酸锌以及抗菌剂等。培养基经灭菌，调节pH为6.0～6.5，冷却至45～50℃时输入盘内，继续冷却至35℃，以干孢子喷雾接种（100～150mg孢子粉/m^2 培养基表面）。培养盘固定在培养室内，培养室具有灭菌、保温和无菌空气供给系统等。

它的优点是设备简单、投资少、操作简单、对原料要求不高。缺点是设备占地面积大、劳动强度高、发酵时间长、菌体生产量多而影响产酸率等。

3. 固体发酵法

固体发酵法是将发酵原料及菌体视为附在疏松的固定支持物上，经过微生物代谢活动，将原料中的可发酵成分转化为柠檬酸，主要用于加工中的副产物，如甘薯淀粉生产中的淀粉渣，果汁生产中的苹果、甘蔗渣等。

固体发酵工艺所需设备简单、操作方便、发酵时间短。缺点是设备占地面积大、劳动强度高、传质传热困难、产率和回收率低、副产物多等。

第四节　柠檬酸提取技术

柠檬酸成熟发酵醪中除了含有所需要的柠檬酸外，还有蛋白质、菌体、残糖、色素、胶体物质、无机盐、有机杂酸，以及原料带入的各种杂质，所以必须采用一系列物理和化学方法进行处理，才能获得符合要求的柠檬酸产品。提取工艺是提高产品得率、控制产品质量和提高经济效益的关键环节之一。常用的提取方法有钙盐法、直接提取法、萃取法以及离子交换法和渗析法等。

一、钙盐法

发酵液经过加热处理后，滤去菌体等残渣，在中和桶中加入 $CaCO_3$ 或石灰乳中和，使柠檬酸以钙盐形式沉淀下来，废糖水和可溶性杂质则过滤除去。柠檬酸钙在酸解槽中加入硫酸酸解，分解出柠檬酸。沉淀为硫酸钙可被过滤除去，作为副产品利用。这时得到的粗柠檬酸溶解液通过脱色和离子交换净化，除去色素、胶体杂质以及无机杂质离子。净化后的柠檬酸溶液浓缩后结晶析出，离心分离出晶体。母液则重新净化后浓缩、结晶。柠檬酸晶体经干燥和检验后包装出厂。其工艺流程见图9-5。

1. 柠檬酸钙的生成

发酵结束后，发酵液滤去菌丝，滤液按总酸量的70%加入碳酸钙粉进行中和，随即将其煮沸，柠檬酸钙沉淀出来，在95℃以上高温时柠檬酸钙溶解度低，而其他有机酸的钙盐溶解度则较高。然后用90～95℃热水充分洗涤沉淀，洗净培养基中带来的糖分和其他可溶性杂质。

2. 硫酸置换反应

把热水洗净的柠檬酸钙加水搅成糊状，在搅拌下加入浓硫酸，温度控制在80℃以上。

当硫酸加的量能完全满足置换反应时，柠檬酸游离出来，硫酸与钙离子形成硫酸钙沉淀出来。硫酸的用量为加入的碳酸钙的85%～90%，如硫酸加入量不足时，会造成柠檬酸钙反应不完全，余下的柠檬酸三钙混于柠檬酸中，柠檬酸无法结晶；而硫酸过量时，浓缩过程中酸度增高，当温度升高至70～75℃时，会引起柠檬酸分解，产生蚁酸等挥发酸，产品颜色较深。在酸解反应中应严格控制温度，在相对饱和度下，温度低时，有大量可溶性二水硫酸钙存在，混于柠檬酸液中，也影响过滤。在较高的温度下是以H_2O和硫酸钙的形式存在，溶解度极低，成为沉淀被过滤除去。

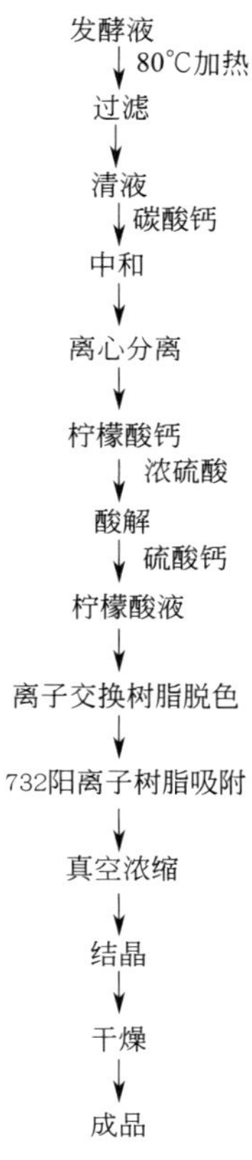

图9-5 柠檬酸提取工艺流程

3. 脱色

为了得到纯净的柠檬酸结晶，首先必须去除色素。脱色的方法有活性炭脱色和大孔树脂脱色等。

4. 去除阳离子杂质

生产中多采用树脂进行离子交换，常用的树脂为732阳离子树脂，当有pH为4的溶液流出时，表示已有柠檬酸流出，开始收集。

5. 浓缩

在常压下浓缩易导致柠檬酸分解，应进行减压浓缩。

6. 结晶

在缓慢搅拌下冷却结晶，使晶粒均匀。

钙盐法的缺点是劳动强度大，设备易腐蚀，提取收率仅70%左右，同时造成环境污染。

二、直接提取法

本法适用于柠檬酸含量高、杂质少的发酵滤液。可以用以下几种方法得到柠檬酸结晶。

① 过滤清液先用活性炭脱色去除杂质，浓缩结晶。

② 用$CFCl_2$-$CFCl_2$抽提除去蛋白质及其他杂质，将滤液分离出来浓缩结晶。

③ 以甲醇沉淀滤液中的蛋白质，洗涤沉淀，回收甲醇后浓缩结晶。

④ 用活性炭将滤液脱色、浓缩，再用3倍量丙酮沉淀蛋白质，分离、回收丙酮，然后再浓缩结晶。

三、萃取法

萃取法即用溶媒将柠檬酸从发酵滤液中分离出来，常用的萃取溶剂有以下4类。

① 仅含碳、氢、氧的乙酸乙酯、二乙醚、甲基异丁酮；

② 含磷氧键的磷酸三丁酯；

③ 含硫氧键的亚砜；

④ 有机胺如三辛胺。使用时可用正己烷、甲苯、乙酸乙酯、正丁醇等对某些黏度大的萃取剂进行稀释。

萃取中柠檬酸在两相中的分配与萃取温度、柠檬酸浓度以及滤液中所含杂质等因素有关。

四、离子交换法和渗析法

用弱碱性 OH^- 型 701 阴离子树脂吸附，用 5%氢氧化铵洗脱，得到柠檬酸铵溶液。然后通过强酸性 H^+ 型 732 树脂交换，柠檬酸游离出来。

目前，德国和日本的专利采用一种新的 Cl^- 型阴离子树脂，直接用盐酸洗脱，简化了操作步骤。

电渗析法也是一种高效的膜分离技术，它是在电场力的作用下分别将发酵液中的阴阳离子通过一种高性能的阴阳离子交换膜来提取柠檬酸的方法。此方法工艺简单，便于工业化和自动化。由于此过程中未经硫酸酸化，因此对环境污染较小，但是该方法能耗较大，对发酵液预处理过程要求严格，因此目前主要集中在高性能离子交换膜的开发研究中。

第五节 柠檬酸生产的质量控制

根据 GB 1886.235—2016，有关柠檬酸的质量要求如表 9-1 所示。

表 9-1 柠檬酸质量要求

项目	指标	
	无水柠檬酸	一水柠檬酸
柠檬酸含量(w)/%	99.5～100.5	99.5～100.5
含水量(w)/%	≤0.5	7.5～9.0
易炭化物(w)/%	1.0	1.0
硫酸灰分(w)/%	0.05	0.05
硫酸盐(w)/%	0.010	0.015
氧化物(w)/%	0.005	0.005
草酸盐(w)/%	0.01	0.01
钙盐(w)/%	0.02	0.02
铅(Pb)/(mg/kg)	0.5	0.5
总砷(以 As 计)/(mg/kg)	1.0	1.0

【复习题】

1. 简述柠檬酸发酵的原理。
2. 柠檬酸发酵的原料有哪些？其各自的作用是什么？
3. 简述柠檬酸的提取工艺。

参 考 文 献

[1] 岳春．食品发酵技术［M］．2版．北京：化学工业出版社，2021.

[2] 程丽娟．发酵食品工艺学［M］．咸阳：西北农林科技大学出版社，2007.

[3] 何国庆．食品发酵与酿造工艺学［M］．北京：中国农业出版社，2001.

[4] 董胜利．酿造调味品生产技术［M］．北京：化学工业出版社，2003.

[5] 尚丽娟．发酵食品生产技术［M］．北京：中国轻工业出版社，2012.

[6] 李平凡，邓毛程．调味品生产技术［M］．北京：中国轻工业出版社，2013.

[7] 陆寿鹏．果酒工艺学［M］．北京：中国轻工业出版社，1999.

[8] 张星元．发酵原理［M］．北京：科学出版社，2005.

[9] 江汉湖．食品微生物学［M］．北京：中国农业出版社，2002.

[10] 邹晓葵．食品发酵技术［M］．北京：化学工业出版社，2010.

[11] 杨昌鹏．发酵食品生产技术［M］．北京：中国农业出版社，2014.

[12] 杜连启，吴燕涛．酱油食醋生产新技术［M］．北京：化学工业出版社，2010.

[13] 蒋明利．酸奶和发酵乳饮料生产工艺与配方［M］．北京：中国轻工业出版社，2005.

[14] 刘光成．啤酒过滤技术［M］．北京：中国轻工业出版社，2012.

[15] 熊志刚．麦芽制备技术［M］．北京：中国轻工业出版社，2012.

[16] 徐斌．啤酒生产问答［M］．北京：中国轻工业出版社，2000.

[17] 逯家富．发酵产品生产实训［M］．北京：科学出版社，2006.

[18] 叶兴乾．果品蔬菜加工工艺学［M］．北京：中国农业出版社，2004.

[19] 杨天英，逯家富．果酒生产技术［M］．北京：科学出版社，2004.

[20] 傅金泉．黄酒生产技术［M］．北京：化学工业出版社，2005.

[21] 邓毛程．微生物工艺技术［M］．北京：中国轻工业出版社，2011.

[22] 陶兴无．发酵产品工艺学［M］．北京：化学工业出版社，2008.

[23] 孙俊良．食品生物技术［M］．北京：中国轻工业出版社，2011.

[24] 苏冬梅．酱油生产技术［M］．北京：化学工业出版社，2010.

[25] 赵谋明．调味品［M］．北京：化学工业出版社，2001.

[26] 骆承庠．乳与乳制品工艺学［M］．北京：中国农业出版社，2003.

[27] 杜连起．风味酱类生产技术［M］．北京：化学工业出版社，2005.

[28] 王春荣，王兴国，翟明霞．现代生物技术与食品工业［J］．山东食品科技，2004（7）：31-32.

[29] 林祖生．从生产工艺入手如何提高酱油的质量风味［J］．中国酿造，2010（9）：13-15.

[30] 黄池都．低盐固态与原池浇淋酱油工艺的比较［J］．中国酿造，2010（9）：5-7.

[31] 孔庆学，李玲．生物技术与未来食品工业［J］．天津农学院学报，2003（2）：37-40.